普通高等教育"十二五"高职高专规划教材·专业课（理工科）系列

模拟电子技术

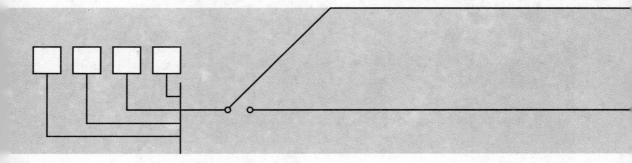

中国高等教育学会　组织编写

主　编　黎一强　刘冬香

副主编　彭益武　招展明　申利民

U0388634

中国人民大学出版社
·北京·

　　本教材是经中国高等教育学会立项的"普通高等教育'十二五'高职高专规划教材"，是根据教育部高等学校高职高专教育模拟电子技术课程教学大纲的基本要求，为适应电子技术的迅速发展和新形势下高职高专的教学需要而编写的。在编写中，编者结合了自身长期讲授《模拟电子技术》课程的成功经验，并总结了相关实践教学成果，旨在体现"理论够用、应用为主、注重实践"的高职高专教育培养第一线应用型人才的教学特点。

　　《模拟电子技术》以实际应用为目的，以培养能力为主导，从工程应用出发，删繁就简，突出重点，将课堂讲授内容、技能训练、自测题与习题等优化组合，以利于学生对模拟电子技术知识和技能的掌握。本教材共分为8章，系统地介绍了常用半导体器件、基本放大电路、集成运算放大器、反馈放大电路、功率放大电路、信号产生电路、直流稳压电源和电子电路综合应用实训等内容。本书可作为高职高专院校电气、电子、通信、自动化、计算机等专业《模拟电子技术》课程的教材，也可供从事电子技术相关工作的工程技术人员参考。

　　参加本教材编写的有罗定职业技术学院黎一强（第3、4、6章）、广州铁路职业技术学院刘冬香（第2、5、8章）、罗定职业技术学院彭益武（第1、2、3章）、罗定职业技术学院招展明（第5、6、7章）、广州铁路职业技术学院申利民（第8章）。全书由黎一强、刘冬香担任主编并统稿，彭益武、招展明、申利民担任副主编。

　　书稿在编写过程中参考借鉴了大量国内高校教材及专业文献资料（参考文献附后），在此向这些原作者表示衷心的感谢。

　　限于编者水平，教材中难免有疏漏不当之处，恳请读者批评指正。

编者

2013 年 8 月

目 录

第 1 章	常用半导体器件

半导体器件是现代电子技术的基础。由于其具有体积小、重量轻、使用寿命长、输入功率小、功率转换效率高等优点，因而在家电、汽车、计算机及工业控制技术等领域得到了广泛的应用。

 **学习目标**

1. 了解半导体的基本知识，理解 PN 结的单向导电性。
2. 掌握半导体二极管的结构、特性、参数、模型及应用电路。
3. 掌握三极管和场效应管的结构、电路符号、特性曲线和主要参数。

1.1 半导体基本知识

自然界的物质按导电能力强弱的不同可分为导体、半导体和绝缘体三大类。易于导电的物质称为导体，如金、银、铜、铝、铁等金属材料；不容易导电的物质称为绝缘体，如玻璃、橡胶、塑料、陶瓷等材料；半导体的导电能力介于导体和绝缘体之间。现代电子技术中常用的半导体材料有：元素半导体，如硅（Si）、锗（Ge）等；化合物半导体，如砷化镓（GaAs）等；以及掺杂或制成其他化合物半导体材料，如硼（B）、磷（P）、铟（In）和锑（Sb）等。其中硅是最常用的一种半导体材料。

半导体除了在导电能力方面不同于导体和绝缘体之外，它还具有一般物质不具备的一些特点：①热敏性：当半导体材料受到外界热刺激时，其导电能力有着显著的变化；②光敏性：当半导体材料受到外界光照时，其导电能力有着显著的变化；③掺杂性：在纯净的半导体材料中掺入某一微量杂质，半导体的导电能力将显著增强。利用半导体的这些特点，可以制成半导体二极管、三极管和场效应管等器件。

1.1.1 本征半导体

本征半导体是指完全纯净、具有晶体结构的半导体。本征半导体有两种导电的粒子，一种是带负电荷的自由电子，另一种是相当于带正电荷的粒子，称为空穴。自由电子和空穴在外电场的作用下都会定向移动形成电流，所以人们称它们为载流子。我们知道，绝对零度（-273.15℃）下，本征半导体中没有可以自由移动的带电粒子（载流子），半导体不导电。但在一定温度下，如 $T=300K$ 时，由于热激发，共价键中被束缚的少数价电子在获得一定能量后，即可摆脱原子核的束缚，成为自由电子，同时共价键中留下一个空位，称为空穴，这一现象称为本征激发，如图1—1所示。很显然，自由电子和空穴是同时产生的，称之为电子—空穴对。

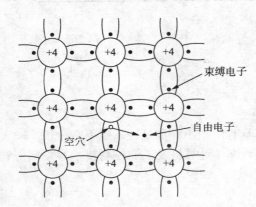

图1—1 电子—空穴对的产生

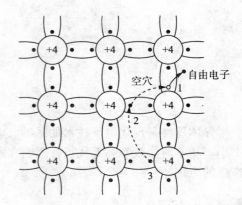

图1—2 束缚电子填补空穴的运动

如图1—2所示，由于共价键中出现了空穴（如图1—2中位置1所示），邻近的束缚电子（如图1—2中位置2所示）可能获取足够的能量来填补这个空位，而在这个束缚电子原来的位置上又留下新的空位，其他束缚电子（如图1—2中位置3所示）又会填补这个新的空位，这样就形成束缚电子填补空穴的运动。为了区别自由电子的运动，称此束缚电子填补空穴的运动为空穴运动。由此可见，空穴也是一种载流子，空穴的移动方向和电子移动的方向是相反的。本征半导体中的自由电子和空穴数总是相等的。

1.1.2 杂质半导体

在本征半导体中掺入某些微量元素作为杂质，可使半导体的导电性发生显著变化。掺入的杂质主要是三价或五价元素。掺入杂质的本征半导体称为杂质半导体。根据掺杂特性的不同，杂质半导体可以分为 N 型半导体和 P 型半导体。

1. N 型半导体

N 型半导体是在本征半导体硅（或锗）中掺入微量的五价元素（如磷、砷、镓等）而形成的。因五价杂质原子中只有四个价电子能与周围四个半导体原子中的价电子形成共价键，而多余的一个价电子因无共价键束缚而很容易形成自由电子，于是 N 型半导体中自由电子的数目大量增加。与此同时，在杂质元素原子的位置处留下一个不能移动的正离子，所以半导体仍然呈现电中性，如图1—3所示。

显然，在 N 型半导体中自由电子是多数载流子，它主要由杂质原子提供；空穴是少数载流子，由热激发形成。在外电场作用下，N 型半导体的导电主要靠自由电子来实现。所以，N 型半导体又称为电子型半导体。提供自由电子的五价杂质原子因带正电荷而成为正离子，因此五价杂质原子也称为施主杂质。

2. P 型半导体

P 型半导体是在本征半导体硅（或锗）中掺入微量的三价元素（如硼、铟、铟等）而形成的。因三价杂质原子在与硅原子形成共价键时，缺少一个价电子而在共价键中留下一个空穴，于是 P 型半导体中空穴的数目大量增加。同时，在杂质元素原子的位置处留下一个不能移动的负离子，所以半导体仍然呈现电中性，如图 1—4 所示。

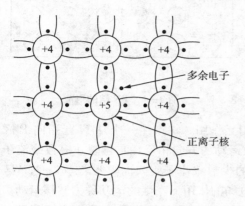 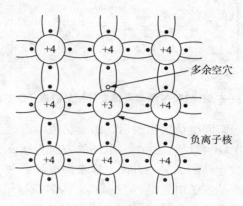

图 1—3 N 型半导体共价键结构示意图   图 1—4 P 型半导体共价键结构示意图

在 P 型半导体中空穴是多数载流子，它主要由掺杂形成；自由电子是少数载流子，由热激发形成。在外电场作用下，P 型半导体的导电主要靠空穴载流子来实现。所以，P 型半导体又称为空穴型半导体。空穴很容易俘获电子，使杂质原子成为负离子。三价杂质因而也称为受主杂质。

3. 杂质对半导体导电性的影响

掺入杂质对本征半导体的导电性有很大的影响，一些典型的数据如下：在 $T=300K$ 室温下，本征硅的电子和空穴浓度为 $n=p=1.4\times10^{10}/cm^3$，掺杂后 N 型半导体中的自由电子浓度为 $n=5\times10^{16}/cm^3$，本征硅的原子浓度为 $n=4.96\times10^{22}/cm^3$，以上三个浓度基本上依次相差 $10^6/cm^3$。

1.1.3 PN 结的形成及特性

1. PN 结的形成

利用特殊的制造工艺，在一块本征半导体硅片或锗片的一端掺入三价杂质元素，在另一端掺入五价杂质元素，这样，在本征半导体硅片或锗片的一端得到 P 型半导体，而在另一端得到 N 型半导体。由于 P 型半导体中空穴很多，自由电子很少，N 型半导体中自由电子很多，空穴很少，在 P 型半导体和 N 型半导体的交界面处就出现了电子和空穴的浓度差别。这样，电子和空穴都要从浓度高的地方向浓度低的地方扩散。于是，有一些自由电子要从 N 区向 P 区扩散，也有一些空穴要从 P 区向 N 区扩散。它们扩散的结果就使 P 区失去空穴，留下了不能移动的负离子；N 区失去自由电子，留下了不能移动的正离子。这种多数载流子由于浓度的差异而形成的运动称为扩散运动，如图 1—5 所示。

扩散运动的结果使得 P 区和 N 区原来的电中性被破坏，在 P 型半导体和 N 型半导体的交界面处就出现了空间电荷区，这就是所谓的 PN 结，如图 1—6 所示。在空间电荷区，多数载流子已经扩散到对方并复合掉了，或者说消耗殆尽了，因此空间电荷区又称为耗尽层。

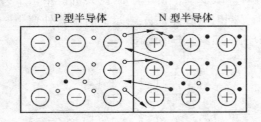

图1—5　P型和N型半导体交界面处载流子的扩散

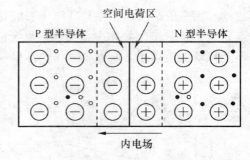

图1—6　PN结的形成

空间电荷区出现后，由于正负电荷之间的相互作用，将产生一个从N区指向P区的内电场。显然，这个内电场的方向与载流子扩散运动的方向相反，它是阻止多数载流子的扩散运动的。另一方面，这个内电场将使N区的少数载流子空穴向P区漂移，使P区的少数载流子电子向N区漂移，少数载流子在内电场的作用下产生的运动称为漂移运动。漂移运动的方向与扩散运动的方向相反。从N区漂移到P区的空穴补充了原来交界面上P区所失去的空穴，从P区漂移到N区的电子补充了原来交界面上N区所失去的电子，这就使空间电荷减少，因此，漂移运动的结果是使空间电荷区变窄。当漂移运动达到和扩散运动相等时，PN结便处于动态平衡状态。

2. PN结的单向导电性

PN结在没有外加电压（电场）作用时，半导体中的扩散运动和漂移运动会维持动态平衡。但是，如果在PN结的两端外加电压时，这种动态平衡一定会被破坏。

（1）PN结外加正向电压。

当外加电压使PN结中P区的电位高于N区的电位时，称之为加正向电压，简称正偏，如图1—7所示。在正向电压的作用下，PN结的平衡状态被打破，使扩散运动强于漂移运动，P区中的多数载流子空穴和N区中的多数载流子自由电子都要向PN结移动，当P区空穴进入PN结后，就要和原来的一部分负离子中和，使P区的空间电荷量减少。同样，当N区自由电子进入PN结时，中和了部分正离子，使N区的空间电荷量减少，结果使PN结变窄，即耗尽区由厚变薄，由于这时耗尽区中载流子增加，因而电阻减小。这样，多数载流子的扩散运动大大增加，形成较大的扩散电流。外部电源不断向半导体提供电荷，使得电流得以维持，这时PN结所处的状态称为正向导通。PN结正向导通时，通过PN结的电流很大，而PN结呈现的电阻很小。

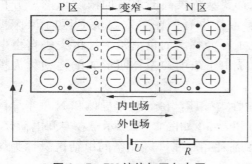

图1—7　PN结外加正向电压

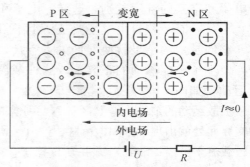

图1—8　PN结外加反向电压

（2）PN 结外加反向电压。

当外加电压使 PN 结中 P 区的电位低于 N 区的电位时，称之为加反向电压，简称反偏，如图 1—8 所示。这时外电场的方向和内电场相同，在外电场的作用下，P 区中的空穴和 N 区中的自由电子都将进一步离开 PN 结，使耗尽区厚度加宽，扩散运动难以进行，漂移运动被加强，从而形成反向的漂移电流。这一结果使 P 区和 N 区中的多数载流子很难越过势垒，扩散电流趋近于零。由于少数载流子的浓度很小，所以形成的反向电流也很小，这时 PN 结所处的状态称为反向截止。PN 结反向截止时，通过 PN 结的电流很小，而 PN 结呈现的电阻很大。

综上所述：PN 结加正向电压时导通（正向电阻小，正向电流大），加反向电压时截止（反向电阻大，反向电流小，近似等于零），这就是 PN 结的单向导电性。

3. PN 结的反向击穿

当 PN 结的反向电压增加到一定数值时，反向电流突然快速增加，这种现象称为 PN 结的反向击穿。反向击穿后，只要反向电流和反向电压的乘积不超过 PN 结容许的耗散功率，PN 结一般不会损坏。若反向电压下降到击穿电压以下后，其性能可恢复到原有情况，即这种击穿是可逆的，称为电击穿；若反向击穿电流过大，则会导致 PN 结温度过高而烧坏，这种击穿是不可逆的，称为热击穿。

PN 结的电击穿包括雪崩击穿和齐纳击穿。当 PN 结反向电压增加时，空间电荷区中的电场随着增强。这样，通过空间电荷区的电子和空穴，就会在电场作用下获得能量的增大，在晶体中运动的电子和空穴将不断地与晶体原子又发生碰撞，当电子和空穴的能量足够大时，通过这样的碰撞可使共价键中的电子激发形成自由电子—空穴对。新产生的电子和空穴也向相反的方向运动，重新获得能量，又可通过碰撞，再产生电子—空穴对，这就是载流子的倍增效应。当反向电压增大到某一数值后，载流子的倍增情况就像在陡峻的积雪山坡上发生雪崩一样，载流子增加得多而快，这样，反向电流剧增，PN 结就发生雪崩击穿。

在加有较高的反向电压下，PN 结空间电荷区中存一个强电场，它能够破坏共价键，将束缚电子分离出来造成电子—空穴对，形成较大的反向电流。发生齐纳击穿需要的电场强度约为 $2 \times 10 \text{V/cm}$，这只有在杂质浓度特别大的 PN 结中才能达到，因为杂质浓度大，空间电荷区内电荷密度（即杂质离子）也大，因而空间电荷区很窄，电场强度可能很高。

电击穿可被利用（如稳压管），而热击穿须尽量避免。

1.2　半导体二极管

1.2.1　半导体二极管的结构

在 PN 结两端分别引出一个电极，外加引线和管壳就构成半导体二极管，简称二极管，其结构如图 1—9（a）所示，它同 PN 结一样具有单向导电性。二极管的符号如图 1—9（b）所示，由 P 端引出的电极是正极，由 N 极引出的电极是负极，箭头的方向表示正向电流的方向，D 是二极管的文字符号。

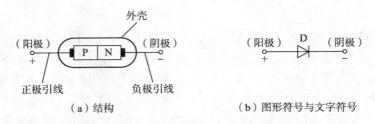

图 1—9 半导体二极管的结构及图形符号与文字符号

二极管按半导体材料的不同可以分为硅二极管、锗二极管和砷化镓二极管等。按其内部结构的不同可分为点接触型、面接触型和平面型三大类，如图 1—10 所示。

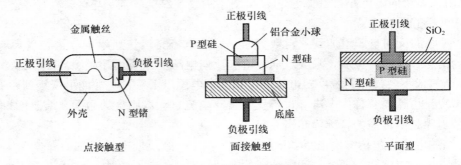

图 1—10 半导体二极管的结构

点接触型二极管 PN 结结面积小，结电容小，因此不能通过较大电流，但其高频性能好，适合用于高频检波和小电流的整流，也可用作脉冲数字电路的开关元件。面接触型二极管 PN 结结面积大，结电容大，可通过较大的电流，但其工作频率较低，故一般用于低频电路和大电流的整流电路，也可用作脉冲数字电路的开关元件。平面型二极管常用于集成电路制作工艺中，其结面积可大可小，结面积大的可用作高频、大功率整流；结面积小的可用作脉冲数字电路的开关管。

1.2.2 二极管的伏安特性

二极管的伏安特性是表示二极管两端的电压和流过它的电流之间关系的曲线，可用来说明二极管的工作情况，其伏安特性如图 1—11 所示。

1. 正向特性

当所加正向电压较小，正向电流很小，几乎为零，二极管截止，此工作区域称为死区。V_{th} 称为门坎电压或死区电压（该电压硅管约为 0.5V，锗管为 0.2V）。当二极管所加正向电压大于 V_{th} 时，内电场削弱，正向电流增加，二极管导通，电流随电压的增加而迅速上升，此时二极管呈现很小的正向电阻。硅二极管的正向导通电压约为 0.7V，锗二极管的正向导通电压约为 0.3V。

2. 反向特性

当二极管两端加反向电压时，反向电流很小。当外加反向电压未达到一定数值时，虽然反向电压在增大，但反向电流基本上没有增大，也就是说反向电流达到饱和，称为反向饱和电流。这时二极管呈现的电阻很大，二极管处于截止状态。二极管的反向饱和电流越小，二极管质量越好，一般硅管的反向电流比锗管的反向电流小得多。

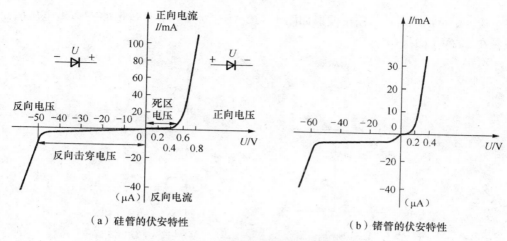

（a）硅管的伏安特性　　　　　　　　　（b）锗管的伏安特性

图 1—11　半导体二极管的伏安特性

3. 反向击穿特性

当反向电压增加到一定大小时，反向电流剧增，这种现象称为二极管的反向击穿，此时加在二极管两端的电压叫做反向击穿电压。如果反向电压和电流超过允许值而不采取保护措施，将会导致二极管热击穿而损坏。二极管被击穿后，一般不能恢复性能，所以普通二极管不允许工作在反向击穿区。

1.2.3　二极管的主要参数

1. 最大整流电流 I_F

最大整流电流 I_F 是指二极管长时间连续使用时，允许通过的最大正向平均电流。当电流流过 PN 结时，会引起管子发热，温度上升，如果电流太大，使温度超过允许的限度时，会烧坏管子。二极管工作时，正向平均电流若超过 I_F，将会因过热而损坏。

2. 反向击穿电压 V_{BR} 和最大反向工作电压 V_{RM}

反向击穿电压是指二极管发生反向击穿时的电压值。最大反向工作电压是指允许长期加在二极管两端的反向恒定电压值。为保证二极管安全工作，通常取反向击穿电压的一半作为 V_{RM}。

3. 反向饱和电流 I_R

反向饱和电流是指没有发生反向击穿时的反向电流值，反向饱和电流越小，说明二极管的单向导电性越好，其大小受温度影响较大。

4. 最高工作频率

最高工作频率是指二极管所能承受的最高频率，主要由 PN 结的结电容大小决定。当信号频率超过二极管的最高工作频率时，二极管的单向导电性能将变差。

1.2.4　二极管应用电路举例

普通二极管的应用范围很广，可用于整流、限幅、开关、稳压等方面。

例 1—1　二极管限幅电路的电路组成如图 1—12（a）所示。设 $u_i = 5\sin\omega t$ V，$E = 2$V，二极管正向导通电压为 0.7V。试对应输入电压绘出输出电压的波形。

解：当 $u_i > E$ 时，二极管导通，$u_o = E = 2.7$V；当 $u_i < E$ 时，二极管截止，电阻 R 中

没有电流，$u_o = u_i$。输入、输出波形如图 1—12（b）所示。显然，电路把输出电压的正峰值限制在 2.7V 以下。

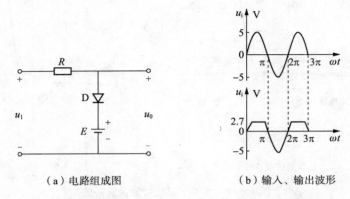

（a）电路组成图　　　　　　（b）输入、输出波形

图 1—12　二极管限幅电路的电路组成及输入、输出波形

例 1—2　二极管开关电路，如图 1—13 所示，设二极管为理想二极管，$V_{DD} = 15V$。判断二极管 D_1 和 D_2 的工作状态，并计算 v_o。

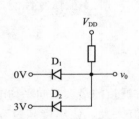

图 1—13　二极管开关电路

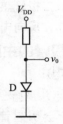

图 1—14　二极管低压稳压电路

解：利用假定状态分析法知：

设 D_1 导通，则：$v_o = 0V$，D_2 截止，无矛盾。

设 D_2 导通，则：$v_o = 3V$，D_1 也导通，$v_o = 0V$，矛盾。

故 $v_o = 0V$。

例 1—3　二极管低压稳压电路，如图 1—14 所示。试计算 v_o 的值。

解：利用二极管的正向导通压降，可以取得良好的低电压稳压性能。在图 1—14 所示低电压稳压电路中，若 V_{DD} 大于 0.7V，二极管正向导通，输出电压 v_o 为硅二极管的正向导通电压，即 $v_o = 0.7V$。当 V_{DD} 波动时（$V_{DD} > 0.7V$），输出电压基本稳定在 0.7V。

1.2.5　特殊体二极管

1. 稳压二极管

稳压二极管简称稳压管，又名齐纳二极管，是一种用特殊工艺制作的面接触型硅半导体二极管，其图形符号与文字符号如图 1—15（a）所示。

（1）稳压二极管的伏安特性。

稳压二极管的杂质浓度比较大，容易发生击穿，其击穿时的电压基本上不随电流的变化而变化，从而达到稳压的目的。其伏安特性如图1—15（b）所示。

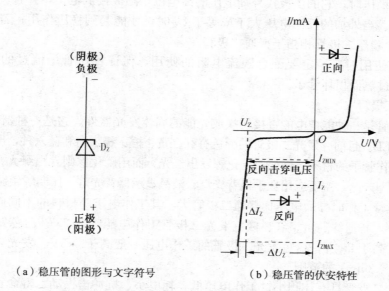

（a）稳压管的图形与文字符号   （b）稳压管的伏安特性

图1—15　稳压二极管的符号及伏安特性

　　稳压二极管的伏安特性与普通二极管类似，唯一的区别就在于反向击穿之后，稳压二极管的伏安特性比普通二极管要陡很多，而且其反向击穿是可逆的。在一定的电流范围内，不会发生热击穿，当去掉反向电压后，稳压管又恢复正常。从图1—15（b）所示反向击穿特性可以看出，稳压管反向击穿后，电流在很大范围内变动时，电压基本维持不变，故稳压管可以在电路中起稳压作用。

　　（2）稳压二极管的主要参数。

　　①稳定电压 U_Z。稳定电压是指稳压管在反向击穿状态下正常工作时两端的电压，简称稳压值，用字母 U_Z 表示。要说明的是，同一型号的稳压管，其稳压值具有一定的分散性。

　　②稳定电流 I_Z。稳定电流 I_Z 是指稳压管工作在稳压状态时，稳压管中流过的电流。由图1—15（b）可知，稳定电流 I_Z 介于 I_{Zmin} 和 I_{Zmax} 之间。I_{Zmin} 是稳压管刚好反向击穿时对应的最小稳定电流。I_{Zmax} 是稳压管能在反向击穿状态下正常工作的最大稳定电流，若反向电流超过该值，则稳压管将因反向电流过大而发热损坏。

　　③最大耗散功率 P_M。P_M 是指稳压管正常工作时，管子上允许的最大耗散功率。若使用中稳压管的功率损坏超过此值，管子会因过热而损坏。稳压管反向工作时，其功率损耗为 $P_M = U_Z I_Z$。

　　④动态电阻 r_Z。动态电阻等于稳压管端电压的变化量与所对应的电流变化量之比，即

$$r_Z = \frac{\Delta U_Z}{\Delta I_Z}$$

　　稳压管的动态电阻 r_Z 越小，其反向击穿特性曲线越陡，表明稳压管的稳压性能越好。

（3）使用稳压管应注意的问题。

①稳压管稳压时，它的阴极接外加电压的高电位，阳极接低电位，并且使管子工作在反向击穿状态。当外加的反向电压大于或等于 U_z 时，才能起到稳压作用；若外加的反向电压小于 U_z，稳压二极管相当于普通二极管。

②稳压管使用时，一定要配合限流电阻的使用，保证稳压管中流过的电流不超过 I_{Zmax}，避免因过热而损坏管子。

2. 发光二极管

发光二极管是一种能把电能直接转换成光能的固体发光器件。它是一种新型的冷光源，英文缩写是 LED。目前，发光二极管的颜色有红、黄、橙、绿、白和蓝六种，所发的颜色主要取决于制作管子的材料，例如用砷化镓发出红光，而用磷化镓则发出绿光。其中白色发光二极管是新型产品，主要应用在手机背光灯、液晶显示器背光灯、照明等领域。

发光二极管工作时导通电压比普通二极管大，其工作电压随材料的不同而不同，一般为 1.7～2.4V。普通绿、黄、红、橙色发光二极管工作电压约为 2V；白色发光二极管的工作电压通常高于 2.4V；蓝色发光二极管的工作电压一般高于 3.3V。发光二极管的工作电流一般在 2～25mA 的范围。

由于发光二极管具有体积小、工作电压低、耗电小、抗冲击振动、寿命长、响应速度快等特点，因而在电子线路中得到了广泛应用，常用作信号指示、数字和字符显示。发光二极管的另一个重要用途是将电信号转为光信号。普通发光二极管的图形符号、文字符号与结构如图 1—16 所示。

（a）图形符号与文字符号　　　　　（b）结构

图 1—16　发光二极管的图形符号、文字符号与结构

1.3　半导体三极管

半导体三极管又称晶体三极管（简称三极管），是电子线路中最常用的半导体器件，它在电路中主要起放大和电子开关作用。

1.3.1　半导体三极管的结构

晶体三极管是通过一定的制作工艺，将两个 PN 结结合在一起的器件。晶体三极管从结构上可以分为 NPN 型和 PNP 型两大类。如图 1—17 所示为晶体三极管的结构示意图与符号。

晶体三极管有集电区、基区和发射区三个区域。从三个区域引出来的三个电极分别是集电极、基极和发射极，通常分别用字母 C、B、E（或 c、b、e）表示。集电区与基区之间的 PN 结称为集电结，基区与发射区之间的 PN 结称为发射结。发射极的箭头方向就是该类型管子发射极正向电流的方向。

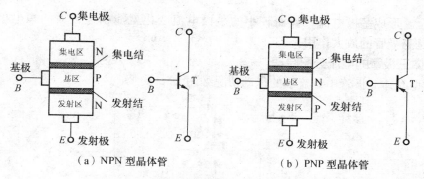

（a）NPN 型晶体管　　　　　　　　（b）PNP 型晶体管

图 1—17　晶体三极管的结构示意图与符号

　　晶体三极管制作时，基区的掺杂浓度低，而且做得很薄（几微米到几十微米），其宽度小于载流子的扩散长度；发射区掺杂浓度比较高，以便发射区向基区发射多数载流子；集电区的面积比发射区大，以便用来收集载流子，这是晶体三极管实现电流放大的内部条件。因此，晶体三极管并不是两个 PN 结的简单组合，它不能用两个二极管代替，一般也不可以将发射极和集电极颠倒使用。

1.3.2　半导体三极管的电流分配及放大作用

1. 三极管的放大作用

　　要实现晶体三极管的电流放大作用，首先要给晶体三极管各个电极加上正确的电压。晶体三极管实现电流放大的外部条件是：发射结（即 b 与 e 极之间）应加上较低的正向电压（即正向偏置电压），集电结（即 b 与 c 极之间）应加有较高的反向电压（即反向偏置电压），如图 1—18 所示。其中图 1—18（a）所示为 NPN 型管正常工作时应加的电压，图 1—18（b）所示为 PNP 型管正常工作时应加的电压。由此可看出，这两类管子其外部电路所接电源极性正好相反。加在发射极与基极之间的电压叫偏置电压，一般硅管在 0.6～0.8V，锗管在 0.1～0.3V，加在集电极与基极之间的电压视三极管的具体型号而定。

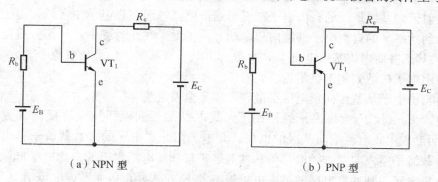

（a）NPN 型　　　　　　　　　　　（b）PNP 型

图 1—18　三极管各极所加电压的极性

　　在图 1—18 所示电路中，VT_1 为三极管，E_c 为集电极电源；E_B 为基极电源，又称为偏置电源；R_B 为基极电阻，也称为偏置电阻；R_c 为集电极电阻，也称为负载电阻。

　　三极管具有放大作用的内部条件是基区宽度小于非平衡少数载流子的扩散长度（即由发射区进入基区的非平衡少数载流子在其存在期间所走过的距离）。这样，注入基区的非平衡少数载流子才能大部分进入集电区，形成集电极电流；而只有一小部分与基区的多数载流子复合，形成基极电流，从而较小的基极电流变化就能引起较大的集电极电流的变化，这就是三极管的放大作用。

2. 晶体三极管的电流分配原理

NPN 型晶体三极管中载流子的运动情况如图 1—19 所示。

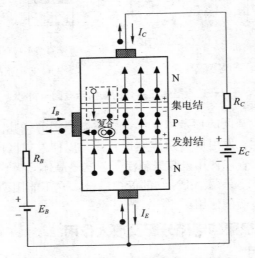

图 1—19　晶体三极管中载流子的运动

（1）自由电子从发射区向基区扩散，形成发射极电流 I_E。

在电源 E_B 的作用下，使发射结加正向电压（又称正向偏置，简称正偏），从而形成由基区指向发射区的电场。在该电场的作用下，发射区的多数载流子（自由电子）能顺利通过发射结到达基区而形成电流 I_E。同时，基区的多数载流子空穴向发射区扩散。但基区空穴的浓度远远低于发射区自由电子的浓度，空穴电流很小，可以将其忽略（图中未画出）。

（2）自由电子在基区与空穴复合，形成基极电流 I_B。

从发射区向基区扩散的自由电子在发射结浓度高，而在集电结浓度低，由于载流子的浓度差，到达基区的自由电子继续向集电结方向扩散。在此过程中，一部分自由电子被电源 E_B 拉入其正极而形成基极电流 I_B，少数自由电子与基区中的多数载流子空穴进行复合，大部分自由电子扩散到集电结附近。

（3）自由电子从基区向集电区扩散，形成集电极电流 I_C。

在电源 E_C（比 E_B 大得多）的作用下，集电结加反向电压（又称反向偏置，简称反偏），从而形成由集电区指向基区的电场。此电场阻止集电区的多数载流子自由电子和基区的多数载流子空穴向对方扩散，但从发射区扩散到集电结附近的自由电子能顺利通过集电结到达集电区。到达集电区的自由电子被电源 E_C 拉入其正极而形成电流 I_C。与此同时，集电极反向偏置，有利于少数载流子的漂移运动。集电区的少数载流子空穴漂移到基区，基区的少数载流子自由电子漂移到集电区，形成反向电流 I_{CBO}。I_{CBO} 很小，受温度影响很大，常忽略不计。

综上所述，要使晶体三极管具有电流放大作用，对于 NPN 型三极管，发射极必须正向偏置，而集电极必须反向偏置。晶体三极管的发射极电流 I_E 与基极电流 I_B、集电极电流 I_C 之间的关系为 $I_E = I_B + I_C$。

1.3.3 晶体三极管的特性曲线

晶体三极管的特性曲线是指三极管各电极电压和电流之间的关系曲线，它反映了三极管的性能，是分析放大电路的重要依据，主要包括输入特性曲线和输出特性曲线。

1. 输入特性曲线

输入特性曲线是指当集电极和发射极之间的电压 U_{CE} 保持一定时，晶体三极管的输入电流 I_B（基极电流）与输入电压 U_{BE}（基极和发射极之间的电压）之间的关系曲线 $I_B = f(U_{BE})$，如图1—20所示。

我们可以看到，如图1—20所示晶体三极管的输入特性曲线与我们前面所讲的半导体二极管的正向伏安特性相似。因为晶体三极管的输入特性，实质上就是发射结的伏安特性，而发射结就是一个半导体二极管。不同的 U_{CE} 对输入特性有不同的影响，随着 U_{CE} 的增大，曲线将向右移动，但当 $U_{CE} \geqslant 1V$ 时，不同值的输入特性曲线会重合。

2. 输出特性曲线

输出特性曲线是指当基极电流 I_B 为某一常数时，晶体三极管的输出电流 I_C（集电极电流）与输出电压 U_{CE} 之间的关系曲线 $I_C = f(U_{CE})$。晶体三极管的输出特性曲线是一曲线族，如图1—21所示。输出特性分为三个工作区。

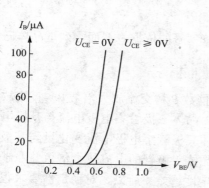

图1—20　晶体三极管的输入特性

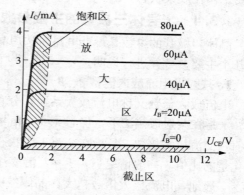

图1—21　晶体三极管输出特性曲线

（1）截止区。

$I_B = 0$ 这条输出特性曲线以下的区域称为截止区，其对应的条件是 $U_{BE} \leqslant$ 死区电压。此时，有 $I_C = I_{CEO}$（集电极和发射极之间的穿透电流）。当 $0 < U_{BE} \leqslant$ 死区电压时，晶体三极管已出现截止现象；$U_{BE} \leqslant 0$ 时，晶体三极管完全可靠截止。

晶体三极管工作在截止状态时，具有以下特点：

①发射结和集电结均反向偏置；

②若不计穿透电流 I_{CEO}，有 I_B、I_C 近似为 0；

③晶体三极管的集电极和发射极之间的电阻很大，晶体三极管相当于一个开关处于断开状态。

（2）放大区。

输出特性曲线近似于水平部分（实际上应该是往上倾斜的，为了更好地理解和说明，图中画成水平）所在区域称为放大区，其对应的条件是 $U_{BE} >$ 死区电压，同时 $U_{CE} \geqslant 1V$。

此时，晶体三极管工作在放大状态，具有以下特点：

①晶体三极管的发射结正向偏置，集电极反向偏置；

②基极电流 I_B 微小的变化会引起集电极电流 I_C 较大的变化，I_C 和 I_B 满足正比关系，即：$I_C = \beta I_B$；

③对 NPN 型的三极管，有电位关系：$U_C > U_B > U_E$。

（3）饱和区。

输出特性曲线迅速上升和弯曲部分之间的区域称为饱和区，晶体三极管工作在饱和状态时具有以下特点：

①晶体三极管的发射结和集电结均正向偏置；

②晶体三极管的电流放大能力下降，通常有 $I_C < \beta I_B$；

③U_{CE} 的值很小，称此时的电压 U_{CE} 为晶体三极管的饱和压降，用 U_{CES} 表示。一般硅三极管的 U_{CES} 约为 0.3V，锗三极管的 U_{CES} 约为 0.1V；

④晶体三极管的集电极和发射极近似短接，晶体三极管类似于一个开关处于导通状态。

三极管作为开关使用时，通常工作在截止和饱和导通状态；作为放大元件使用时，一般要工作在放大状态。

1.3.4　半导体三极管的主要参数

晶体三极管的参数是设计电路时选用晶体三极管型号的依据。下面，列举晶体三极管的几个主要参数并进行说明。

1. 共射极电流放大倍数 $\bar{\beta}$、β

电流放大倍数又称电流放大系数，分直流放大倍数 $\bar{\beta}$ 和交流放大倍数 β。直流放大倍数 $\bar{\beta}$ 是指在共射极接法下，静态无变化信号输入时，晶体三极管集电极电流与基极电流的比值，交流放大倍数 β 是指在交流工作状态下，晶体三极管集电极电流变化量与基极电流变化量的比值。一般情况下，$\beta \approx \bar{\beta}$。需要注意的是晶体三极管的电流放大倍数并非越大越好。一般地，电流放大倍数越大，晶体三极管的稳定性越差。所以，对稳定性要求很高的电路，不宜选择电流放大倍数太大的晶体三极管。

2. 集电极和发射极之间的穿透电流 I_{CEO}

集电极和发射极之间的穿透电流 I_{CEO} 是指当 $I_B = 0$（晶体三极管截止）时晶体三极管集电极上流过的电流。由于这个电流是由少数载流子的漂移运动形成的，故其值很小（常温下，硅管一般为 μA 级，锗管可达 mA 级），但受温度影响非常大。温度升高，I_{CEO} 将明显增大。

3. 反向击穿电压

晶体三极管有两个 PN 结，其反向击穿电压有以下几种：

集电极和发射极之间的反向击穿电压是指当基极开路时，集电极与发射极之间能承受的最大电压，用 $U_{(BR)CEO}$ 表示。

集电极和基极之间的反向击穿电压是指当发射极开路时，集电极与基极之间能承受的最大电压，用 $U_{(BR)CBO}$ 表示。

发射极和基极之间的反向击穿电压是指当集电极开路时，发射极与基极之间能承受的最大电压，用 $U_{(BR)EBO}$ 表示。

选择晶体三极管时，要保证反向击穿电压大于工作电压的两倍。

4. 集电极最大允许电流 I_{CM}

集电极最大允许电流是指当 U_{CE}（$U_{CE}<1V$）一定，晶体三极管工作在饱和状态时，其实际电流放大倍数下降到其固有电流放大倍数的 2/3 时的集电极电流，用 I_{CM} 表示。

5. 集电极最大允许耗散功率 P_{CM}

集电极最大允许耗散功率是指保证晶体三极管能正常工作而不致烧坏的最大工作功率，用 P_{CM} 表示（因为晶体三极管的功率表现为发热，故称为耗散功率）。晶体三极管的集电极电流流过集电结时所产生的功率损耗 $P_C = U_{CE} I_C$，晶体三极管正常工作时要求 $P_C < P_{CM}$。如图 1—22 所示，虚线为管子的允许功率损耗线，虚线以内的区域表示管子工作时的安全区域。

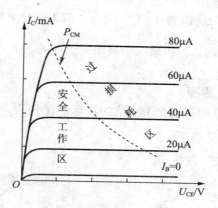

图 1—22　晶体三极管的安全工作区

1.4　场效应管放大电路

场效应晶体管（FET）是一种电压控制型器件，它利用电场效应来控制半导体中多数载流子的运动，以实现放大作用，通常简称为场效应管。场效应管不仅输入电阻非常高（一般可达到几百兆欧到几千兆欧）、输入端电流接近于零（几乎不向信号源吸取电流），而且还具有体积小、重量轻、噪声低、省电、热稳定性好、制造工艺简单、集成容易等优点，是放大电路中理想的前置输入器件。

根据结构不同，场效应管分为结型场效应管和绝缘栅场效应管两大类。

1.4.1　结型场效应管

结型场效应管分为 N 沟道结型管和 P 沟道结型管，它们都具有三个电极：栅极、源极和漏极，分别与三极管的基极、发射极和集电极相对应。

1. 结型场效应管的结构与符号

在一块 N 型半导体材料的两边各扩散一个高杂质浓度的 P 型区，形成两个 PN 结，即耗尽层。把两个 P 型区联在一起，引出一个电极 G(g)，称为栅极，在 N 型半导体的两端各引出一个电极，一端称为源极 S(s)，另一端称为漏极 D(d)，就构成结型场效应管。由于 N 型半导体就是漏极 D 和源极 S 之间的电流通道，故又称为 N 沟道结型场效应管，其电路符号如图 1—23 所示，其中的箭头指向，表示 PN 结接正向偏置时电流的流通方向。

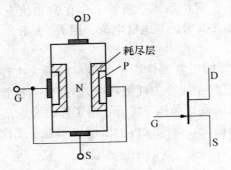

图 1—23　N 沟道结型管的结构与符号

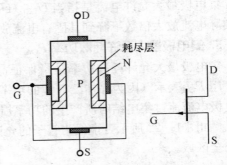

图 1—24　P 沟道结型管的结构与符号

若在 P 型半导体材料的两边各扩散一个高杂质浓度的 N 型区，如图 1—24 所示，则可以构成 P 沟道结型场效应管。

2. 结型场效应管的工作原理

(1) 当栅源电压 $U_{GS}=0$ 时，两个 PN 结的耗尽层比较窄，中间的 N 型导电沟道比较宽，沟道电阻小，如图 1—25 所示。

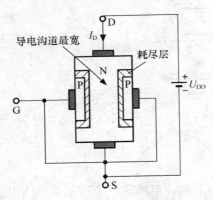

图 1—25　$U_{GS}=0$ 时的导电沟道

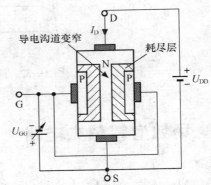

图 1—26　$U_{GS}<0$ 时的导电沟道

(2) 当 $U_{GS}<0$ 时，两个 PN 结反向偏置，PN 结的耗尽层变宽，由于 N 区掺杂浓度小于 P 型区，因此，随着 $|U_{GS}|$ 的增加，耗尽层将主要向 N 沟道中扩展，中间的 N 型导电沟道相应变窄，沟道导通电阻增大，如图 1—26 所示。当 $|U_{GS}|$ 进一步增大到一定值 $|U_P|$ 时，两个 PN 结的耗尽层将在沟道中央合拢，沟道全部被夹断。由于耗尽层中没有载流子，因此这时漏—源极间的电阻将趋于无穷大。这时的栅源电压 U_{GS} 称为夹断电压，用 U_P 表示，如图 1—27 所示。在预夹断处：$U_{GD}=U_{GS}-U_{DS}=U_P$。

(3) 当 $U_P<U_{GS}\leqslant 0$ 且 U_{DS} 一定 $(U_{DS}>0)$ 时，可产生漏极电流 I_D。I_D 的大小将随栅源电压 U_{GS} 的变化而变化，从而实现电压对漏极电流的控制作用。

由于 U_{DS} 的存在，漏极端电位最高，源极端电位最低。这就使栅极与沟道内各点间的电位差不再相等，其绝对值沿沟道从漏极到源极逐渐减小，在漏极端最大（为 $|U_{GD}|$），即加到该处 PN 结上的反偏电压最大，这使得沟道两侧的耗尽层从源极到漏极逐渐加宽，

沟道宽度不再均匀，而呈楔形，如图1—28所示。

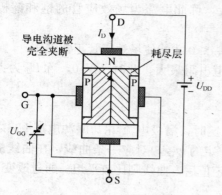
图1—27 $U_{GS} < U_P$ 时的导电沟道

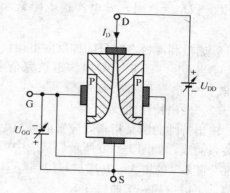
图1—28 U_{GS} 和 U_{DS} 共同作用的情况

在 U_{DS} 较小时，沟道的不均匀性不明显，在漏极附近的区域内沟道仍然较宽，即 U_{DS} 对沟道电阻影响不大，故漏极电流 I_D 随 U_{DS} 增加而几乎呈线性地增加；若 U_{DS} 继续增加，使 $U_{DS} > U_{GS} - U_P$，即 $U_{GD} < U_P$ 时，漏极附近的耗尽层首先被夹断，这种状态被称为预夹断。此后若 U_{DS} 继续增加，耗尽层合拢部分不断增加，夹断区的电阻越来越大，但漏极电流 I_D 不随 U_{DS} 的增加而增加，基本上趋于饱和。

通过以上分析可知：改变栅源电压 U_{GS} 的大小，可以有效地控制沟道电阻的大小；若同时在漏-源极间加上固定的正向电压 U_{DS}，则漏极电流 I_D 将受 U_{GS} 的控制，|U_{GS}| 增大时，沟道电阻增大，I_D 减小。上述效应也可以看做是栅-源极间的偏置电压在沟道两边建立了电场，电场强度的大小控制了沟道的宽度，即控制了沟道电阻的大小，从而控制了漏极电流 I_D 的大小。沟道中只有一种类型的多数载流子参与导电，所以场效应管也称为单极型三极管。为实现场效应管栅源电压对漏极电流的控制作用，结型场效应管在工作时，栅极和源极之间的 PN 结必须反向偏置，因此栅极电流 $I_G \approx 0$，场效应管呈现很高的输入电阻。

3. 结型场效应管的特性曲线

（1）转移特性曲线。

转移特性曲线是指场效应管的漏源电压 U_{DS} 一定时，漏极电流 I_D 与栅源电压 U_{GS} 之间的关系曲线，如图1—29所示。它反映了场效应管栅源电压对漏极电流的控制作用。由转移特性曲线可知：

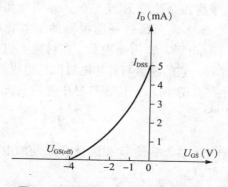
图1—29 结型场效应管转移特性曲线

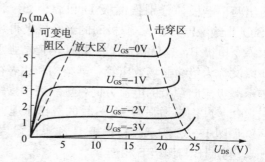
图1—30 结型场效应管输出特性曲线

①场效应管是非线性器件；

②当 $U_{GS}=0$ 时，导电沟道电阻最小，I_D 最大，称此电流为场效应管的饱和漏极电流 I_{DSS}；

③栅极和源极之间只能加反向电压，即满足 $U_{GS} \leqslant 0$ 才能使场效应管正常工作；

④当 $U_{GS}=U_P$ 时，导电沟道被完全夹断，沟道电阻最大，此时 $I_D=0$，称 U_P 为夹断电压。

（2）输出特性曲线。

输出特性曲线是指场效应管的栅源电压 U_{GS} 一定时，漏极电流 I_D 与漏源电压 U_{DS} 之间的关系曲线，如图 1—30 所示。从图中可见，对一定的 U_{GS}，对应一条曲线，在曲线的起始部分随 U_{DS} 的增大，I_D 增加，但当 U_{DS} 增加到一定值后，曲线则比较平坦。通过改变 U_{GS} 的值，可以得到一组曲线。

场效应管的输出特性曲线一般可分为三个区域：可变电阻区、放大区、击穿区。

可变电阻区，导电沟道通畅，漏极电流 I_D 随着漏源电压 U_{DS} 的增加而上升。通过调整栅源电压 U_{GS} 的大小，可以改变导电沟道的宽度，从而调整漏极和源极间的导通电阻。

放大区，漏极电流 I_D 受栅源电压 U_{GS} 的控制，即 I_D 只随 U_{GS} 的增加而增加，几乎不随漏源电压 U_{DS} 变化，形成一组近似平行于 U_{DS} 轴的曲线。因此，放大区又被称为恒流区或饱和区。

击穿区，漏源电压 U_D 比较大，场效应管被击穿。正常工作时，场效应管不允许工作在此区域。

1.4.2 绝缘栅型场效应管

结型场效应管的输入电阻虽然可达 $10^6 \sim 10^9\,\Omega$，但在要求输入电阻更高的场合，还是不能满足要求。绝缘栅型场效应管的结构是金属-氧化物-半导体，简称 MOS 管，它具有更高的输入电阻，可达 $10^{15}\,\Omega$，并具有制造工艺简单、适于集成电路的优点。

MOS 管可分为 N 沟道和 P 沟道两类，而且每一类又分为增强型和耗尽型两种。增强型 MOS 管在栅源电压 $U_{GS}=0$ 时，没有导电沟道存在，即使加上漏源电压 U_{DS}，也没有漏极电流 I_D 产生。而耗尽型 MOS 管在栅源电压 $U_{GS}=0$ 时，就有导电沟道存在，加上漏源电压 U_{DS}，就有漏极电流 I_D 产生。

1. N 沟道增强型 MOS 管

（1）N 沟道增强型 MOS 管的结构。

在一块掺杂浓度较低的 P 型硅衬底上，制作两个高掺杂浓度的 N 型区，并用金属铝引出两个电极，分别作漏极 D 和源极 S。然后在半导体表面覆盖一层很薄的二氧化硅（SiO$_2$）绝缘层，在漏-源极间的绝缘层上再装上一个铝电极，作为栅极 G。在衬底上也引出一个电极 B，这就构成了一个 N 沟道增强型 MOS 管。它的栅极与其他电极间是绝缘的，所以又称为绝缘栅场效应管，其结构和代表符号如图 1—31 所示。代表符号中的箭头方向表示漏极流向源极的电流方向，虚线表示增强型 MOS 管。

（2）N 沟道增强型 MOS 管的工作原理。

如图 1—32 所示，在栅极 G 和源极 S 之间加电压 U_{GS}，漏极 D 和源极 S 之间加电压 U_{DS}，衬底 B 与源极 S 相连。

当栅源电压 $U_{GS}=0$ 时，即使加上漏源电压 U_{DS}，而且不论 U_{DS} 的极性如何，总有一个

PN 结处于反偏状态，漏-源极间没有导电沟道，所以这时漏极电流 $I_D \approx 0$。

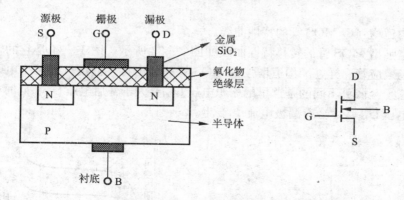

图 1—31 N 沟道增强型 MOS 管的结构和代表符号

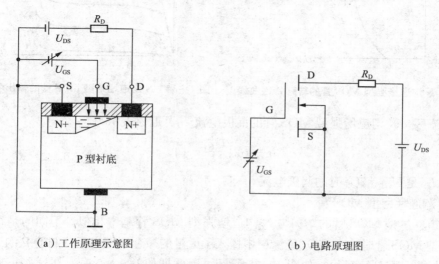

（a）工作原理示意图　　　　　　　（b）电路原理图

图 1—32 N 沟道增型 MOS 管工作原理和电路原理示意图

　　当栅源电压 $U_{GS} > 0$ 时，栅极和衬底之间的 SiO_2 绝缘层中便会产生一个垂直于半导体表面的由栅极指向衬底的电场。在电场的作用下，栅极附近的 P 型衬底中的空穴被排斥，剩下不能移动的负离子，形成耗尽层，将 P 型衬底中的自由电子吸引到衬底表面。当栅源电压 U_{GS} 较小，吸引电子的能力不强时，漏极和源极之间仍无导电沟道出现。当栅源电压 U_{GS} 增加时，吸引到 P 衬底表面层的电子就增多，当 U_{GS} 达到某一数值时，这些电子在栅极附近的 P 衬底表面便形成一个 N 型薄层，且与两个 N 型区相连通，在漏极和源极间形成 N 型导电沟道，其导电类型与 P 衬底相反，故又称为反型层。此时若在漏极和源极之间加上电压 U_{DS}，就会有漏极电流 I_D 产生。

　　开始形成沟道时的最小栅源电压称为开启电压，用 U_T 表示。当栅源电压 U_{GS} 小于开启电压 U_T 时，反型层消失，漏极电流 I_D 为零；当栅源电压 U_{GS} 大于开启电压 U_T 时，改变栅源电压 U_{GS} 的大小，就可以调整漏极电流 I_D 的大小。

　　综上所述，N 沟道 MOS 管在 $U_{GS} < U_T$ 时，不能形成导电沟道，管子处于截止状态。只有当 $U_{GS} \geqslant U_T$ 时，才有沟道形成。这种必须在 $U_{GS} \geqslant U_T$ 时才能形成导电沟道的 MOS 管

称为增强型 MOS 管。沟道形成以后，在漏-源极间加上正向电压 U_{DS}，就有漏极电流 I_D 产生。

（3）N 沟道增强型 MOS 管的特性曲线。

N 沟道增强型 MOS 管的转移特性曲线如图 1—33 所示，图 1—34 是它的输出特性曲线。与结型场效应管一样，N 沟道增强型 MOS 管的输出特性曲线分为可变电阻区、恒流区、击穿区三个区域。不同的是这里的栅源电压 U_{GS} 要大于开启电压 U_T，同时在漏极和源极之间加上电压 U_{DS}，才会有漏极电流 I_D 产生。

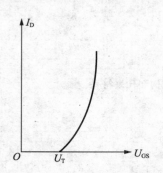

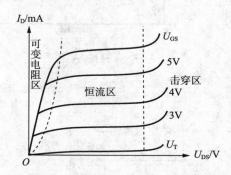

图 1—33　N 沟道增强型 MOS 管的转移特性曲线　　图 1—34　N 沟道增强型 MOS 管的输出特性曲线

在恒流区，N 沟道增强型 MOS 管的漏极电流 I_D 可近似表示为

$$I_D = I_{D0}\left(\frac{U_{GS}}{U_T} - 1\right)^2 \tag{1-1}$$

式中 I_{D0} 是 $U_{GS} = 2U_T$ 时的漏极电流。

2. N 沟道耗尽型 MOS 管

N 沟道耗尽型 MOS 管的结构与 N 沟道增强型 MOS 管基本相似。不同的是在制作 N 沟道耗尽型 MOS 管时，在 SiO_2 绝缘层中掺入了大量的碱金属正离子（制造 P 沟道耗尽型 MOS 管时掺入大量负离子），如图 1—35 所示。因此即使 $U_{GS} = 0$ 时，在这些正离子产生的电场作用下，漏极和源极间的 P 型衬底表面也能感应较多的自由电子，形成 N 沟道（称为初始沟道），将源区和漏区连通起来，只要加上正向电压 U_{DS}，就有漏极电流 I_D 产生。代表符号中实线表示耗尽型 MOS 管。

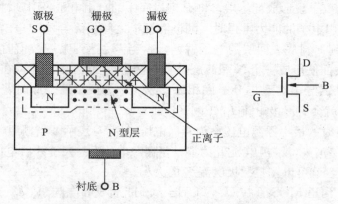

图 1—35　N 沟道耗尽型 MOS 管的结构与符号

如果加上正的 U_{GS}，栅极与 N 沟道间的电场将在沟道中吸引来更多的自由电子，沟道加宽，沟道电阻变小，I_D 增大。反之 U_{GS} 为负时，沟道中感应的自由电子减少，沟道变窄，沟道电阻变大，I_D 减小。当 U_{GS} 负向增加到某一数值时，导电沟道消失，I_D 趋于零，管子截止，故称为耗尽型。沟道消失时的栅源电压称为夹断电压，仍用 U_P 表示。与 N 沟道结型场效应管相同，N 沟道耗尽型 MOS 管的夹断电压 U_P 也为负值，但是，前者只能在 $U_{GS}<0$ 的情况下工作，而后者在 $U_{GS}=0$，$U_{GS}>0$，$U_P<U_{GS}<0$ 的情况下均能实现对漏极电流 I_D 的控制，而且仍能保持栅源极间有很大的绝缘电阻，使栅极电流为零。这是耗尽型 MOS 管的一个重要特点。

1.4.3 场效应管的主要参数

1. 夹断电压 (U_P)

当漏源电压 U_{DS} 为某一固定值时，使漏极电流 I_D 近似为零的栅源电压 U_{GS} 称为夹断电压 (U_P)。

2. 开启电压 (U_T)

当漏源电压 U_{DS} 为某一固定值时，增强型 MOS 管开始导通（漏极电流 I_D 达到某一值）时的栅源电压 U_{GS} 为开启电压 (U_T)。

3. 饱和漏极电流 (I_{DSS})

当漏源电压 U_{DS} 为某一固定值时，栅源电压 $U_{GS}=0$ 时所对应的漏极电流称为场效应管的饱和漏极电流 (I_{DSS})。它是结型场效应管所能输出的最大电流，反映了零偏压时初始沟道的导电能力。

4. 跨导 (g_m)

跨导 (g_m) 为漏源电压 U_{DS} 为某一固定值时，漏源电流的变化量与栅源电压的变化量之比。它反映了场效应管栅源电压对漏极电流的控制和放大作用。

1.4.4 各种场效应管的符号、电压极性及特性曲线

各种场效应管的符号、电压极性及特性曲线见表 1—1。

表 1—1　　　　　　　　各种场效应管的符号、电压极性及特性曲线

类型		符号	偏压极性		阈值电压	输出特征	转移特性
			U_{GS}	U_{DS}			
结型 N 沟道	耗尽型		$-$	$+$	$U_P<0$		
结型 P 沟道	耗尽型		$+$	$-$	$U_P>0$		
NMOS	耗尽型		$+$ 0 $-$	$+$	$U_P<0$		

类型		符号	偏压极性		阈值电压	输出特征	转移特性
			U_{GS}	U_{DS}			
NMOS	增强型	G—D B—S	+	+	$U_{TH}>0$	I_D; $U_{GS}=+4V$, $U_{GS}=+3V$, $U_{GS}>U_{TH}$; U_{DS}	i_D; U_{TH}; U_{GS}
PMOS	耗尽型	G—D B—S	+ / 0 / −		$U_P>0$	$-I_D$; $U_{GS}=-2V$, $U_{GS}=0$, $U_{GS}=+2V$; $-U_{DS}$	$-I_D$; I_{DSS}; U_P U_{GS}
	增强型	G—D B—S	−	−	$U_{TH}<0$	$-I_D$; $U_{GS}=-4V$, $U_{GS}=-2V$, $U_{GS}<U_{TH}$; $-U_{DS}$	$-I_D$; U_{TH}; U_{GS}

1.4.5　使用场效应管的注意事项

从场效应管的结构上看，其源极和漏极是对称的，因此源极和漏极可以互换。但有些场效应管在制造时已将衬底引线与源极连在一起，这种场效应管的源极和漏极就不能互换了。

场效应管各极间电压的极性应正确接入，结型场效应管的栅源电压 U_{GS} 的极性不能接反。

当 MOS 管的衬底引线单独引出时，应将其接到电路中的电位最低点（对 N 沟道 MOS 管而言）或电位最高点（对 P 沟道 MOS 管而言），以保证沟道与衬底间的 PN 结处于反向偏置，使衬底与沟道及各电极隔离。

MOS 管的栅极是绝缘的，感应电荷不易泄放，而且绝缘层很薄，极易击穿。所以栅极不能开路，存放时应将各电极短路。焊接时，电烙铁必须可靠接地，或者断电利用烙铁余热焊接，并注意对交流电场的屏蔽。

1.4.6　场效应管与三极管的性能比较

场效应管的源极 S、栅极 G、漏极 D 分别对应于三极管的发射极 E、基极 B、集电极 C，它们的作用相似。

场效应管是电压控制电流器件，三极管是电流控制电流器件。对于只允许从信号源取较小电流的情况下，应选用场效应管。而对于信号电压较低又不允许从信号源取得较大电流的情况下，应使用三极管。

场效应管栅极几乎不取电流，而三极管工作时基极总要吸取一定的电流。因此场效应管的输入电阻比三极管的输入电阻高。

场效应管只有一种载流子（多数载流子）参与导电，三极管有两种载流子（空穴和自由电子）参与导电，因少数载流子浓度受温度、辐射等因素影响较大，所以场效应管比三极管的温度稳定性好、抗辐射能力强。在环境条件（温度等）变化很大的情况下应选用场效应管。

场效应管在源极未与衬底连在一起时，源极和漏极可以互换使用，且特性变化不大；而三极管的集电极与发射极互换使用时，其特性差异很大。

场效应管的噪声系数很小，在低噪声放大电路的输入级及要求信噪比较高的电路中要选用场效应管。

场效应管和三极管均可组成各种放大电路和开关电路，但由于前者制造工艺简单，且具有耗电少，热稳定性好，工作电源电压范围宽等优点，因而被广泛用于大规模和超大规模集成电路中。

本章小结

1. 半导体材料中有两种载流子：自由电子和空穴。自由电子带负电，空穴带正电。在纯净半导体中掺入不同的杂质，可以得到 N 型半导体和 P 型半导体。N 型半导体中多数载流子是自由电子，P 型半导体多数载流子是空穴。

2. 采用一定的工艺措施，使 P 型和 N 型半导体结合在一起，就形成了 PN 结。PN 结的基本特点是单向导电性，PN 结正向偏置导通，反向偏置截止。

3. 二极管是由一个 PN 结构成的，同样具有单向导电性。其特性可以用伏安特性和一系列参数来描述。伏安特性有正向特性、反向特性和反向击穿特性。正向特性中有死区电压，硅二极管的死区电压约为 0.5V，锗二极管的死区电压约为 0.1V；反向特性中有反向电流，反向电流越小，二极管的单向导电性越好，反向电流受温度影响大；反向击穿特性有反向击穿电压，二极管正常工作时其反向电压不能超过此值。

4. 二极管可用于低压稳压、开关、限幅等电路。稳压二极管稳压时，要工作在反向击穿区。使用稳压管时，一定要配合限流电阻使用，保证稳压管中流过的电流不超过 I_{ZMAX}，避免因过热而损坏管子。

5. 三极管是由两个 PN 结构成的。工作时，有两种载流子参与导电，称为双极性晶体管。三极管是一种电流控制电流型的器件，改变基极电流就可以控制集电极电流。三极管的特性可用输入特性和输出特性来描述，其性能可以用一系列参数来表征。有三个工作区：饱和区、放大区和截止区。对于 NPN 型晶体三极管，在饱和区发射结和集电结均正向偏置；在放大区发射结正向偏置，集电结反向偏置；在截止区发射结和集电结均反向偏置。

6. 场效应管分为 JFET 和 MOSFET 两种。工作时只有一种载流子参与导电，因此称为单极性晶体管。场效应管是一种电压控制电流型器件。改变其栅源电压就可以改变其漏极电流。场效应管的特性可用转移特性和输出特性来描述，其性能可以用一系列参数来表征。

技能实训

实训一　二极管的识别和检测

1. 实训目的

(1) 熟悉二极管的外形及引脚的识别方法。

(2) 练习查阅半导体器件手册，熟悉二极管的类别、型号及主要性能参数。

(3) 掌握用万用表判别二极管的管脚、管型与质量的方法。

(4) 测试二极管的单向导电性。

(5) 学习二极管伏安特性曲线的测试方法。

2. 实训器材

(1) 万用表1只（指针式）。

(2) 半导体器件手册。

(3) 不同规格、类型的二极管若干。

(4) 直流稳压电源1台。

(5) 电位器 200Ω1 只，电阻 1kΩ、620Ω 各 1 只。

3. 实训内容（普通二极管的识别和测试）

(1) 观看实物，熟悉二极管的外形，如图1—36所示。

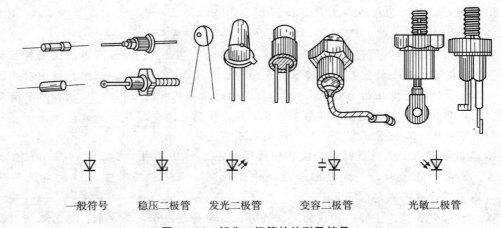

一般符号　　稳压二极管　　发光二极管　　变容二极管　　光敏二极管

图1—36　部分二极管的外形及符号

(2) 查阅手册识别二极管，了解和熟悉所给二极管的类别、型号及主要参数。

(3) 普通二极管极性的判定。

万用表选用"R×100Ω"挡或者"R×1kΩ"挡，将万用表的红、黑表笔分别接二极管的两个电极，若测得的电阻值很小（几千欧以下），则黑表笔所接电极为二极管正极，红表笔所接电极为二极管的负极；若测得的阻值很大（几百千欧以上），则黑表笔所接电极为二极管负极，红表笔所接电极为二极管的正极，如图1—37所示。

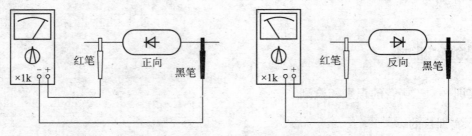

图1—37　二极管极性的测试

（4）普通二极管好坏的判定。

①若测得普通二极管的反向电阻和正向电阻差别很大，表明二极管性能良好。

②若测得普通二极管的反向电阻和正向电阻都很小，表明二极管短路，已损坏。

③若测得普通二极管的反向电阻和正向电阻都很大，表明二极管断路，已损坏。

④若测得普通二极管的反向电阻和正向电阻都为零，表明二极管已被击穿。

（5）硅管和锗管的判别。

用万用表"R×100"挡或者"R×1k"挡，测得二极管正向导通时的负载电压 U_L 的数值。只要用表针指示的十分刻度线的反转刻度乘以 1.5V，便得到二极管的导通电压 U_F 值。然后根据硅二极管的导通电压约为 0.7V，锗二极管的导通电压约为 0.2V，就可以判别所测管的 PN 结材料的类型。

（6）二极管的极性、好坏和管型测试过程。

①在元件盒中取出两只不同型号的二极管，用万用表鉴别极性。

②将万用表拨到 R×100Ω 或 R×1kΩ 电阻挡，测量二极管的正、反向电阻，并判断其性能好坏，把测量结果填入表 1—2 中。

表 1—2   二极管的测试

阻值型号	正向电阻	反向电阻	正向压降	管　型	质量差别

③按如图 1—38 所示接线，稳压电源输出调至 1.5V，判别二极管的管型（硅管或锗管）。

（7）二极管伏安特性曲线的测试。

①按如图 1—39 所示在电路板上连接线路，经检查无误后，接通 5V 直流电源。

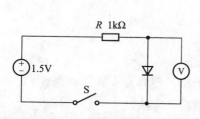

图 1—38　二极管管型判别接线图

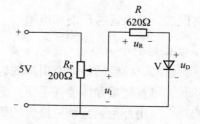

图 1—39　伏安特性曲线测试电路

②调节电位器 R_P，使输入电压 u_I 按表 1—3 所示从零逐渐增大至 5V。

③用万用表分别测出电阻 R 两端的电压 u_R 和二极管两端电压 u_D，并根据 $i_D = u_D/R$ 算出通过二极管的电流 i_D，记录于下表 1—3 中。

表 1—3   二极管的正向特性

	u_I (V)	0.00	0.4	0.5	0.6	0.7	0.8	1.0	1.5	2.0	3.0	4.0	5.0
第一次测量	u_R (V)												
	u_D (V)												

续前表

	u_I (V)	0.00	0.4	0.5	0.6	0.7	0.8	1.0	1.5	2.0	3.0	4.0	5.0
第二次测量	u_R (V)												
	u_D (V)												
平均值	u_R (V)												
	u_D (V)												
	i_D (mA)												

④用同样的方法进行两次测量,然后取平均值,即可得到二极管的正向特性。

⑤将如图1—39所示电路的电源正负极性互换,使二极管反偏,然后调节电位器 R_P,按表1—4所示的 u_I 值,分别测出对应的 u_R 和 u_D 值。

表1—4 二极管的反向特性

u_I (V)	0.00	0.4	0.5	0.6	0.7	0.8	1.0	1.5	2.0	3.0	4.0	5.0
u_R (V)												
u_D (V)												
i_D (μA)												

4. 实训报告

(1) 整理实训目的、实训内容和测试仪表及材料。

(2) 列出所测二极管的类别、型号、主要参数、测量数据及质量好坏的判别结果。

实训二 三极管的识别和检测

1. 实训目的

(1) 熟悉三极管的外形及引脚的识别方法。

(2) 练习查阅半导体器件手册,熟悉三极管的类别、型号及主要性能参数。

(3) 掌握用万用表判别三极管的管脚、管型与质量的方法。

2. 实训器材

(1) 万用表1只(指针式)。

(2) 半导体器件手册。

(3) 不同规格、类型的三极管若干。

(4) 直流稳压电源1台。

(5) 电位器4.7kΩ、10kΩ各1只,电阻1kΩ、2kΩ、3kΩ、6.8kΩ、100kΩ各1只。

3. 实训内容(三极管的识别和测试)

(1) 观看实物,熟悉三极管的外形,如图1—40所示。

(2) 查阅手册识别三极管,了解和熟悉所给三极管的类别、型号及主要参数。

(3) 三极管管型(NPN型管和PNP型管)的判定。

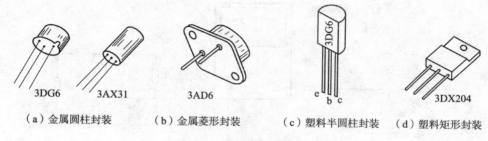

3DG6   3AX31   3AD6   3DG6   3DX204
                                    e b c

（a）金属圆柱封装   （b）金属菱形封装   （c）塑料半圆柱封装 （d）塑料矩形封装

图1—40 常见三极管的外形图

万用表选用"R×100Ω"挡或者"R×1kΩ"挡，将万用表的红表笔固定在三极管的某个引脚上，黑表笔分别接三极管的另外两个引脚。若测得的电阻值均很小，交换表笔再测；若测得的阻值均很大，则此管为PNP型管。反之则是NPN型管。因为万用表黑表笔为表内电池正极，红表笔为电池负极，而PNP型管，其基极为两个PN结的负极，所以接红表笔时，相当于在一个PN结上加正向电压，PN结导通，呈现的正向电阻很小。

（4）三极管三个电极的判定。

①判定基极。对于NPN型三极管，万用表选用"R×100Ω"挡或者"R×1kΩ"挡，如图1—41所示，假定任一引脚为基极，用黑表笔固定其上，而红表笔分别接另外两个引脚，若测得电阻值一大一小，则假定不对。再假定另一引脚为基极，直到用同样的方法测得的电阻值均很小，则黑表笔所接的引脚就是三极管的基极。若为PNP型三极管，测试方法相同，只是以红表笔接假定的基极，测得两阻值均较小时，红表笔所接的引脚就是基极。

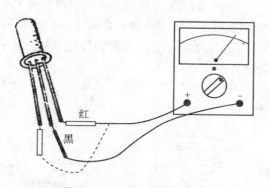

红
黑

图1—41 万用表判别基极

②集电极和发射极的判定。基极判断出来后，如图1—42所示，将万用表的两个表笔搭接到另外两个引脚上测试，用手捏住基极和假定的集电极，但两电极一定不能相碰。然后将表笔进行对调测试，比较两次的阻值大小，阻值小的一次测试中，黑表笔所接的引脚为集电极，另一引脚为发射极。

对于PNP型三极管，也可采用同样的方法进行判断，只是以红表笔接假定的基极，阻值小的一次测试中，红表笔所接的引脚为集电极，另一引脚为发射极。

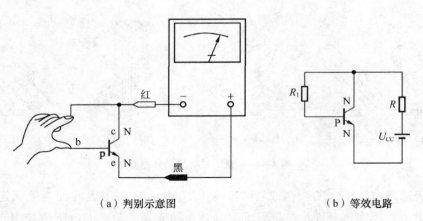

（a）判别示意图　　　　　　　　　　（b）等效电路

图 1—42　判别三极管集电极和发射极的原理图

按实验室提供的三极管，用万用表判别三极管的发射极和集电极的引脚，记录于表 1—5 中。

表 1—5　　　　　　　　　　　**三极管发射极与集电极引脚的判别**

型　号	红表笔	黑表笔	阻值（kΩ）	假定的结论	合格否
NPN 型	假定的发射极 "e"	假定的集电极 "c"			
	假定的集电极 "c"	假定的发射极 "e"			
PNP 型	假定的发射极 "e"	假定的集电极 "c"			
	假定的集电极 "c"	假定的发射极 "e"			

（5）三极管的性能判别。

①穿透电流。如图 1—43 所示，选用万用表 R×1kΩ（或 R×100Ω）欧姆挡，用红、黑表笔分别搭接在集电极和发射极上测三极管的反向电阻。较好的三极管的反向电阻应大于 50kΩ，阻值越大，说明穿透电流越小，三极管性能也就越好。若测量的限值为 0，说明三极管被击穿或引脚短路。

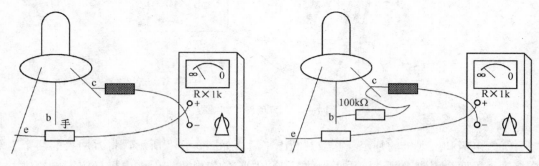

图 1—43　万用表测量穿透电流　　　　　　图 1—44　万用表测量电流放大系数

②电流放大系数。将万用表置于 R×1kΩ（或 R×100Ω）欧姆挡，黑表笔接集电极，红表笔接发射极。在基极-集电极间接入 100kΩ 的电阻，如图 1—44 所示。万用表的指针向右偏转越大，说明电流放大系数越大。

③稳定性能。在测试穿透电流的同时，用手捏住管壳，三极管将受人体温度的影响，所测的反向电阻将减小。若万用表指针变化不大，说明三极管的稳定性较好；若万用表指针迅速右偏，说明三极管稳定性差。

根据实验室提供的三极管，用万用表检测其质量性能，并将实验数据填入表1—6。

表1—6　　　　　　　　　　　　　三极管质量性能的检测

型　　号	b、e 间正向电阻（kΩ）	b、c 间正向电阻（kΩ）	c、e 间电阻（kΩ）	合格否

4. 实训报告

（1）整理实训目的、实训内容和测试仪表及材料；

（2）列出所测三极管的类别、型号、主要参数、测量数据及质量好坏的判别结果。

本章自测题

一、填空题

1. N 型半导体是在本征半导体中掺入极微量的（　　　　）价元素组成的。这种半导体内的多数载流子为（　　　　），少数载流子为（　　　　），定域的杂质离子带（　　　　）电。

2. 双极型三极管内部有（　　　　）区、（　　　　）区和集电区，有（　　　　）结和集电结及向外引出的三个铝电极。

3. PN 结正向偏置时，内、外电场方向（　　　　），PN 结反向偏置时，内、外电场方向（　　　　）。

4. 二极管的伏安特性曲线上可分为死区、（　　　　）区、（　　　　）区和反向击穿区四个工作区。

5. 用指针式万用表检测二极管极性时，需选用欧姆挡的（　　　　）挡位，检测中若指针偏转较大，可判断与红表棒相接触的电极是二极管的（　　　　）极；与黑表棒相接触的电极是二极管的（　　　　）极。检测二极管好坏时，若两表棒位置调换前后万用表指针偏转都很大，说明二极管已经被（　　　　）；两表棒位置调换前后万用表指针偏转都很小时，说明该二极管已经老化不通。

6. 双极型三极管简称晶体管，属于（　　　　）控制型器件，单极型三极管称为 MOS 管，属于（　　　　）控制型器件。MOS 管只有（　　　　）载流子构成导通电流。

二、选择题

1. 在半导体材料中，本征半导体的自由电子浓度（　　）空穴浓度。
A. 大于　　　　　　B. 小于　　　　　　C. 等于

2. PN 结在外加正向电压时，其载流子的运动中，扩散（　　）漂移。
A. 大于　　　　　　B. 小于　　　　　　C. 等于

3. N 型半导体的多数载流子是电子，因此它（　　）。
A. 带负电荷　　　　B. 带正电荷　　　　C. 呈中性

4. 某晶体管的发射结电压大于零，集电结也电压大于零，则它工作在（　　）状态。
A. 放大　　　　　　B. 截止　　　　　　C. 饱和

5. 当环境温度增加时，稳压二极管的正向电压将（　　）。

A. 增大   B. 减小   C. 不变

6. N 沟道结型场效应管放大时，栅源之间的 PN 结（   ）。

    A. 应正偏   B. 应反偏   C. 应零偏

7. 对于结型场效应管，当 $|U_{GS}|>|U_P|$，那么管子将工作在（   ）区。

    A. 可变电阻   B. 恒流   C. 夹断   D. 击穿

8. 硅材料的 N 型半导体中加入的杂质是（   ）元素，锗材料的 P 型半导体中加入的杂质是（   ）元素。

    A. 三价   B. 四价   C. 五价

9. PN 结正向偏置时，空间电荷区将（   ）。

    A. 变宽   B. 变窄   C. 不变

10. 场效应管是一种（   ）控制型器件。

    A. 电流   B. 电压   C. 光电

三、判断题

1. PN 结加上反向电压时电流很小，是因为空间电荷减少了。（   ）

2. 当共射极晶体管的集电极电流几乎不随集-射电压的变化而改变时，则称晶体管工作在饱和状态。（   ）

3. P 型半导体中空穴占多数，因此它带正电荷。（   ）

4. 晶体管有电流放大作用，因此它具有能量放大作用。（   ）

5. 二极管正向偏置时，PN 结的电流主要是多数载流子的扩散运动。（   ）

6. 结型场效应管的漏源电压 U_{DS} 大于夹断电压 U_P 后，漏极电流 I_D 将为零。（   ）

7. 晶体管和场效应管一样，都是由两种载流子同时参与导电。（   ）

8. 只要在二极管两端加正向电压，二极管就一定会导通。（   ）

9. 二极管只要工作在反向击穿区，一定会被击穿而造成永久损坏。（   ）

10. 用万用表测试晶体管好坏和极性时，应选择欧姆档 R×10k 档位。（   ）

四、综合题

1. 二极管电路如图 1—45 所示，写出各电路的输出电压值。设 $U_D=0.7V$。

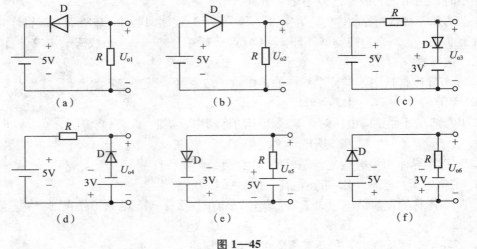

图 1—45

2. 稳压二极管电路如图 1—46 所示，已知 D_{Z1}、D_{Z2} 的稳定电压分别为 $U_{Z1}=5V$，$U_{Z2}=8V$，试求输出电压 U_{O1}，U_{O2}。

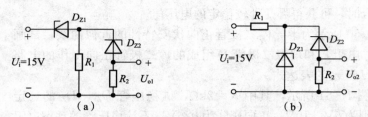

图 1—46

3. 电路如图 1—47 所示，设 $U_{CC}=10V$，$\beta=100$，$U_{BE}=0.7V$，$U_{CES}=0V$。试问：$R_B=100k\Omega$，$U_{BB}=3V$ 时，$I_C=$？

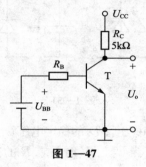

图 1—47

本章习题

1. 电路如图 1—48 所示，设电路中的二极管为理想二极管，试求各电路中的输出电压 U_{AB}。

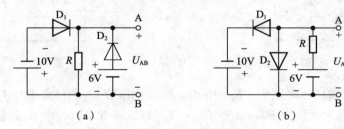

（a）　　　　　　　　　　　　（b）

图 1—48

2. 电路如图 1—49 所示，设二极管正向导通电压为 0V，反向电阻为无穷大，输入电压为 $u_i=10\sin\omega t\,V$，$E=5V$，试分别画出输出电压 u_o 的波形。

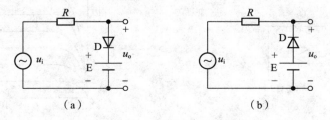

（a）　　　　　　　　　　　　（b）

图 1—49

3. 两只硅稳压二极管的正向电压均为 0.5 伏，稳定电压分别为 $U_{Z1} = 6V$，$U_{Z2} = 8V$，若与一电阻串联后接入直流电源中，当考虑稳压管正负极性的不同组合时，可获得哪几种较稳定的电压值。

4. 如图 1—50 所示为半导体二极管正向伏安特性的近似曲线，试画出由恒压源 U，电阻 r_d 和理想二极管 D 组成的该二极管正向工作的电路模型，并写出 U 及 r_d 的表达式。

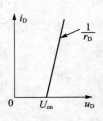

图 1—50

5. 电路如图 1—51 所示，其中 $R = 2k\Omega$，硅稳压管 D_{Z1}、D_{Z2} 的稳定压 U_{Z1}、U_{Z2} 分别为 5V、10V，正向压降为 0.6V，不计稳压管的动态电阻和耗散功率，试求各电路输出电压。

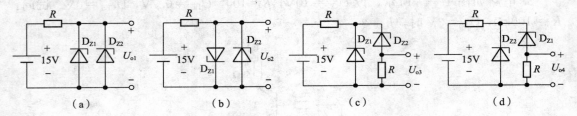

（a）　　　　　　（b）　　　　　　（c）　　　　　　（d）

图 1—51

6. 电路如图 1—52 所示，已知稳压管 D_Z 的稳定电压 $U_Z = 6V$，稳定电流的最小值 $I_{zmin} = 5mA$，最大值 $I_{zmax} = 20mA$，（1）当 $U_i = 8V$ 时，求 R 的范围；（2）当 $R = 1k\Omega$ 时，求 U_i 的范围。

图 1—52　　　　　　　　　　　图 1—53

7. 在如图 1—53 所示电路中，$R = 400\Omega$，已知稳压管 D_Z 的稳定电压 $U_Z = 10V$，最小电流 $I_{zmin} = 5mA$，最大管耗为 $P_{ZM} = 150mW$。（1）当 $U_i = 20V$ 时，求 R_L 的最小值；（2）当 $U_i = 26V$ 时，求 R_L 的最大值；（3）若 $R_L = \infty$ 时，则将会产生什么现象？

8. 电路如图 1—54 所示，设二极管为理想二极管。根据以下条件，求二极管中的电流和 Y 的电位。（1）$U_A = U_B = 5V$；（2）$U_A = 10V$，$U_B = 0V$。

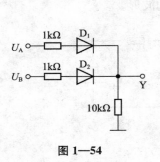

图 1—54

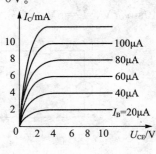

图 1—55

9. 已知三极管的输出特性曲线如图 1—55 所示，试求图中的 $I_C = 6\text{mA}$，$U_{CE} = 6\text{V}$ 时，电流的放大系数 β 与 α 的值。

10. 已知处于放大状态的晶体管的三个电极对公共参考点的电压为 U_1、U_2、U_3，如图 1—56 所示，试分别判断它们是 NPN 型或是 PNP 型？是硅管还是锗管？并标出三个电极的符号。

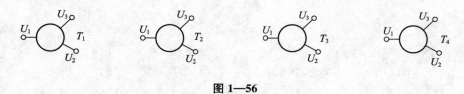

图 1—56

11. 已测得三极管的各极电位如图 1—57 所示，试判别它们各处于放大、饱和与截止中的哪种工作状态？

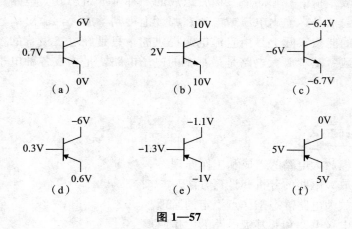

图 1—57

12. 已知一个 N 沟道增强型 MOS 场效应管的开启电压 $U_T = 3\text{V}$，$I_{DO} = 4\text{mA}$，请画出转移特性曲线示意图。

13. 已知一个 N 沟道结型场效应管的夹断电压 $U_P = -4\text{V}$，$I_{DSS} = 5\text{mA}$，请画出其转移特性曲线示意图，并计算当 $u_{GS} = -2\text{V}$ 时 i_D 的值。

14. 已知某一晶体三极管（BJT）的共基极电流放大倍数 $\alpha = 0.99$。（1）在放大状态下，当其发射极的电流 $I_E = 5\text{mA}$ 时，求 I_B 的值；（2）如果耗散功率 $P_{CM} = 100\text{mW}$，此时 U_{CE} 最大为多少是安全的？（3）当 $I_{CM} = 20\text{mA}$ 时，若要正常放大，I_B 最大为多少？

| 第 2 章 | 基本放大电路 |

放大电路是指能把微弱的电信号放大并转换成较强的电信号的电路，简称放大器。基本放大电路一般是指由一个晶体三极管组成的三种基本组态放大电路。基本放大电路主要用于放大微弱信号，输出电压或电流在幅度上得到了放大，输出信号的能量得到了加强。输出信号的能量实际上是由直流电源提供的，只是经过三极管的控制，转换成信号能量提供给负载。基本放大电路是最基本的电子电路，是构成各种电子设备的基本单元之一。

学习目标

1. 掌握共射极放大电路的组成和工作原理。
2. 掌握基本放大电路的分析和计算方法。
3. 了解基本放大电路静态工作点稳定的原理。
4. 了解共集电极电路和共基极电路的工作原理。
5. 了解场效应管放大电路的组成和原理。
6. 了解多级放大电路的耦合方式和分析方法。
7. 了解放大电路的频率响应。

2.1 基本共射极放大电路

2.1.1 晶体三极管的三种组态

晶体三极管有三个电极，它在组成基本放大电路时有三种连接方式。根据输入和输出回路公共端的不同，基本放大电路有共射极、共集电极和共基极三种基本形式。

如图 2—1 所示为晶体三极管在基本放大电路中的三种基本形式：图（a）从基极输入信号，从集电极输出信号，发射极作为输入信号和输出信号的公共端，此即共射极（简称共射极）放大电路；图（b）从发射极输入信号，从集电极输出信号，基极作为输入信号和输出信号的公共端，此即共基极放大电路；图（c）从基极输入信号，从发射极输出信号，集电极作为输入信号和输出信号的公共端，此即共集电极放大电路。

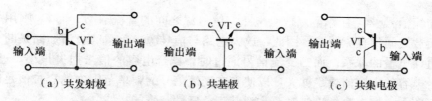

（a）共发射极　　　　　（b）共基极　　　　　（c）共集电极

图 2—1　基本放大电路中晶体三极管的三种基本形式

2.1.2　基本共射极放大电路的组成和工作原理

1. 共射极放大电路

共射极放大电路是三极管放大器中最常用的一种电路，放大的是较小的电流或电压信号，如图 2—2 所示为一种最基本的 NPN 型单管共射极放大电路，其中图（a）为双电源供电的电路，图（b）为单电源供电的电路。输入端接交流信号源 u_i 为待放大的微弱信号，它来自信号源或者传感器，也可以来自前级放大器。输出端接入负载电阻 R_L，输出的交流信号加载在 R_L 上，使负载工作，输出电压为 u_o。

输入端外接的交流信号 u_i，与电容 C_1、晶体三极管 VT_1 的基-射极组成输入回路；输出端外接的负载 R_L 与电容 C_2、晶体三极管 VT_1 的集-射极组成输出回路。发射极是输入回路和输出回路的公共端，故这种放大电路称为共射极放大电路。电路中各元器件的作用如下。

（1）晶体三极管 VT_1。

晶体三极管 VT_1 是放大电路中的放大元器件，是一种 NPN 型晶体三极管。要使它实现电流放大作用，必须使其发射结正向偏置，集电结反向偏置。如果从能量观点来看，输入信号的能量是较小的，而输出的能量是较大的，但这不是说放大电路把输入的能量放大了。输出的较大能量是由直流电源 E_C 提供的。也就是说，输入信号通过晶体三极管 VT_1 的控制作用，控制直流电源 E_C 所供给的能量，以便在输出端得到一个能量较大的信号。从这个意义上讲，晶体三极管 VT_1 可以说是一种控制器件。

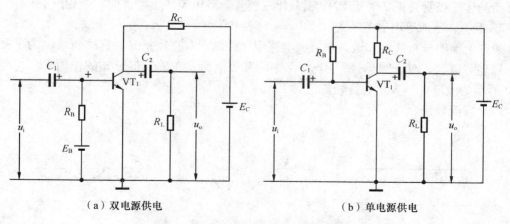

（a）双电源供电　　　　　　　　　　　（b）单电源供电

图 2—2　最基本的 NPN 型单管共射极放大电路

（2）耦合电容 C_1 与 C_2。

耦合电容 C_1 与 C_2 一般是几个微法到几十个微法的电解电容器，其作用是隔断直流信号、传输交流信号。C_1 用来隔断放大电路与信号源之间的直流通路，而 C_2 则用来隔断放大电路与负载之间的直流通路，因此，放大电路与信号源、负载的直流通路是断开的，它们之间无直流电量的联系。而当交流信号通过时，耦合电容的信号损失很小，近似为零。这要求耦合电容的电容值要足够大，以使它在交流信号的频率范围内的容抗值足够小，可以近似为短路。电解电容器连接时要注意其正负极性，不能接错。

（3）基极回路电源 E_B 和基极偏置电阻 R_B。

基极电阻 R_B 与基极电源 E_B 用于使晶体三极管 VT_1 发射结处于正向偏置，并提供适当的静态（即 $u_i = 0$ 时的工作状态）基极电流 I_B，以保证放大电路有较好的工作性能。R_B 的阻值一般为几十千欧到几百千欧。

（4）集电极电源 E_C。

E_C 称为集电极回路的电压，一般取值为几伏到几十伏之间。其作用有两个：一是保证晶体三极管 VT_1 集电结处于反向偏置，以使晶体三极管起到放大作用；二是为输出信号提供能量。

（5）集电极负载电阻 R_C。

集电极负载电阻 R_C 简称集电极电阻，用于将晶体三极管 VT_1 集电极电流的变化转换为电压的变化，实现电压的放大。R_C 的电阻值一般为几千欧到几十千欧。

如图 2—2（b）所示是单电源供电的共射极放大电路，基极偏置电流 I_B 直接从集电极电源 E_C 获得，减少一个电源 E_B，使电路得以简化。由于 $E_C > E_B$，只要相应地增大基极偏置电阻 R_B 的阻值，就可以获得合适的基极偏置电流 I_B。一般 $R_B \gg R_C$，除发射结正向偏置外，均可以保证集电结反向偏置。

在分析放大电路时，通常把输入回路、输出回路和直流电源的公共端点称为"地"，设其电位为零，并用符号"⊥"表示。作为电路中其他各点电位的参考点。这样，电路中各点电位实际上就是该点和"地"之间的电位。

对于 NPN 型晶体三极管，电路的参考方向规定为 i_B，i_C 以流入晶体三极管为正，i_E 则以流出晶体三极管为正。对于 PNP 型晶体三极管，各电流的参考方向完全相反。

2. 电压、电流等符号的规定

通过上面的分析我们知道，在放大电路中往往既含有直流量又含有交流量。为了便于分析和理解概念，对于图 2—2（b）电路中的基极电流，在输入信号 u_i 的作用下可得到图 2—3 所示的波形，其表示的符号规定如下。

（1）直流分量。直流分量用大写字母加大写脚标表示，如图 2—3（a）所示。

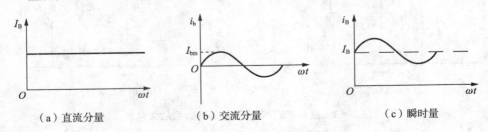

（a）直流分量　　　（b）交流分量　　　（c）瞬时量

图 2—3　基极电流的波形及符号表示法

（2）交流分量。交流分量用小写字母加小写脚标表示，如图 2—3（b）所示。

（3）瞬时量。瞬时量（也即总量）用小写字母加大写脚标表示，如图2—3（c）所示，$i_B = I_B + i_b$。

（4）交流有效值。交流有效值用大写字母加小写脚标表示。如I_b表示基极的正弦交流电流有效值。

3. 放大电路实现信号放大的原理

根据前面的分析我们已经知道，当半导体三极管工作于放大区时具有电流放大作用，即基极电流的微小变化（例如几十微安）可引起集电极电流的较大变化（例如几毫安）。

在如图2—4（a）所示电路中，三级管各电极的电流和电压波形如图2—4（b）所示。若输入信号$u_i = 0$，则放大电路工作于静态，电路中各物理量均为直流分量U_{BE}、I_B、I_C、U_{CE}，这些直流分量又称为静态值，此时输出电压u_o为零。

当给放大电路输入端加上较小的交流输入信号u_i，通过电容C_1的耦合，u_i的变化就会引起相应基极电流i_B的变化。当晶体三极管工作在放大区时，晶体三极管的集电极电流i_C与基极电流i_B呈线性关系$i_C = \beta \cdot i_B$，且$\beta \gg 1$，因此，i_C的变化幅度远远大于i_B。i_C变化时，集电极电阻R_C上的压降跟着改变，由于$u_{CE} = V_{CC} - i_C R_C$，因此$u_{CE}$也与$i_C$成线性比例关系，在相位上相反，这样就把集电极电流$i_C$的变化转换成了电压$u_{CE}$的变化。$u_{CE}$经耦合电容$C_2$去掉直流分量得到$u_o$。只要电路参数选择合理，$u_o$的变化幅度就会远大于$u_i$，从而实现了电压的放大。

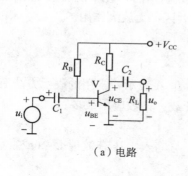

（a）电路

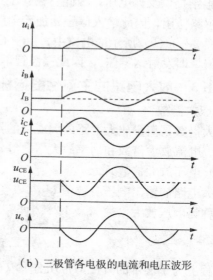

（b）三极管各电极的电流和电压波形

图2—4 共射极放大电路实现信号放大的工作过程

4. 基本放大电路的组成原则

晶体三极管具有三个工作状态：截止、放大和饱和。在放大电路中为实现其放大作用，晶体三极管必须工作在放大状态。从上述放大电路的工作过程可概括放大电路的组成原则为：

（1）外加电源的极性必须保证晶体三极管的发射结正向偏置，集电结反向偏置，即对NPN型管应使$U_{BE} > 0$，$U_{BC} < 0$。

（2）输入电压u_i要能引起晶体三极管的基极电流i_B作相应的变化。

（3）晶体三极管集电极电流 i_c 的变化要尽可能地转为电压的变化输出。

（4）为保证放大电路的正常工作，必须在没有外加输入信号时，使晶体三极管不仅处于放大状态，还要有一个合适的静态工作电压 U_{CEQ} 和电流 I_{BQ}、I_{CQ}，即放大电路要有一个合适的静态工作点 Q。

例 2—1　当输入电压为正弦波时，如图 2—5 所示三极管有无放大作用？

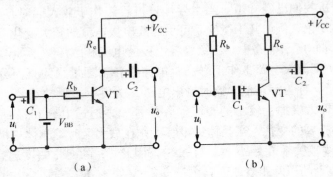

（a）　　　　　　　　　　　（b）

图 2—5　例 2—1 电路

解：如图 2—5（a）所示的电路中，V_{BB} 经 R_b 向三极管的发射结提供正偏电压，V_{CC} 经 R_C 向集电结提供反偏电压，因此三极管工作在放大区，但是，由于 V_{BB} 为恒压源，对交流信号起短路作用，因此输入信号 u_i 加不到三极管的发射结，放大器没有放大作用。

如图 2—5（b）所示的电路中，由于 C_1 的隔断直流作用，V_{CC} 不能通过 R_b 使管子的发射结正偏（即发射结零偏），因此三极管不工作在放大区，无放大作用。

2.1.3　放大电路的主要性能指标

1. 放大倍数

放大倍数是衡量放大电路放大能力的指标，用字母 A 表示，常用的表示方法有电压放大倍数、电流放大倍数和功率放大倍数等，其中电压放大倍数应用最多。

（1）电压放大倍数 A_u。

放大电路的输出电压有效值 U_o（或变化量 u_o）与输入电压有效值 U_i（或变化量 u_i）之比，称为电压放大倍数 A_u，即

$$A_u = \frac{U_o}{U_i} \text{ 或者 } A_u = \frac{u_o}{u_i} \tag{2-1}$$

工程上为了表示的方便，常用分贝（dB）来表示电压放大倍数，这时称为增益。

$$\text{电压增益} = 20\lg|A_u| \text{（dB）} \tag{2-2}$$

（2）电流放大倍数 A_i。

它是指放大电路输出电流与输入电流的比值。即

$$A_i = \frac{I_o}{I_i} \text{ 或者 } A_i = \frac{i_o}{i_i} \tag{2-3}$$

2. 输入电阻 r_i

放大电路对于信号源而言，相当于信号源的一个负载电阻，此电阻即为放大电路的输入电阻。也就是说，输入电阻 r_i 为放大电路输入端（不含信号源内阻 R_s）的交流等效电阻，如图 2—6 所示。它的电阻值等于输入电压与输入电流之比，即

$$r_i = \frac{u_i}{i_i} \qquad\qquad (2-4)$$

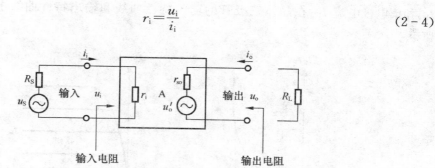

图 2—6 放大电路的输入电阻与输出电阻

输入电阻 r_i 的大小，直接影响到实际加在放大器上的输入电压值：$u_i = \dfrac{r_i}{r_i + R_s} u_s$

对于一定的信号源电路，输入电阻 r_i 越大，放大电路从信号源得到的输入电压 u_i 就越大，放大电路向信号源索取电流的能力也就越小。

3. 输出电阻 r_o

输出电阻 r_o 为放大电路输出端（不包括外接负载电阻 R_L）的交流等效电阻，如图 2—6 所示。其数值等于输出电压与输出电流之比，即

$$r_o = \frac{u_o}{i_o} \bigg|_{u_s = 0} \qquad\qquad (2-5)$$

当放大电路作为一个电压放大器来使用时，其输出电阻 r_o 的大小决定了放大电路的带负载能力。r_o 越小，放大电路的带负载能力越强，即放大电路的输出电压 u_o 受负载的影响越小。

2.2 基本放大电路的分析方法

基本放大电路的分析包括静态和动态工作情况分析。静态分析主要是确定放大电路的静态工作点 Q 的值，并判定 Q 点的位置是否合适，这是晶体三极管进行不失真放大的前提条件；动态分析主要是确定微弱信号经过放大电路后的放大倍数，放大器对交流信号所呈现的输入电阻 r_i 以及输出电阻 r_o。

晶体三极管是非线性元件，其输入特性曲线和输出特性曲线都是非线性的，分析晶体三极管构成的放大电路常用的方法有估算法、图解分析法和微变等效电路分析法。

2.2.1 基本放大电路的静态工作情况分析

1. 静态、动态和静态工作点的概念

（1）静态：当放大电路的输入电压 u_i 等于零时，电路中各处的电压、电流均为固定的直流量，称为放大电路的静止工作状态，简称静态，也叫直流工作状态。

（2）动态：当放大电路的输入电压 u_i 不等于零时，电路中各处的电压、电流随输入电压 u_i 的变化而变化的状态，称放大电路的动态工作状态，简称动态，也叫交流工作状态。

（3）静态工作点：当放大电路的输入电压 u_i 等于零时，静态工作电压 U_{CEQ}、基极电流

I_{BQ}和集电极电流 I_{CQ} 在晶体三极管的输入特性曲线和输出特性曲线上的点，如图 2—7 所示。

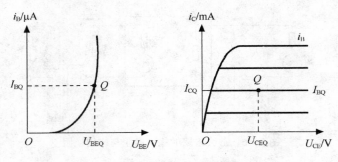

图 2—7　静态工作点 Q

2. 用估算法确定静态工作点

放大电路实际工作时，可以把电流量分为直流分量和交流分量。为了便于分析，常将直流分量和交流分量分开来研究，将放大电路划分为直流通路和交流通路。

直流通路是指静态（输入信号 $u_i = 0$）时，电路中只有直流量流过的通路。画直流通路的原则为：放大电路中的耦合电容、旁路电容视为开路，电感视为短路。图 2—4（a）共射极放大电路的直流通路如图 2—8 所示。

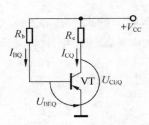

图 2—8　共射极放大电路的直流通路

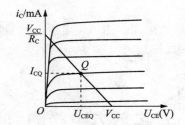

图 2—9　图解法确定静态工作点 Q

用近似估算法求静态工作点，必须已知晶体三极管的 β 值。

根据图 2—8 所示直流通路：硅管 $U_{BE} = 0.7V$，锗管 $U_{BE} = 0.2V$，由基尔霍夫电压定律得

$$I_{BQ} = \frac{V_{CC} - U_{BE}}{R_b} \tag{2-6}$$

一般情况下 $U_{BE} \ll V_{CC}$ 即

$$I_{BQ} \approx \frac{V_{CC}}{R_b} \tag{2-7}$$

根据电流放大作用有

$$I_{CQ} = \beta I_{BQ} \tag{2-8}$$

由基尔霍夫电压定律得 $\qquad U_{CEQ} = V_{CC} - I_{CQ}R_c \tag{2-9}$

例 2—2　用估算法确定图 2—4（a）所示电路的静态工作点。其中 $V_{CC} = 12V$，$R_b = 300k\Omega$，$R_c = 3k\Omega$，$\beta = 50$。

解：
$$I_{BQ} \approx \frac{V_{CC}}{R_b} = \frac{12}{300\ 000} = 0.04\text{mA}$$

$$I_{CQ} = \beta I_{BQ} = 50 \times 0.04 = 2\text{mA}$$

$$U_{CEQ} = V_{CC} - I_{CD}R_C = 12 - 0.002 \times 3\ 000 = 6\text{V}$$

3. 用图解分析法确定静态工作点 Q

采用图解方法分析静态工作点，必须已知晶体三极管的输出特性曲线。以图 2—8 所示电路为例。根据直流通路列出放大电路直流输出回路的电压方程：

$$U_{CE} = V_{CC} - I_C R_C \qquad (2-10)$$

电路中晶体三极管管压降 U_{CE} 和集电极电流 I_C 之间的关系为一个斜率为 $-1/R_C$ 的直线。如图 2—9 所示，此直线由直流通路获得，称为直流负载线。

晶体三极管集电极电流 I_C 和电压 U_{CE} 既满足输出特性曲线，又满足直流负载线，Q 点一定在二者的交点上。根据直流通路的输入回路方程，求出 I_{BQ}。找出 $i_B = I_{BQ}$ 这条输出特性曲线，它与直流负载线的交点即为 Q 点，Q 直观地反映了静态工作点的三个值，即为所求静态值。

2.2.2 放大电路的动态工作情况分析

放大电路的动态分析用于计算电压放大倍数 A_u、输入电阻 r_i、输出电阻 r_o 等。采用的分析方法是图解法和微变等效电路法，分析的对象是各极电压电流的交流分量，所用电路是放大电路的交流通路。动态分析的目的是为了找出 A_u、r_i、r_o 与电路参数的关系，为电路设计打好基础。

1. 放大电路的交流通路

交流通路是指在交流信号（输入信号 $u_i \neq 0$）作用下，电路中交流分量流过的通路。画交流通路的原则为：放大电路的耦合电容、旁路电容都看作短路；直流电源 V_{CC} 对交流的内阻很小，可看作短路。图 2—4（a）所示共射极放大电路的交流通路如图 2—10 所示。

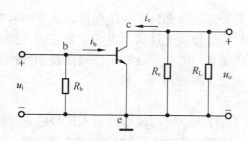

图 2—10　共射极电路的交流通路

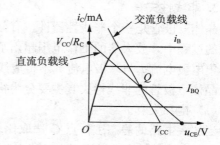

图 2—11　交流负载线

过晶体三极管的输出特性曲线上的 Q 点做一条斜率为 $-1/(R_L /\!/ R_C)$ 的直线，该直线即为交流负载线。交流负载线是有交流输入信号时 Q 点的运动轨迹。$R'_L = R_L /\!/ R_C$，是交流负载电阻。交流负载线和直流负载线在 Q 点相交，如图 2—11 所示。

2. 图解法估算电压放大倍数

以图 2—4（a）所示电路为例，当电路接入正弦波输入电压 u_i 时，电路中各点的电压、电流以静态工作点 Q 作为平衡点作相应的变化。晶体三极管各电极电压和电流的瞬时值包含直流量和交流量两部分。如图 2—12 所示为放大电路的动态工作情况。

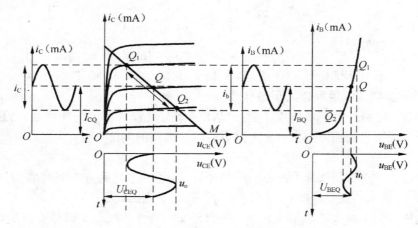

图 2—12　放大电路的动态工作情况

输入电压信号 u_i 经 C_1 耦合叠加在 U_{BEQ} 上，u_{BE} 的瞬时值为 $u_{BE} = U_{BEQ} + u_{be}$。当 u_{BE} 增加时，基极电流 i_B 随之增加，动态工作点由输入特性曲线的 Q 点移动到 Q_1 点，如图 2—12 所示；当 u_{BE} 减小时，基极电流 i_B 随之减小，动态工作点由输入特性曲线的 Q 点移动到 Q_2 点。基极电流 i_B 的瞬时值为 $i_B = I_{BQ} + i_b$。当晶体三极管工作在放大区时，集电极电流 i_C 随基极电流 i_B 作相应的变化，集电极电流的瞬时值为 $i_C = I_{CQ} + i_c$。随着集电极电流 i_C 的增大，动态工作点由输出特性曲线的 Q 点移动到 Q_1 点，电压 u_{CE} 减小。随着集电极电流 i_C 的减小，动态工作点由输出特性曲线的 Q 点移动到 Q_2 点，电压 u_{CE} 增加。u_{CE} 的瞬时值为 $u_{CE} = U_{CEQ} + u_{ce}$。其中直流量 U_{CEQ} 被耦合电容 C_2 隔断，交流量 u_{ce} 经 C_2 耦合输出，形成输出电压 u_o。

从图 2—12 所示波形图可以知道，输入电压 u_i 和输出电压 u_o 相位相反，相位差为 $180°$，即共射极放大电路的输出电压与输入电压相位相反。这种现象称为反相或者倒相。根据读取的输出电压幅值和输入电压幅值，可以估算出放大电路的电压放大倍数。

3. 非线性失真

晶体三极管是一个非线性器件，有截止区、放大区、饱和区三个工作区，如果信号在放大的过程中，放大器的工作范围超出了特性曲线的线性放大区域，进入了截止区或饱和区，集电极电流 i_c 与基极电流 i_b 不再成线性比例的关系，则会导致输出信号出现非线性失真。晶体三极管的非线性失真主要分为饱和失真和截止失真两种。

（1）饱和失真。

当放大电路的静态工作点 Q 选取比较高时，I_{BQ} 较大，U_{CEQ} 较小，输入信号的正半周进入饱和区而造成的失真称为饱和失真。如图 2—13 所示为放大电路的饱和失真。输入电压 u_i 正半周进入饱和区造成 i_c 失真，从而使输出电压 u_o 失真。

对于 NPN 型共射极电路，输出电压底部被削平。消除饱和失真的方法为：适当减小基极电流 I_{BQ}，降低静态工作点 Q。对于如图 2—4（a）所示电路，应增加基极偏置电阻 R_b 的阻值。

（2）截止失真。

当放大电路的静态工作点 Q 选取比较低时，I_{BQ} 较小，输入信号的负半周进入截止区而造成的失真称为截止失真。如图 2—14 所示为放大电路的截止失真。输入电压 u_i 正半周进入截止区造成基极电流 i_B 失真，从而引起集电极电流 i_c 失真，最终使输出电压 u_o 失真。

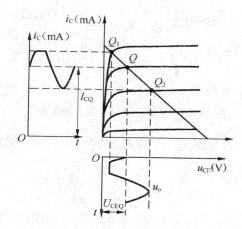

图 2—13　放大电路的饱和失真

对于 NPN 型共射极电路，输出电压顶部被削平。消除截止失真的方法为：适当增大基极电流 I_{BQ}，抬高静态工作点 Q。对于如图 2—4（a）所示电路，应减小基极偏置电阻 R_b 的阻值。

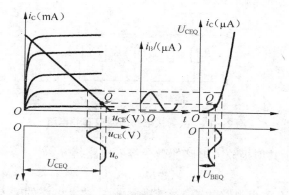

图 2—14　放大电路的截止失真

4. 放大电路的微变等效电路分析法

微变等效电路分析法指的是晶体三极管在小信号情况下工作时，在特性曲线上的静态工作点 Q 附近的很小范围内，可以把晶体三极管的非线性特性近似看做是线性的，即把非线性器件三极管转为线性器件进行求解的方法。

（1）晶体三极管的等效输入电阻 r_{be} 的计算。

晶体三极管的输入回路可以等效为一个电阻，即晶体三极管的等效输入电阻，用 r_{be} 表示；输出回路可以用一个大小为 $i_c = \beta i_b$ 的理想电流源来等效。晶体三极管的微变等效电路如图 2—15 所示。

根据半导体物理的理论，在低频小信号时，共射极接法晶体三极管的等效输入电阻可采用以下公式近似估算：

$$r_{be} = r_b + (1+\beta)r_e \qquad (2-11)$$

式中 r_b 为晶体三极管的基区体电阻，对于低频小功率管，r_b 约为 200Ω 左右。r_e 为发射结电阻，$(1+\beta)r_e$ 是 r_e 折算到基极回路的等效电阻。根据 PN 结的伏安特性表达式，可

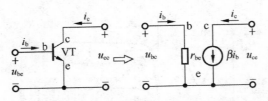

图 2—15 晶体三极管的微变等效电路

以导出 r_e 的值为 $V_T(\text{mV})/I_E(\text{mA})$，$V_T$ 为温度的电压当量，常温（300K）时，其值为 26mV。因此，上式可改写为

$$r_{be} \approx 200 + (1+\beta)\frac{26\text{mV}}{I_E\text{mA}}\ (\Omega) \qquad (2-12)$$

上式的适用范围为 $0.1\text{mA} < I_E < 5\text{mV}$，实验证明，超越此范围，将带来较大的误差。

（2）放大电路输入电阻 r_i 的计算。

如图 2—4（a）所示放大电路的微变等效电路如图 2—16 所示。根据放大电路输入电阻的定义

$$r_i = \frac{u_i}{i_i}$$

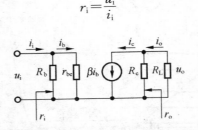

图 2—16 共射极电路的微变等效电路

由如图 2—16 所示共射极放大电路的微变等效电路得

$$r_i = R_b // r_{be} \qquad (2-13)$$

如果 $r_{be} \ll R_b$，那么放大电路的输入电阻 $r_i \approx r_{be}$。放大电路的输入电阻 r_i 不包含信号源内阻 R_S。

（3）放大电路输出电阻 r_o 的计算。

根据放大电路输出电阻 r_o 的定义和图 2—16 所示共射极放大电路的微变等效电路得

$$r_o = R_C // r_{ce} \qquad (2-14)$$

因为 $r_{ce} \gg R_C$，所以放大电路的输出电阻 $r_o = R_C$。放大电路的输出电阻 r_o 不包含负载电阻 R_L。

（4）放大电路电压放大倍数 A_u 的计算。

根据如图 2—16 所示共射极放大电路的微变等效电路可知

$$u_i = i_b r_{be}$$
$$u_o = -i_c\ (R_C // R_L)$$
$$i_c = \beta \cdot i_b$$
$$A_u = \frac{u_o}{u_i} = -\frac{\beta \cdot\ (R_C // R_L)}{r_{be}} = -\frac{\beta R'_L}{r_{be}} \qquad (2-15)$$

例 2—3 在如图 2—16 所示共射极基本放大电路的微变等效电路中，已知晶体三极管

的 $\beta=100$，$r_{be}=1k\Omega$，$R_b=400k\Omega_c=4k\Omega$，求：负载 $R_L=4k\Omega$ 时的放大倍数；输入电阻 r_i；输出电阻 r_o。

解：根据题意可得

$$R'_L=R_C//R_L=\frac{R_C \cdot R_L}{R_L+R_C}=\frac{4 \cdot 4}{4+4}=2k\Omega$$

电压放大倍数：

$$A_u=\frac{u_o}{u_i}=-\frac{\beta R'_L}{r_{be}}=-100\times\frac{2}{1}=-200$$

输入电阻：

$$r_i\approx r_{be}=1k\Omega$$

输出电阻：

$$r_o\approx R_C=4k\Omega$$

2.2.3　图解分析与微变等效电路分析比较

放大电路的图解分析法的优点是形象直观，适用于 Q 点分析、非线性失真分析、最大不失真输出幅度的分析，能够用于大、小信号；其缺点是作图麻烦，只能分析简单电路，求解误差大，不易求解输入电阻、输出电阻等动态参数。

微变等效电路分析法的优点是适用于任何复杂的电路，可方便求解动态参数如放大倍数、输入电阻、输出电阻等；其缺点是只能用于分析小信号，不能用来求解静态工作点 Q。

实际应用中，常把两种分析方法结合起来使用。

2.3　静态工作点稳定电路

根据前面的分析可知，要使晶体三极管能够正常工作，必须选择合适的静态工作点 Q。如何选取合适的静态工作点 Q 并保持 Q 点的稳定对于基本放大电路来说是非常重要的。在实际工作中放大电路静态工作点的不稳定原因有很多，如电源电压的波动、电路参数的变化、三极管老化等，但对静态工作点稳定影响最大的是环境温度的变化。具体表现在以下两个方面。

一方面，当温度升高时，晶体三极管的电流放大系数 β 值将增大，穿透电流 I_{CEO} 增大，U_{BE} 减小，从而使晶体三极管的特性曲线上移。

另一方面，温度升高最终导致三极管的集电极电流 i_C 增大，U_{CE} 减小。

前面介绍如图 2—4（a）所示共射极放大电路，由于基极偏置电流（$I_B\approx V_{CC}/R_b$）是"固定"的，所以又称为固定偏置电路，这种电路结构简单，但是静态工作点的稳定性较差，受温度影响比较大，因此为了稳定放大电路的静态工作点 Q，实际应用中常采用分压式偏置电路。

2.3.1　分压式偏置电路稳定静态工作点的原理

1. 电路结构

分压式偏置电路的结构如图 2—17 所示。与图 2—4（a）所示固定偏置电路不同的是，R_{b1} 和 R_{b2} 分别是晶体三极管基极的上偏置电阻和下偏置电阻。R_e 是发射极电阻，它的大小决定了偏置电流之值，并起稳定静态工作点的作用。晶体三极管的基极偏置电压 U_B（基极对地的直流电位）由 R_{b1} 和 R_{b2} 分压提供，此电路叫分压式稳定工作点偏置电路。C_e 称为旁路电容，它对交流信号起旁路作用。

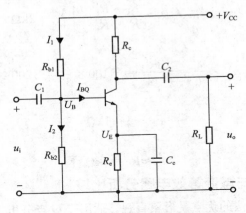

图 2—17 分压式稳定工作点偏置电路

2. 静态工作点稳定原理

在如图 2—17 所示的分压式偏置电路中，一般情况下，当没有外加输入信号时，流过 R_{b1} 和 R_{b2} 的电流远大于流过晶体三极管基极的电流，即 I_1 和 I_2 均远大于 I_{BQ}，则流过 R_{b1} 的电流 I_1 和流过 R_{b2} 的电流 I_2 近似相等，R_{b1} 和 R_{b2} 近似串联关系。那么晶体三极管的基极偏置电压 U_B 为

$$U_B = \frac{R_{b2}}{R_{b1} + R_{b2}} V_{CC} \qquad (2-16)$$

由上式可知，当 V_{CC}、R_{b1}、R_{b2} 确定后，晶体三极管的基极偏置电压 U_B 为也就基本确定，不受温度的影响。

电路稳定静态工作点的原理是：当环境温度升高，使晶体三极管的集电极电流 I_C 增加，则发射极电流 I_E 也增大，I_E 在发射极电阻 R_e 上的电压降 U_E 也增大，使发射结上的电压 $U_{BE} = U_B - U_E$ 降低，从而使基极电流 I_B 也减小，最终使集电极电流 I_C 基本稳定，从而达到了稳定静态工作点的目的。其工作过程可描述为

$$T（温度）\uparrow \rightarrow I_C \uparrow \rightarrow I_E \uparrow \rightarrow U_E \uparrow \rightarrow U_{BE} \downarrow \rightarrow I_B \downarrow \rightarrow I_C \downarrow$$

其中，"↑"表示增大，"↓"表示减小，"→"表示引起后面的变化。从以上分析可知：外部温度的升高，引起集电极电流 I_C 的增加，通过发射极电阻 R_e 上的电压降 U_E 送回到晶体三极管的基极和发射极回路来控制电压 U_{BE}，从而抵消集电极电流 I_C 增加的过程称为反馈。这种反馈使集电极电流 I_C 减弱，所以又叫负反馈，关于负反馈将在后面介绍。

实际应用中，对于如图 2—17 所示分压式偏置电路，为使静态工作点 Q 稳定，要求电路参数 $I_1 \gg I_{BQ}$，$U_B \gg U_{BE}$，但为兼顾其他指标，对于硅管，一般可选取 $I_1 = (5 \sim 10)I_B$，$U_B = (3 \sim 5)$V。

2.3.2 分压式偏置电路的分析

1. 静态工作点 Q 的估算

如图 2—17 所示分压式偏置电路的直流通路如图 2—18 所示。据其可知：

$$U_B \approx \frac{R_{b2}}{R_{b1}+R_{b2}} V_{CC}$$

$$I_{CQ} \approx I_{EQ} = \frac{U_B - U_{BE}}{R_e}$$

$$I_{BQ} = \frac{I_{CQ}}{\beta}$$

$$U_{CEQ} \approx V_{CC} - I_{CQ}(R_C + R_e)$$

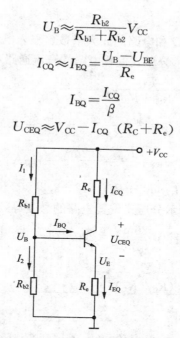

图 2—18 分压式偏置电路的直流通路

2. 微变等效电路

如图 2—17 所示分压式偏置电路的交流通路如图 2—19（a）所示，如图 2—19（b）所示为其微变等效电路。因为旁路电容 C_e 的交流短路作用，发射极电阻 R_e 被短路。

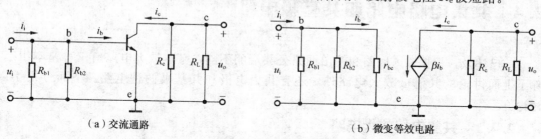

（a）交流通路　　　　　　　　　　（b）微变等效电路

图 2—19 分压式偏置电路的交流通路及其微变等效电路

其中晶体三极管的等效输入电阻为

$$r_{be} \approx 200 + (1+\beta)\frac{26\mathrm{mV}}{I_{EQ}\mathrm{mA}} \qquad (2-17)$$

电压放大倍数为

$$A_u = -\frac{\beta(R_C /\!/ R_L)}{r_{be}} \qquad (2-18)$$

输入电阻为

$$r_i = R_{b1} /\!/ R_{b2} /\!/ r_{be} \qquad (2-19)$$

输出电阻为

$$r_o = R_C \qquad (2-20)$$

例 2—4 在如图 2—17 所示共射极分压式偏置电路中，已知晶体三极管的 $\beta = 50$，

$R_{b1}=20\text{k}\Omega$，$R_{b2}=10\text{k}\Omega$，$R_C=2\text{k}\Omega$，$V_{CC}=12\text{V}$，$U_{BEQ}=0.7\text{V}$，$R_L=2\text{k}\Omega$，$R_e=1.5\text{k}\Omega$，试计算放大电路的静态工作点 Q 和电路的放大倍数、输入电阻 r_i、输出电阻 r_o。

解：（1）根据图 2—18 所示分压式偏置电路的直流通路可得静态工作点 Q 的值：

$$U_B \approx \frac{R_{b2}}{R_{b1}+R_{b2}}V_{CC}=\frac{10}{20+10}\times 12=4\text{V}$$

$$I_{CQ}\approx I_{EQ}=\frac{U_B-U_{BE}}{R_e}=\frac{4-0.7}{1\ 500}=2.2\text{mA}$$

$$I_{BQ}=\frac{I_{CQ}}{\beta}=\frac{2.2\text{mV}}{50}=44\mu\text{A}$$

$$U_{CEQ}\approx V_{CC}-I_{CQ}(R_C+R_e)=12-2.2\times(2+1.5)=4.3\text{V}$$

（2）根据图 2—19（b）所示分压式偏置电路的微变等效电路可得

$$r_{be}\approx 200+(1+\beta)\frac{26\text{mV}}{I_{EQ}\text{mA}}=200+(1+50)\cdot\frac{26}{2.2}=0.8\text{k}\Omega$$

电压放大倍数为

$$A_u=-\frac{\beta(R_C//R_L)}{r_{be}}=-\frac{50\cdot(2//2)}{0.8}=-62.5$$

输入电阻为

$$r_i=R_{b1}//R_{b2}//r_{be}\approx r_{be}=0.8\text{k}\Omega$$

输出电阻为

$$r_o=R_C=2\text{k}\Omega$$

2.4 共集电极电路和共基极电路

前已述及，根据输入回路和输出回路公共端的不同，基本放大电路有三种基本组态。除了上面讨论的共射极放大电路外，还有共集电极和共基极两种电路。下面分别予以讨论。

2.4.1 共集电极放大电路

1. 电路结构

共集电极放大电路的电路构成如图 2—20（a）所示。其组成原则同共射极电路一样，外加电源的极性要保证放大管发射结正偏，集电结反偏，同时保证放大管有一个合适的 Q 点。

图 2—20（b）所示为共集电极放大电路的交流通路。晶体三极管的负载电阻接在发射极上，输入电压信号 u_i 加在基极和地（即集电极）之间，而输出电压信号 u_o 从发射极和集电极两端取出，所以集电极是输入回路和输出回路的公共端。因为是从发射极把信号输出去，所以共集电极电路又称为射极输出器。

2. 静态工作点 Q 值的估算

如图 2—20（a）所示共集电极放大电路的直流通路如图 2—21 所示，在基极回路中，按照基尔霍夫定律可得

$$V_{CC}=I_{BQ}R_b+U_{BE}+U_E$$

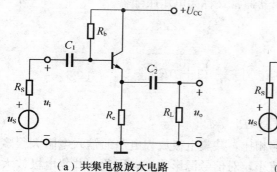

（a）共集电极放大电路

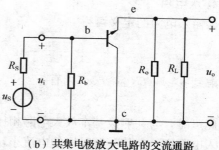

（b）共集电极放大电路的交流通路

图 2—20　共集电极放大电路及其交流通路

式中，U_E 表示发射极直流电位，即 $U_E = I_{EQ}R_e = (1+\beta)I_{BQ}R_e$，则有

$$I_{BQ} = \frac{V_{CC} - U_{BE}}{R_b + (1+\beta)R_e}$$

在上式中，一般有 $V_{CC} \gg U_{BE}$，故有

$$I_{BQ} \approx \frac{V_{CC}}{R_b + (1+\beta)R_e} \qquad\qquad (2-21)$$

由于放大电路工作在放大区，故有

$$I_{CQ} = \beta I_{BQ} \qquad\qquad (2-22)$$

根据放大电路直流通路的输出回路可得

$$U_{CEQ} = V_{CC} - I_{CQ}R_e \qquad\qquad (2-23)$$

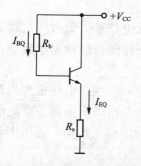

图 2—21　共集电极放大电路的直流通路

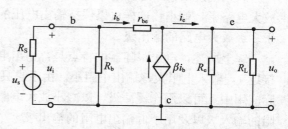

图 2—22　共集电极放大电路的微变等效电路

3. 电压放大倍数

如图 2—22 所示为共集电极放大电路的微变等效电路。根据基尔霍夫定律可列出输入回路和输出回路的方程分别如下：

$$u_i = i_b r_{be} + i_e(R_e /\!/ R_L) = i_b r_{be} + (1+\beta)i_b R'_L$$
$$u_o = i_e(R_e /\!/ R_L) = (1+\beta)i_b R'_L$$

故有电压放大倍数

$$A_u = \frac{u_o}{u_i} = \frac{(1+\beta)R'_L}{r_{be} + (1+\beta)R'_L} \approx \frac{\beta R'_L}{r_{be} + \beta R'_L} < 1 \qquad\qquad (2-24)$$

一般有 $\beta R'_L \gg r_{be}$，故射极输出器的电压放大倍数接近于 1 而略小于 1，它的输出电压和输入电压是同相位的，因此射极输出器通常又称为电压跟随器。

4. 输入电阻

根据输入电阻的定义可得

$$r_i = \frac{u_i}{i_i} = R_b // [r_{be} + (1+\beta)R'_L]$$

考虑到 $\beta \gg 1$，$\beta R'_L \gg r_{be}$，则有

$$r_i = R_b // \beta R'_L \qquad (2-25)$$

由此可见，与共射极基本放大电路相比，共集电极放大电路的输入电阻大很多。由于它的输入电阻高，向信号源吸取的电流小，对信号源影响小。因此，共集电极放大电路通常用在多级放大电路的输入级。

5. 输出电阻

根据输出电阻的定义可求得

$$r_o = \frac{u_o}{i_o} = R_e // \frac{[r_{be} + R_S // R_b]}{1+\beta}$$

上式说明，电压跟随器的输出电阻为射极电阻 R_e 与电阻 $\dfrac{r_{be} + R_S // R_b}{1+\beta}$ 两部分并联组成，这后一部分是基极回路的电阻（$r_{be} + R_S // R_b$）折合到射极回路时的等效电阻。通常有

$$R_e \gg \frac{[r_{be} + R_S // R_b]}{1+\beta}，\beta \gg 1$$

所以有

$$r_o \approx \frac{r_{be} + R_S // R_b}{\beta} \qquad (2-26)$$

放大电路的输出电阻越小，带负载能力越强。当放大电路接入负载或负载变化时，对放大电路影响就小，这样可以保持输出电压的稳定。电压跟随器的输出电阻小，正好适用于多级放大电路的输出级。

综上所述，电压跟随器的特点是：输出电压与输入电压同相，电压放大倍数小于1而接近1，输入电阻大，输出电阻小。由于它具有这样的特点，因而得到了广泛的应用。实际应用中，可以用作缓冲级，以减小放大电路前后级之间的相互影响，还可用于高输入电阻的输入级以及用于低输出电阻的输出级。

2.4.2 共基极放大电路

1. 电路构成

共基极放大电路的电路构成如图 2—23 所示，与共射极放大电路不同的是 C_e 为基极旁路电容，隔断直流，通交流。

如图 2—24 所示电路为如图 2—23 所示共基极放大电路的交流通路。输入电压信号加在发射极和基极之间，而输出电压信号从集电极和基极两端取出，故基极是输入回路和输出回路的公共端，所以称为共基极放大电路。

2. 静态工作点 Q 值的估算

如图 2—23 所示共基极放大电路的直流通路和分压式偏置电路相同，如图 2—18 所示。因此静态工作点 Q 值的计算公式相同，即：

$$U_B \approx \frac{R_{b2}}{R_{b1}+R_{b2}} V_{CC} \qquad (2-27)$$

$$I_{CQ} \approx I_{EQ} = \frac{U_B - U_{BE}}{R_e} \qquad (2-28)$$

$$I_{BQ} = \frac{I_{CD}}{\beta} \qquad (2-29)$$

$$U_{CEQ} \approx V_{CC} - I_{CQ}(R_C + R_e) \qquad (2-30)$$

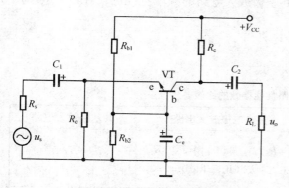

图 2—23 共基极放大电路的电路组成

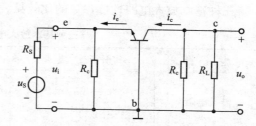

图 2—24 共基极放大电路的交流通路

3. 电压放大倍数

如图 2—23 所示共基极放大电路的微变等效电路如图 2—25 所示。

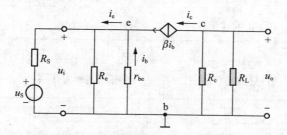

图 2—25 共基极放大电路的微变等效电路

$$u_i = -i_b r_{be}$$

$$u_o = -\beta \cdot i_b (R_L // R_C)$$

故电压放大倍数为

$$A_u = \frac{u_o}{u_i} = \frac{\beta(R_L // R_C)}{r_{be}} \qquad (2-31)$$

共基极放大电路的输入电压信号与输出电压信号同相位，电压放大倍数和共射极电路的相同。

4. 输入电阻

根据输入电阻的定义可求得

$$r_i = \frac{u_i}{i_i} = R_e // \frac{r_{be}}{1+\beta} \approx \frac{r_{be}}{1+\beta} \qquad (2-32)$$

由上式可知，共基极放大电路的输入电阻小。

5. 输出电阻

根据输出电阻的定义可求得

$$r_o = \frac{u_o}{i_o} \approx R_C \qquad (2-33)$$

综上所述，共基极放大电路具有电压放大作用，输出电压信号和输入电压信号同相位。共基极放大电路的电流放大倍数接近1，但小于1，因此共基极放大电路又称为电流跟随器。其输入电阻很小，输出电阻很大。共基极放大电路的频率特性比较好，一般多用于高频放大电路。

2.4.3 三种基本放大电路的比较

三种基本放大电路性能参数的比较见表2—1。

表2—1   三种基本放大电路性能参数的比较

性能	共射极放大电路	共集电极放大电路	共基极放大电路
输入电阻	$r_i = R_b // r_{be}$ 较小（1kΩ左右）	$r_i = R_b // r_{be} + (1+\beta)(R_e // R_L)$ 大（几百千欧）	$r_i = R_e // \dfrac{r_{be}}{1+\beta}$ 最小（几十欧）
输出电阻	$r_o \approx R_e$ 较大（几十千欧）	$r_o = R_e // \dfrac{r_{be} + R_e // R_b}{1+\beta}$ 最小（几十欧）	$r_o \approx R_e$ 最大（几百千欧）
电压放大倍数	$A_u = \dfrac{\beta R'_L}{r_{be}}$ 大（几十至几百）	$A_u = \dfrac{(1+\beta)(R_e // R_L)}{r_{be} + (1+\beta)(R_e // R_L)}$ 小（小于1并接近于1）	$A_u = \dfrac{\beta(R_e // R_L)}{R_{be}}$ 较大（几百倍）
电流放大倍数	$A_i = \beta$ 有电流放大作用	$A_i = 1 + \beta$ 有电流放大作用	$A_i = \dfrac{\beta}{1+\beta}$ 无电流放大作用
u_o与u_i的相位关系	反相	同相	同相
应用	多级放大电路的中间级，低频放大	输入级、输出级或做阻抗匹配用	高频或宽频带放大、振荡电路及恒流源电路

2.5 场效应管放大电路

场效应管同晶体三极管一样，具有放大作用。它也可以构成三种基本组态的放大电路，即共源极、共漏极和共栅极放大电路。场效应管由于具有输入阻抗高、温度稳定性能好、噪声系数小、功率损耗低等优点，应用越来越广泛。

2.5.1 场效应管放大电路的构成

场效应管是一个电压控制器件，在构成放大电路时，为了实现信号不失真的放大，同晶体三极管放大电路一样也要有一个合适的静态工作点Q，但它不需要偏置电流，而是需要一个合适的栅源极偏置电压U_{GS}。场效应管放大电路常用的偏置电路主要有两种：自偏压电路和分压式自偏压电路。现以 N 沟道耗尽型场效应管为例说明如下：

1. 自偏压电路

如图 2—26 所示为 N 沟道结型场效应管自偏压放大电路。电路中的 R_S 为源极电阻，C_S 为源极旁路电容，R_g 为栅极电阻，输入信号加在栅极和源极之间，而输出信号从漏极和源极两端取出，故源极为输入回路和输出回路的公共端，电路为共源极放大电路。交流输入信号 $u_i=0$（静态）时，栅极电阻 R_g 上无直流电流，栅极电压 $U_G=0$，漏源电流流过源极电阻 R_S，故有漏极电流 $I_D=I_S$。这时栅源偏置电压 $U_{GS}=U_G-U_S=-I_DR_S$。电路通过漏极电流 I_D 在源极电阻 RS 上的电压降来获得负的偏压 U_{GS}，因此该电路称为自偏压电路。通过选择合适的源极电阻 R_S，就可以得到合适的偏置电压 U_{GS}。

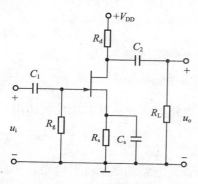

图 2—26　自偏压放大电路

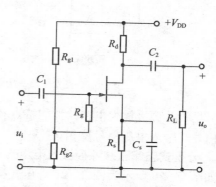

图 2—27　分压式自偏压电路

增强型场效应管只有栅源电压 U_{GS} 大于开启电压 U_T 时才有漏极电流 I_D，因此这类场效应管不能用于如图 2—26 所示的自偏压放大电路。

2. 分压式自偏压电路

尽管自偏压电路比较简单，但当静态工作点确定后，栅源电压 U_{GS} 和漏极电流 I_D 就确定了，所以源极电阻 R_S 选择的范围很小。N 沟道结型场效应管分压式自偏压放大电路是在如图 2—26 所示电路的基础上加接两个分压电阻 R_{g1} 和 R_{g2} 组成的，如图 2—27 所示。静态时，栅极电阻 R_g 上无直流电流，栅极电压 U_G 由电阻 R_{g1} 和 R_{g2} 分压获得。故有

栅极电压为

$$U_G=\frac{R_{g2}}{R_{g1}+R_{g2}}V_{DD} \tag{2-34}$$

源极电压为

$$U_S=I_DR_S \tag{2-35}$$

栅源电压为

$$U_{GS}=U_G-U_S=\frac{R_{g2}}{R_{g1}+R_{g2}}V_{DD}-I_DR_S \tag{2-36}$$

合理选择电路参数，可以得到正或者负的栅源偏置电压。这种偏压电路对于耗尽型和增强型场效应管电路都适用。

2.5.2　场效应管放大电路的动态分析

场效应管放大电路同晶体三极管电路的分析方法类似。

1. 场效应管微变等效电路

场效应管的栅极和源极之间电阻很大,电压为 u_{gs},电流近似为 0,可视为开路。漏极和源极之间等效为一个受电压 u_{gs} 控制的电流源。如图 2—28 所示为场效应管及其微变等效电路。

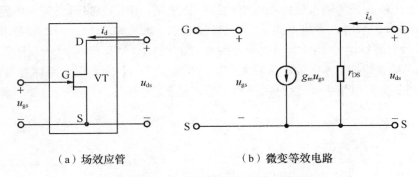

（a）场效应管　　　　　　　（b）微变等效电路

图 2—28　场效应管及其微变等效电路

可见,共源极放大电路的性能特点和共射极放大电路类似,具有电压放大作用,输出电压信号与输入电压信号反相。

2. 分压式自偏压共源极放大电路的动态分析

如图 2—29 所示为图 2—27 分压式自偏压共源极放大电路的微变等效电路,由此可求得电路的电压放大倍数、输入电阻和输出电阻分别如下:

电压放大倍数为

$$A_u = -g_m(R_d//R_L) \tag{2-37}$$

输入电阻为

$$r_i = R_g + R_{g1}//R_{g2} \tag{2-38}$$

输出电阻为
$$r_o = R_d \tag{2-39}$$

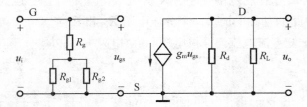

图 2—29　分压式自偏压共源极放大电路的微变等效电路

3. 共漏极放大电路的动态分析

共漏极放大电路与晶体三极管共集电极放大电路的性能特点相一致。如图 2—30 和图 2—31 所示分别为共漏极放大电路及其微变等效电路。根据定义可分别求得电路的电压放大倍数、输入电阻及输出电阻。

电压放大倍数为

$$A_u = \frac{g_m(R_S//R_L)}{1 + g_m(R_S//R_L)} \approx 1 \tag{2-40}$$

输入电阻为

$$r_i = R_g + R_{g1}//R_{g2} \qquad (2-41)$$

输出电阻为

$$r_o = R_S//\frac{1}{g_m} \qquad (2-42)$$

通过上面的分析可知，同晶体三极管共集电极放大电路一样，共漏极放大电路没有电压放大作用，$A_u \approx 1$，且输出电压信号 u_o 与输入电压信号 u_i 同相位；电路的输入电阻比较大，输出电阻比较小。

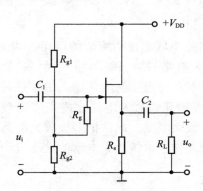

图 2—30 共漏极放大电路图

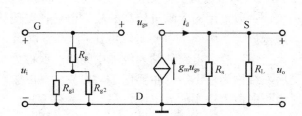

图 2—31 共漏极放大电路的微变等效电路

4. 共栅极放大电路的动态分析

如图 2—32 和图 2—33 所示电路分别为共栅极放大电路及其微变等效电路。根据定义可分别求得电路的电压放大倍数、输入电阻及输出电阻。

电压放大倍数为

$$A_u \approx g_m(R_d//R_L) \qquad (2-43)$$

输入电阻为

$$r_i = R_S/(1+g_m R_S) \qquad (2-44)$$

输出电阻为

$$r_o = R_d \qquad (2-45)$$

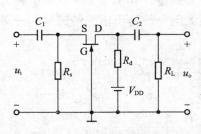

图 2—32 共栅极放大电路

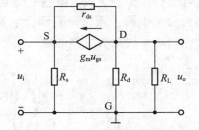

图 2—33 共栅极放大电路的微变等效电路

可见，共栅极放大电路的性能特点和共基极放大电路类似，具有电压放大作用，输出电压信号与输入电压信号同相，电路的输入电阻小，输出电阻大。

场效应管放大电路一般用在多级放大电路的输入级，以提高整个电路的输入电阻。由于场效应管放大电路制作工艺简单，便于集成，因此它更多地用于集成电路中。

2.6 多级放大电路

在实际应用中,放大器的输入信号都较微弱,有时可低到毫伏或微伏级,为了推动负载工作,仅仅通过单级放大电路进行信号放大,很难达到实际要求,常常需要将两个或两个以上的单级放大电路串联起来,构成多级放大电路对输入信号进行连续放大。

2.6.1 多级放大电路的组成

多级放大电路是指两个或两个以上的单级放大电路串联起来所组成的电路。如图2—34所示为多级放大电路的组成框图。通常称多级放大电路的第一级为输入级。对于输入级,一般采用输入阻抗较高的放大电路,以便从信号源获得较大的电压输入信号并对信号进行放大。中间级主要实现电压信号的放大,一般要用几级放大电路才能完成信号的放大。多级放大电路的输入级和中间级一般称为小信号放大电路。通常把多级放大电路的最后一级称为输出级,主要用于功率放大,以驱动负载工作。多级放大电路的推动级和输出级一般称为功率放大电路。

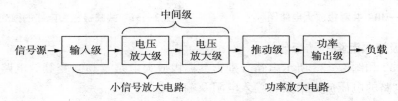

图2—34 多级放大电路的组成框图

2.6.2 多级放大电路的耦合方式

多级放大电路的每一个基本放大电路称为一级,各级放大电路输入和输出之间的连接方式称为耦合方式。常见的连接方式有三种:阻容耦合、直接耦合和变压器耦合。

1. 阻容耦合

阻容耦合是指各级放大电路之间通过隔直耦合电容连接。如图2—35所示电路为阻容耦合两级放大电路。通过隔直耦合电容 C_2 把前级放大电路的输出信号传递给后一级放大电路,作为后一级放大电路的输入信号。

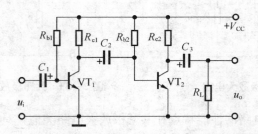

图2—35 阻容耦合两级放大电路

阻容耦合多级放大电路的主要优点有:各级放大电路的静态工作点相互独立,互不影响，有利于放大器的设计、调试和维修。电路具有体积小、重量轻的优点，是分立元件放大电路的主要耦合方式。电路的主要缺点有：低频特性差，不适合放大直流及缓慢变化的信号，只能传递具有一定频率的交流信号。由于耦合电容容量较大，所以不便于集成化。

2. 直接耦合

直接耦合是指将前一级放大电路的输出用导线或通过电阻直接连接到后一级放大电路输入端的耦合方式。如图 2—36 所示电路为直接耦合两级放大电路。

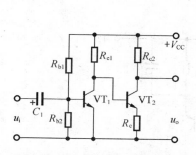

图 2—36　直接耦合两级放大电路

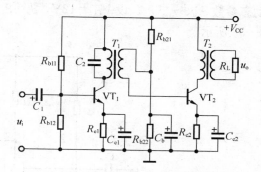

图 2—37　变压器耦合两级放大电路

直接耦合多级放大电路的主要优点有：具有良好的低频特性，可以放大缓慢变化的信号；电路中无大的耦合电容和电感，容易集成。电路的主要缺点有：各级放大电路的静态工作点相互影响，分析、计算、设计较复杂；存在温度漂移。

3. 变压器耦合

变压器耦合是指各级放大电路之间通过变压器耦合传递信号。图 2—37 所示电路为变压器耦合两极放大电路。通过变压器 T_1 把前级放大电路的输出信号耦合传送到后级放大电路，作为后一级放大电路的输入信号。变压器 T_2 将第二级放大电路的输出信号耦合传递给负载 R_L。

变压器耦合多级放大电路的主要优点有：采用变压器耦合也可以隔除直流，传递一定频率的交流信号，因此各放大级的静态工作点互相独立。可以实现输出级与负载的阻抗匹配，以获得有效的功率传输。电路的主要缺点有：低频特性差，不能放大缓慢变化的信号；体积大，而且非常笨重，不能集成化。

2.6.3　多级放大电路的动态分析

1. 电压放大倍数

在多级放大电路中，由于各级放大电路之间是相互串联起来的，前一级放大电路的输出信号就是后一级放大电路的输入信号，所以多级放大电路总的电压放大倍数应等于各级电压放大倍数的乘积，即

$$A_u = A_{u1} \times A_{u2} \times \cdots \times A_{un} \tag{2-46}$$

其中 n 为多级放大电路的级数。

2. 输入电阻和输出电阻

多级放大电路的输入电阻和输出电阻与单级放大电路的类似，输入电阻等于从第一级放大电路的输入端所看到的等效输入电阻 r_{i1}，即：$r_i = r_{i1}$。输出电阻等于从最后一级（末

级）放大电路的输出端所看到的等效电阻 r_{on}，即：$r_o = r_{on}$。

注意：求解多级放大电路的动态参数 A_u、r_i、r_o 时，一定要考虑前后级之间的相互影响。

（1）要把后级的输入阻抗作为前级的负载电阻。

（2）前级的开路电压作为后级的信号源电压，前级的输出阻抗作为后级的信号源阻抗。

例 2—5 直接耦合两级放大电路如图 2—38 所示，求电路的静态工作点 Q 和电路的动态参数 A_u、r_i、r_o。设 $V_{CC}=12\text{V}$，$\beta_1=\beta_2=\beta=100$，$U_{BE1}=U_{BE2}=0.7\text{V}$。其他参数如图 2—38 所示。

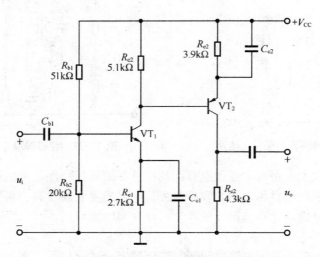

图 2—38 直接耦合两级放大电路

解：（1）求静态工作点。由于如图 2—38 所示电路为直接耦合两级放大电路，必须考虑各级放大电路的直流通路的相互影响。

对于第一级放大电路有

$$U_{B1}=\frac{R_{b2}}{R_{b1}+R_{b2}}V_{CC}=\frac{20}{20+51}\times12=3.38\text{V}$$

$$I_{C1}=\frac{U_{B1}-U_{BE1}}{R_{e1}}=\frac{3.38-0.7}{2\,700}=0.99\text{mA}$$

$$I_{B1}=\frac{I_{C1}}{\beta}=9.9\mu\text{A}$$

$$U_{C1}=U_{B2}=V_{CC}-I_{C1}R_{C1}=12-0.99\times5.1=6.95\text{V}$$

$$U_{CE1}=V_{CC}-I_{C1}(R_{C1}+R_{e1})=12-0.99\times7.8=4.28\text{V}$$

对于第二级放大电路有

$$U_{E2}=U_{B2}+U_{BE2}=6.95+0.7=7.65\text{V}$$

$$I_{E2}\approx I_{C2}=\frac{V_{CC}-U_{E2}}{R_{e2}}=\frac{12-7.65}{3900}=1.12\text{mA}$$

$$U_{C2}=I_{C2}R_{C2}=1.12\times4.3=4.82\text{V}$$

$$U_{CE2}=U_{C2}-U_{E2}=4.82-7.65=-2.83\text{V}$$

（2）求电压放大倍数。如图 2—38 所示电路的微变等效电路如图 2—39 所示。

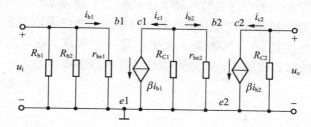

图 2—39　直接耦合两级放大电路的微变等效电路

$$r_{be1}=r_b+(1+\beta)\frac{26\text{mV}}{I_{E1}\text{mA}}=200+(1+100)\times\frac{26}{0.99}=2.85\text{k}\Omega$$

$$r_{be2}=r_b+(1+\beta)\frac{26\text{mV}}{I_{E2}\text{mA}}=200+(1+100)\times\frac{26}{1.12}=2.54\text{k}\Omega$$

根据微变等效电路可知

$$A_{u1}=-\frac{\beta(R_{C1}//r_{be2})}{r_{be1}}=-\frac{100\times(5.1//2.54)}{2.85}=-59.5$$

$$A_{u2}=-\frac{\beta R_{C2}}{r_{be2}}=-\frac{100\times4.3}{2.54}=-169.3$$

所以多级放大电路总放大倍数为 $A_u=A_{u1}\cdot A_{u2}=-59.5\times(-169.3)=10\ 073$

（3）求输入电阻。根据输入电阻的定义和微变等效电路可求得

$$r_i=r_{i1}=r_{be1}//R_{b1}//R_{b2}=2.39\text{k}\Omega$$

（4）求输出电阻。根据输入电阻的定义和微变等效电路可求得

$$r_o=R_{C2}=4.3\text{k}\Omega$$

2.7　放大电路的频率响应

前面分析的放大电路忽略了电路中所有电抗性元件电容的影响，同时只考虑单一频率的正弦输入信号。实际上，放大电路中存在电抗性元件电容，如外接的隔直耦合电容、晶体三极管的极间电容、连接导线之间的杂散电容等等，这些电容对不同频率的信号会产生不同的影响，呈现的阻抗大小不同。另外，实际放大电路的输入信号不是单一频率的，而是具有一定的频谱。所以放大电路的放大倍数对于不同频率的信号会发生变化。

2.7.1　频率响应的基本概念

1. 频率响应

电路的放大倍数随信号频率变化的关系称为放大电路的频率特性，也叫频率响应。频率响应包含幅频响应和相频响应两部分。我们用关系式 $\dot{A}_u=A_u(f)\angle\varphi(f)$ 来描述放大电路的电压放大倍数与信号频率的关系。其中 $A_u(f)$ 表示电压放大倍数的模与信号频率的关系，叫幅频响应；$\varphi(f)$ 表示放大电路的输出电压 u_o 与输入电压 u_i 的相位差与信号频率的关系，叫相频响应。

2. 频率响应的性能参数

放大电路频率响应的主要性能参数包括上限频率、下限频率和通频带。

如图 2—40 所示为阻容耦合放大电路的幅频响应。从图中可以看出，在某一段频率范围内，放大电路的电压增益$|\dot{A}_u|$与频率 f 无关，是一个常数，这时对应的增益称为中频增益 A_{um}，对应的区域称为中频区；但随着信号频率的减小或增加，电压放大倍数$|\dot{A}_u|$明显减小。

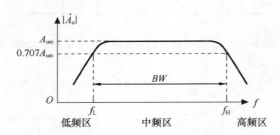

图 2—40　阻容耦合放大电路的幅频响应

（1）下限频率 f_L 和上限频率 f_H。

定义：在输入信号幅值不变的情况下，放大电路的放大倍数 A_u 下降到 3dB 的频率点（$A_u=0.707A_{um}$）时，其输出功率约等于中频区输出功率的一半，我们通常称为半功率点，所对应的两个频率分别叫做放大电路的下限频率 f_L 和上限频率 f_H。

（2）通频带 BW。

一般把上限频率 f_H 和下限频率 f_L 之间的频率差称为放大电路的通频带，用 BW 表示，即：$BW=f_H-f_L$。

3. 影响放大电路频率响应的主要因素

放大电路中除有电容量较大的、串接在支路中的隔直耦合电容和旁路电容外，还有电容量较小的、并接在支路中的极间电容以及杂散电容。因此，分析放大电路的频率特性时，为方便分析，常把频率范围划分为三个频区：低频区、中频区和高频区，如图 2—40 所示。

（1）低频区。

若信号的频率 $f<f_L$，此频率区域称为低频区。在低频区，串接在支路中的隔直耦合电容和旁路电容所呈现的容抗增大，信号在这些电容上的电压降增大，信号通过时会有明显衰减，因此电路的放大倍数下降，同时输出电压信号和输入电压信号之间产生附加相移。在低频区，不能将隔直耦合电容和旁路电容看作交流短路。而并接的极间电容和杂散电容容抗很大，可视为交流开路。

（2）中频区。

若信号的频率 $f_L<f<f_H$，此频率区域称为中频区。在中频区，忽略了所有电容的影响，隔直耦合电容和旁路电容被看作交流短路，并接的极间电容和杂散电容被视为交流开路。

（3）高频区。

若信号的频率 $f>f_H$，此频率区域称为高频区。在高频区，并接的极间电容和杂散电容减小，对信号产生分流，使放大电路的放大倍数下降，同时输出电压信号和输入电压信号之间产生附加相移。在高频区，串接在支路中的隔直耦合电容和旁路电容呈现的容抗很小，可以看作交流短路。而并接的极间电容和杂散电容不能被视为交流开路。

2.7.2 单级共射极放大电路的频率响应

如图 2—41 所示电路为单级共射极放大电路及其频率响应。

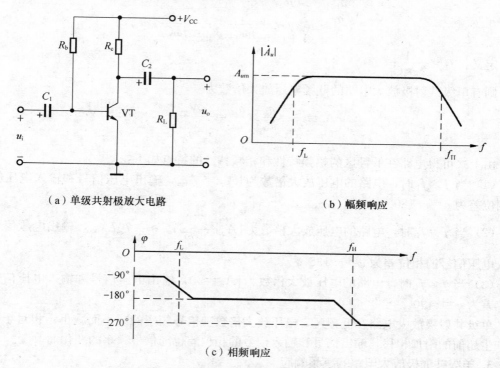

（a）单级共射极放大电路　　　　　　　（b）幅频响应

（c）相频响应

图 2—41　单级共射极放大电路及其频率响应

1. 单级共射极放大电路的中频响应

在中频区，忽略所有电容的影响。根据前面的分析可知中频电压放大倍数为

$$A_{um} = -\frac{\beta(R_C//R_L)}{r_{be}} \qquad (2-47)$$

从上式可知，电路的电压放大倍数 A_{um} 不受信号频率变化的影响，是一个常数。输出电压信号和输入电压信号反相位，相位差为 $-180°$。从图 2—41 可以看出，电路中频区的频率特性是比较平坦的曲线。

2. 单级共射极放大电路的低频响应

在低频区，要考虑隔直耦合电容和旁路电容的影响。为使分析简化，这里只考虑耦合电容 C_1 的作用。

如图 2—42 所示电路为单级共射极电路的低频微变等效电路。据其可得

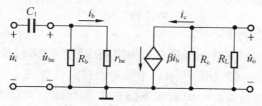

图 2—42　单级共射极电路的低频微变等效电路

$$\frac{\dot{u}_o}{\dot{u}_{be}}=-\frac{\beta(R_C//R_L)}{r_{be}}=A_{um}$$

$$\frac{\dot{u}_{be}}{\dot{u}_i}=\frac{R_b//r_{be}}{R_b//r_{be}+\dfrac{1}{j\omega C_1}}=\frac{r_i}{r_i+\dfrac{1}{j\omega C_1}}$$

定义：$f_L=\dfrac{1}{2\pi r_i C_1}$ (2－48)

则有单级共射极放大电路的低频电压放大倍数为

$$A_u=\frac{\dot{u}_o}{\dot{u}_i}=\frac{\dot{u}_o}{\dot{u}_{be}}\times\frac{\dot{u}_{be}}{\dot{u}_i}=\frac{A_{um}}{1-j\dfrac{f_L}{f}}$$ (2－49)

由上式可得电路在低频区的幅频特性和相频特性的特点如下：

（1）当 $f\gg f_L$ 时，电路的电压放大倍数为 $|\dot{A}_u|\approx A_{um}$，输出电压信号和输入电压信号的相位差为 $\varphi=-180°$；

（2）当 $f=f_L$ 时，电路的电压放大倍数为 $|\dot{A}_u|=\dfrac{1}{\sqrt{2}}A_{um}\approx0.707A_{um}$，输出电压信号和输入电压信号的相位差为 $\varphi=-135°$；

（3）当 $f\ll f_L$ 时，电路的电压放大倍数为 $|\dot{A}_u|\approx0$，输出电压信号和输入电压信号的相位差为 $\varphi=-90°$。

单级共射极放大电路在低频区，电压放大倍数随信号频率的减小而减小；相对于中频区产生超前的附加相移，输出信号和输入信号的相位差也随信号频率的变化而改变。

3. 单级共射极放大电路的高频响应

在高频区，主要考虑极间电容的影响。因为极间电容的分流作用，这时晶体三极管的电流放大系数 β 不再是一个常数，而是信号频率的函数。因此晶体三极管的中频微变等效电路模型在这里不再适用，分析时要用晶体三极管的高频微变模型。有关高频微变模型的内容请参考相关书籍。

2.7.3 多级放大电路的频率响应

多级放大电路的频率响应由单级放大电路的频率响应叠加得到。

1. 多级放大电路的幅频响应为各单级放大电路幅频响应的叠加

在多级放大电路中，有电压放大倍数：

$$A_u=A_{u1}A_{u2}A_{u3}\cdots$$ (2－50)

采用分贝为单位，则有：

$$20\lg A_u=20\lg A_{u1}+20\lg A_{u2}+20\lg A_{u3}+\cdots$$ (2－51)

2. 多级放大电路的相频响应为各单级放大电路相频响应的叠加

$$\varphi=\varphi_1+\varphi_2+\varphi_3+\cdots$$ (2－52)

3. 多级放大电路的通频带

假设两级完全相同的单级共射极耦合放大电路级联构成多级放大电路。其中，单级放大电路的幅频特性如图 2—43（a）所示，中频电压放大倍数 $A_{um1}=A_{um2}$，每级的上限频率 $f_{L1}=f_{L2}$，下限频率 $f_{H1}=f_{H2}$，两级放大电路的中频电压放大倍数为 $A_{um}=A_{um1}\cdot A_{um2}=A_{um1}^2$，这时两级放大电路的上限频率和下限频率分别为 f_L 和 f_H，而不是 f_{L1} 和 f_{H1}，因为

在 f_{L1} 和 f_{H1} 处两级放大电路的电压放大倍数为 $|\dot{A}_u| = 0.47A_{um1}^2$，如图 2—43（b）所示。

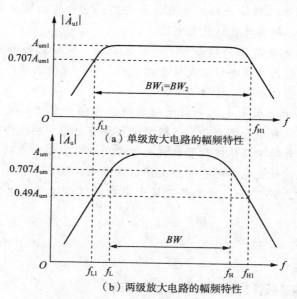

（a）单级放大电路的幅频特性

（b）两级放大电路的幅频特性

图 2—43　两级放大电路的幅频响应

显然，两级放大电路的下限频率高于组成它的任一单级放大电路的下限频率，即 $f_L > f_{L1}$，而上限频率则低于组成它的任一单级放大电路的上限频率，即 $f_H < f_{H1}$，通频带窄于组成它的任一单级放大电路的通频带，即 $BW = f_H - f_L < BW_1 = f_{H1} - f_{L1}$。也就是说，多级放大电路的电压放大倍数比组成它的任一单级放大电路提高了，但通频带变窄了，这是多级放大电路的一个重要概念。

🎓 本章小结

1. 基本放大电路有三种基本组态，即共射极、共集电极和共基极放大电路。NPN 型基本放大电路工作在放大区的前提条件是外接电源电压的极性要保证晶体三极管的发射结正向偏置，集电结反向偏置，有一个合适的静态工作点 Q。

2. 晶体三极管加上合适的偏置电路就构成共射极放大电路，偏置电路保证三极管工作在放大区。放大电路处于交直流共存的状态。为了分析方便，常将交流通路和直流通路分开讨论。

3. 基本放大电路有三种基本分析方法：估算法、图解分析法、微变等效电路法。估算法和图解分析法主要用来分析基本放大电路的静态工作点 Q 是否合适；微变等效电路法主要用来求解基本放大电路的电压放大倍数、输入电阻和输出电阻等动态参数。

4. 对于基本放大电路而言，静态工作点 Q 的选取非常重要，它直接影响到放大电路的性能，如何选取合适的 Q 并保持 Q 的稳定对于放大电路来说是非常重要的，一般采用分压式偏置电路。

5. 共集电极电路的输出电压与输入电压同相，电压放大倍数小于 1 而近似等于 1。具有输入电阻高、输出电阻低的特点，多用于多级放大电路的输入级或输出级。共基极放大电路具有电压放大倍数大、输入电阻小、频带宽等特点，常用于放大高频信号。

6.场效应管同晶体三极管一样，具有放大作用。它也可以构成三种形式的基本放大电路，即共源极、共漏极和共栅极放大电路。

7.多级放大电路主要有三种耦合方式：阻容耦合、直接耦合和变压器耦合。多级放大电路的电压放大倍数为各级电压放大倍数的乘积，输入电阻为第一级的输入电阻，输出电阻为最后一级的输出电阻。

8.频率响应描述的是放大电路的放大倍数随信号频率变化的关系。频率响应的主要参数有上限频率、下限频率和通频带。下限频率主要有电路中的耦合电容和旁路电容所决定；上限频率主要由电路中晶体三极管的极间电容所决定。由于电路中耦合电容、旁路电容和极间电容的存在，放大电路的电压放大倍数在低频区随信号频率的减小而减小，在高频区随信号频率的增大而下降。对于多级放大电路，级数越多，电路的电压放大倍数越大，通频带越窄。

技能实训

实训　单级晶体三极管共射极放大电路的调试

1.实训目的

(1) 理解基本共射极放大电路的工作原理。

(2) 学会基本放大电路静态工作点的调试方法，分析静态工作点对放大器性能的影响。

(3) 掌握放大器电压放大倍数和最大不失真输出电压的测试方法。

(4) 熟悉万用表、示波器和交流毫伏表等常用电子仪器的使用。

2.实训器材

实训器材包括直流稳压电源、低频信号发生器、示波器、万用表、毫伏表以及实训线路板。元器件的品种和数量见表 2—2。

表 2—2　　　　　　　　　　　　元器件的品种和数量

编号	名称	参数	编号	名称	参数
VT	放大器	3GD6	R_{b1}	电阻	20kΩ
R_{b2}	电阻	11kΩ	R_{e1}	电阻	1kΩ
R_c	电阻	5.1kΩ	R_L	电阻	5.1kΩ
R_p	可调电阻	100kΩ	C_1	电解电容	10μF
C_2	电解电容	10μF	C_e	电解电容	33μF
R_S	电阻	1kΩ	R_{e2}	电阻	1kΩ

3.实训内容

(1) 检查元器件。

①用万用表检查元器件，确保质量完好；

②测量三极管的 β 值。

（2）连接线路。

在实训线路板上按照如图2—44所示电路连接单级晶体三级管共射极放大电路。

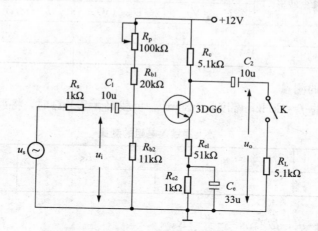

图2—44　单级晶体三极管共射极放大电路

（3）测量静态工作点。

①把直流电源的输出电压调整到12V。

②按图接好线路，检查无误后，调节 R_p（100K 电位器），使 $I_E \approx 1.2\text{mA}$（或 $U_E = 1.2\text{V}$），使静态工作点选在交流负载线的中点，所得数据填入表2—3中。

表2—3　　　　　　　　　　　　　　**放大器的静态参数值**

I_B（uA）	U_E（V）	I_C（mA）	U_{CE}（V）	U_{BE}（V）	β

（4）动态测试。

在以上静态条件下，从信号发生器输入信号 $f=1\text{kHz}$ 的正弦波，在输出信号不失真的前提下，将所得数据填入表2—4中。

注：信号发生器要适当衰减，输入、输出信号的幅度用晶体管毫伏表测量，所测得的值为有效值。

表2—4　　　　　　　　　　　　　　**放大器的动态参数值**

u_i（mV）	$R_L=\infty$（空载）		$R_L=5.1\text{k}\Omega$	
	u_o（V）	A_V	u_o（V）	A_V
20				
30				

（5）在非线性工作状态下，测试放大电路的工作状态。

调节电位器使 R_p 逐渐减小，观察输出波形的变化，直到出现饱和失真，测量其静态参数；然后使 R_p 逐渐增大，观察输出波形的变化，直到出现截止失真，测量其静态参数，将数据、波形填入表2—5中。

表 2—5 失真状态下放大器的静态参数测试值

工作状态	输出波形	静态工作点			
		U_{CE} (V)	U_{BE} (V)	I_C (mA)	I_B (uA)
饱和					
截止					

（6）输入电阻的测量。

当输入信号 u_s 的 $f=1kHz$，幅度 $u_i=30mV$，负载 $R_L=5.1k\Omega$ 时，将数据填入表 2—6 中。

表 2—6　　　　　　　　　　　　放大器输入电阻的测量

u_s	u_i	R_S	r_i

因为 $u_i=\dfrac{r_i}{R_S+r_i}u_s$，故有 $r_i=\dfrac{u_i}{u_s-u_i}R_S$

4. 实训报告

（1）填写训练目的、测试电路及测试内容。

（2）整理测试数据，分析静态工作点、A_v、r_i 的测量值与理论值存在差异的原因。

（3）故障现象及处理情况。

5. 注意事项

（1）不要带电接线，更换元件。

（2）静态测试时，$u_i=0$；动态测试时，要注意共地。

（3）电流表串接在电路中正、负不要接反。

6. 思考题

（1）讨论 R_p 的变化对静态工作点 Q，放大倍数 Av 及输出波形失真的影响，从而说明静态工作点的意义。

（2）若单级放大器的输出波形失真，应如何解决？

本章自测题

一、填空题

1. 基本放大电路的三种组态分别是：（　　　　　　）放大电路、（　　　　　　）放大电路和（　　　　　　）放大电路。

2. 放大电路应遵循的基本原则是：（　　　　　　）结正偏；（　　　　　　）结反偏。

3. 射极输出器具有（　　　　　　）恒小于1、接近于1，输入信号和（　　　　　　）同相，并具有输入电阻（　　　　　　）和输出电阻（　　　　　　）的特点。

4. 放大电路的基本分析方法有（　　　　　　）法和（　　　　　　）法两种。

5. 对放大电路来说，人们总是希望电路的输入电阻（　　　　　　）越好，因为这可以减轻信号源的负荷。人们又希望放大电路的输出电阻（　　　　　　）越好，因为这可以增强放大电路的整个负载能力。

6. 场效应管放大电路和双极型放大电路相比，具有输入电阻（　　　　　　），噪声

（   ）和集成度高等优点，但由于跨导较小，使用时应防止栅极与源极间
（   ）。

7. 多级放大电路通常有（   ）耦合、（   ）耦合和变压器耦合的三种耦合方式。

8. 影响放大电路低频响应的主要因素是（   ）；影响其高频响应的主要因素为（   ）。

9. 多级放大电路的级数越多，其电压增益越大；频带越（   ）。

二、选择题

1. 基本放大电路中，经过晶体管的信号有（   ）。

A. 直流成分   B. 交流成分   C. 交直流成分均有

2. 分压式偏置的共射极放大电路中，若 V_B 点电位过高，电路易出现（   ）。

A. 截止失真   B. 饱和失真   C. 晶体管被烧损

3. 基本放大电路中的主要放大对象是（   ）

A. 直流信号   B. 交流信号   C. 交直流信号均有

4. 射极输出器的输出电阻小，说明该电路的（   ）

A. 带负载能力强   B. 带负载能力差   C. 减轻前级或信号源负荷

5. 基极电流 i_B 的数值较大时，易引起静态工作点 Q 接近（   ）。

A. 截止区   B. 饱和区   C. 死区

6. 测试放大电路输出电压幅值与相位的变化，可以得到它的频率响应，条件是（   ）。

A. 输入电压幅值不变，改变频率   B. 输入电压频率不变，改变幅值

C. 输入电压的幅值与频率同时变化

7. 放大电路在高频信号作用时放大倍数数值下降的原因是（   ），而低频信号作用时放大倍数数值下降的原因是（   ）。

A. 耦合电容和旁路电容的存在   B. 半导体管极间电容和分布电容的存在

C. 半导体管的非线性特性   D. 放大电路的静态工作点不合适

8. 当信号频率等于放大电路的 f_L 或 f_H 时，放大倍数的值约下降到中频时的（   ）。

A. 0.5 倍   B. 0.7 倍   C. 0.9 倍

9. 当信号频率等于放大电路的 f_L 或 f_H 时，即增益下降（   ）。

A. 3dB   B. 4dB   C. 5dB

三、判断题

1. 射极输出器的电压放大倍数等于 1，因此它在放大电路中作用不大。（   ）

2. 放大电路中的输入信号和输出信号的波形总是反相关系。（   ）

3. 分压式偏置共射极放大电路是一种能够稳定静态工作点的放大器。（   ）

4. 设置静态工作点的目的是让交流信号叠加在直流量上全部通过放大器。（   ）

5. 放大电路必须加上合适的直流电源才能正常工作。（   ）

6. 晶体管的电流放大倍数通常等于放大电路的电压放大倍数。（   ）

7. 只要是共射极放大电路，输出电压的底部失真都是饱和失真。（   ）

8. 微变等效电路不能进行静态分析，也不能用于功放电路分析。（   ）

9. 共集电极放大电路的输入信号与输出信号，相位差为 180° 的反相关系。（   ）

10. 共基组态的放大电路，基本上没有电流放大，但具有功率放大。（   ）

四、综合题

1. 试分析如图 2—45 所示各电路是否能够放大正弦交流信号，简述理由。设图中所有电容对交流信号均可视为短路。

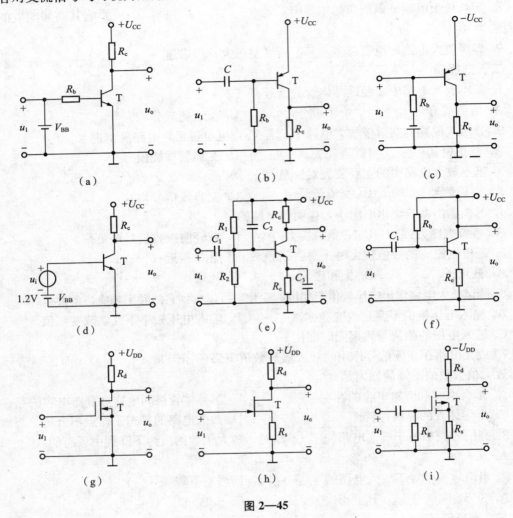

图 2—45

2. 在如图 2—46 所示电路中，已知 $U_{CC}=12V$，晶体管的 $\beta=100$，$R'_b=100k\Omega$。填空：要求先填文字表达式后填得数。

(1) 当 $\dot{u}_i=0V$ 时，测得 $U_{BEQ}=0.7V$，若要基极电流 $I_{BQ}=20\mu A$，则 R'_b 和 R_w 之和 $R_b=$ ＿＿＿＿＿＿ ≈ ＿＿＿＿ $k\Omega$；而若测得 $U_{CEQ}=6V$，则 $R_c=$ ＿＿＿＿＿＿ ≈ ＿＿＿＿ $k\Omega$。

(2) 若测得输入电压有效值 $U_i=5mV$ 时，输出电压有效值 $U'_o=0.6V$，则电压放大倍数 $\dot{A}_u=$ ＿＿＿＿＿＿ ≈ ＿＿＿＿。

(3) 若负载电阻 R_L 值与 R_c 相等，则带上负载后输出电压有效值 $U_o=$ ＿＿＿＿＿＿ ＿＿＿＿ V。

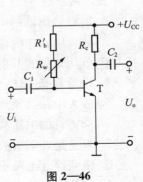

图 2—46

3. 已知图 2—46 所示电路中 $U_{CC}=12V$，$R_C=3k\Omega$，静态管压降 $U_{CEQ}=6V$；并在输出端加负载电阻 R_L，其阻值为 $3k\Omega$。选择一个合适的答案填入空内。

（1）该电路的最大不失真输出电压有效值 $U_{om}\approx$ _____；

A. 2V　　　　　　　B. 3V　　　　　　　C. 6V

（2）当 $\dot{u}_i=1mV$ 时，若在不失真的条件下，减小 R_w，则输出电压的幅值将 _____；

A. 减小　　　　　　B. 不变　　　　　　C. 增大

（3）在 $\dot{u}_i=1mV$ 时，将 R_w 调到输出电压最大且刚好不失真，若此时增大输入电压，则输出电压波形将 _____；

A. 顶部失真　　　　B. 底部失真　　　　C. 为正弦波

（4）若发现电路出现饱和失真，则为消除失真，可将 _____。

A. R_w 减小　　　　B. R_c 减小　　　　C. U_{CC} 减小

本章习题

1. 分别改正如图 2—47 所示各电路中的错误，使它们有可能放大正弦波信号。要求保留电路原来的共射极接法和耦合方式。

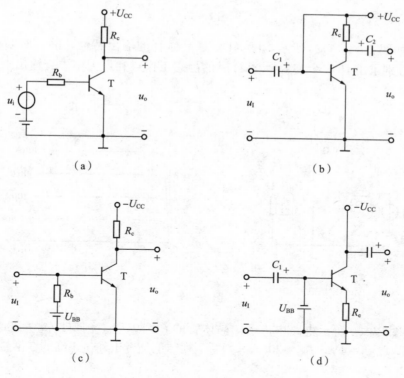

（a）　　　　　　　　　　　　　（b）

（c）　　　　　　　　　　　　　（d）

图 2—47

2. 画出如图 2—48 所示各电路的直流通路和交流通路。设所有电容对交流信号均可视为短路。

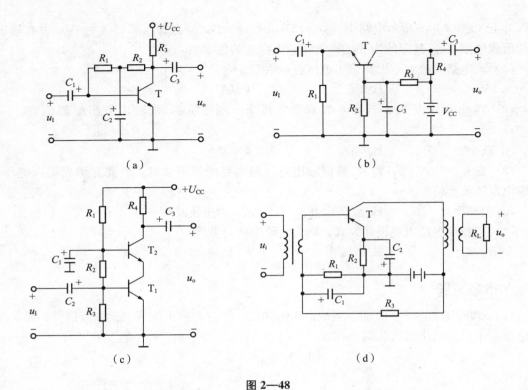

图 2—48

3. 电路如图 2—49（a）所示，图（b）是晶体管的输出特性，静态时 $U_{BEQ}=0.7V$。利用图解法分别求出 $R_L=\infty$ 和 $R_L=3k\Omega$ 时的静态工作点和最大不失真输出电压 U_{om}（有效值）。

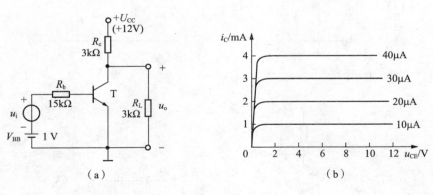

图 2—49

4. 在如图 2—50 所示电路中，已知晶体管的 $\beta=80$，$r_{be}=1k\Omega$，$\dot{u}_i=20mV$；静态时 $U_{BEQ}=0.7V$，$U_{CEQ}=4V$，$I_{BQ}=20\mu A$。判断下列结论是否正确，正确的在括号内打"√"，错误的打"×"。

(1) $\dot{A}_u=-\dfrac{4}{20\times10^{-3}}=-200$（　　）　　(2) $\dot{A}_u=-\dfrac{4}{0.7}\approx-5.71$（　　）

(3) $\dot{A}_u=-\dfrac{80\times5}{1}=-400$（　　）　　(4) $\dot{A}_u=-\dfrac{80\times2.5}{1}=-200$（　　）

(5) $R_i = (\frac{20}{20})\,\mathrm{k\Omega} = 1\mathrm{k\Omega}$ （　　）　　　(6) $R_i = (\frac{0.7}{0.02})\,\mathrm{k\Omega} = 35\mathrm{k\Omega}$ （　　）

(7) $R_i \approx 3\mathrm{k\Omega}$ （　　）　　　(8) $R_i \approx 1\mathrm{k\Omega}$ （　　）

(9) $R_o \approx 5\mathrm{k\Omega}$ （　　）　　　(10) $R_o \approx 2.5\mathrm{k\Omega}$ （　　）

(11) $\dot{u}_s \approx 20\mathrm{mV}$ （　　）　　　(12) $\dot{u}_s \approx 60\mathrm{mV}$ （　　）

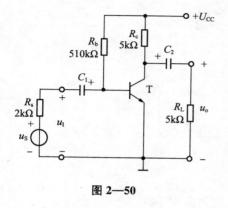

图 2—50

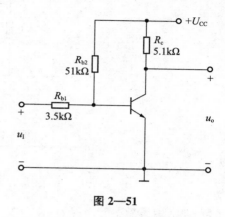

图 2—51

5. 电路如图 2—51 所示，已知晶体管 $\beta = 50$，在下列情况下，用直流电压表测晶体管的集电极电位，应分别为多少？设 $V_{CC} = 12\mathrm{V}$，晶体管饱和管压降 $U_{CES} = 0.5\mathrm{V}$。

（1）正常情况　　　（2）R_{b1} 短路　　　（3）R_{b1} 开路　　　（4）R_{b2} 开路　　　（5）R_C 短路

6. 电路如图 2—52 所示，晶体管的 $\beta = 80$，$r_{bb'} = 100\Omega$。分别计算 $R_L = \infty$ 和 $R_L = 3\mathrm{k\Omega}$ 时的 Q 点、$\dot{A}_u$、R_i 和 R_o。

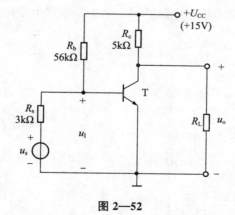

图 2—52

7. 在图 2—53 所示电路中，由于电路参数不同，在信号源电压为正弦波时，测得输出波形如图 2—53（a）、（b）、（c）所示，试说明电路分别产生了什么失真，如何消除。

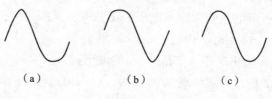

（a）　　　　　　（b）　　　　　　（c）

图 2—53

8. 若由 PNP 型管组成的共射极电路中，输出电压波形如图 2—53 (a)、(b)、(c) 所示，则分别产生了什么失真？

9. 已知如图 2—54 所示电路中晶体管的 $\beta=100$，$r_{be}=1\text{k}\Omega$。

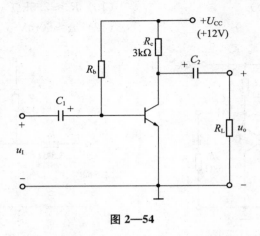

图 2—54

(1) 现已测得静态管压降 $U_{CEQ}=6\text{V}$，估算 R_b 约为多少千欧；

(2) 若测得 $\dot{u}_i$ 和 $\dot{u}_o$ 的有效值分别为 1mV 和 100mV，则负载电阻 R_L 为多少千欧？

10. 在如图 2—54 所示电路中，设静态时 $I_{CQ}=2\text{mA}$，晶体管饱和管压降 $U_{CES}=0.6\text{V}$。试问：当负载电阻 $R_L=\infty$ 和 $R_L=3\text{k}\Omega$ 时电路的最大不失真输出电压各为多少伏？

11. 电路如图 2—55 所示，晶体管的 $\beta=100$，$r_{bb'}=100\Omega$。

(1) 求电路的 Q 点、$\dot{A}_u$、R_i 和 R_o；

(2) 若电容 C_e 开路，则将引起电路的哪些动态参数发生变化？如何变化？

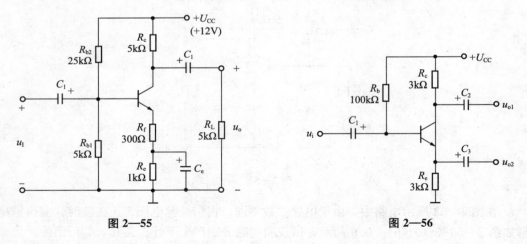

图 2—55

图 2—56

12. 设如图 2—56 所示电路所加输入电压为正弦波。试问：

(1) $\dot{A}_{u1}=\dot{u}_{o1}/\dot{u}_i\approx$？ $\dot{A}_{u2}=\dot{u}_{o2}/\dot{u}_i\approx$？

(2) 画出输入电压和输出电压 u_i、u_{o1}、u_{o2} 的波形；

13. 电路如图 2—57 所示，晶体管的 $\beta=80$，$r_{be}=1\text{k}\Omega$。

(1) 求出 Q 点；

(2) 分别求出 $R_L=\infty$ 和 $R_L=3\text{k}\Omega$ 时电路的 $\dot{A}_u$ 和 R_i；

(3) 求出 R_o。

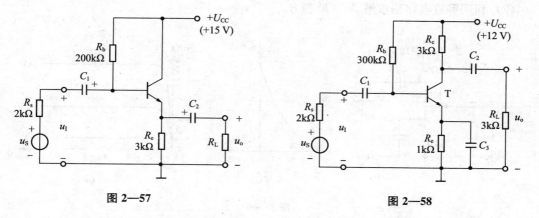

图 2—57   图 2—58

14. 电路如图 2—58 所示，晶体管的 $\beta=60$，$r_{bb'}=100\Omega$。

(1) 求解 Q 点、$\dot{A}_u$、R_i 和 R_o；

(2) 设 $U_s=10\text{mV}$（有效值），问 U_i 与 U_o 分别为多少？若 C_3 开路，则 U_i 与 U_o 分别等于多少？

15. 改正如图 2—59 所示各电路中的错误，使它们有可能放大正弦波电压。要求保留电路的共漏接法。

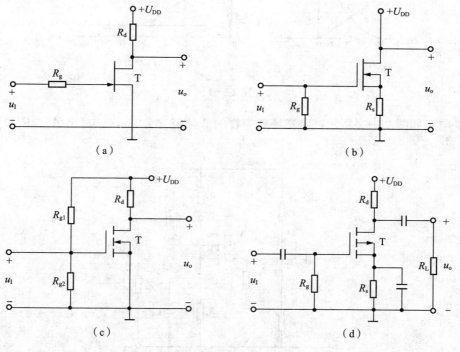

（a）   （b）

（c）   （d）

图 2—59

16. 已知如图 2—60（a）所示电路中场效应管的转移特性和输出特性分别如图（b）、

（c）所示。

   （1）利用图解法求解 Q 点；

   （2）利用等效电路法求解 $\dot{A}_u$、R_i 和 R_o。

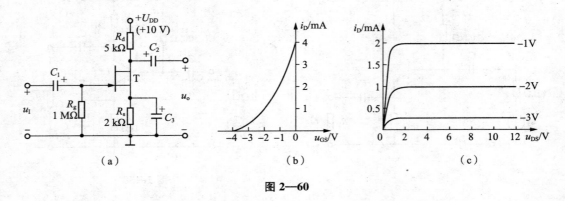

图 2—60

17. 已知如图 2—61（a）所示电路中场效应管的转移特性如图（b）所示。求解电路的 Q 点和 $\dot{A}_u$。

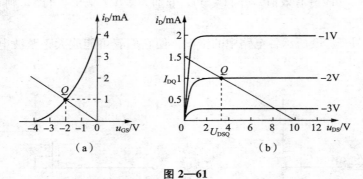

图 2—61

18. 电路如图 2—62 所示，已知场效应管的低频跨导为 g_m，试写出 $\dot{A}_u$、R_i 和 R_o 的表达式。

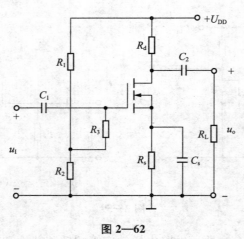

图 2—62

第 3 章　集成运算放大器

前面介绍的电路都是由晶体三极管、电阻和电容等器件通过导线根据不同的连接方式组成的，这种电路称为分立元件电路。随着电子技术的高速发展，出现了以半导体技术为基础的集成电路。集成电路是以半导体单晶硅为芯片，采用先进的半导体制作工艺，把晶体三极管、电阻和电容等器件以及它们的连接线组成完整的电路制作在一起，封装后形成一个整体，使之具备某种特定的功能。集成电路是 20 世纪 60 年代初期发展起来的一种新型电子器件，它的问世使电子技术有了新的飞跃而进入微电子学时代，从而促进了各个科学技术领域的发展。

 学习目标

1. 了解电流源的构成、恒流特性及其在放大电路中的作用。
2. 掌握差动放大电路的组成及工作原理。
3. 掌握集成运算放大电路的组成、理想特性及电路符号。
4. 掌握集成运算放大电路的基本运算电路。
5. 了解有源滤波器的分类和原理。
6. 了解集成运算放大电路的应用。
7. 了解电压比较器的原理。

3.1　集成运算放大器的电路组成和结构特点

3.1.1　集成运算放大器的电路组成

集成运算放大器（简称集成运放）实质上是一种高差模放大倍数、高输入电阻和低输出电阻的多级直接耦合放大电路。它是利用半导体的集成工艺，实现电路、电路系统和元件三结合的产物。它的内部结构由四个主要单元电路组成，包括输入级、中间级、输出级和偏置电路，其组成框图如图 3—1 所示。

1. 输入级

集成运放的输入级又称前置级。为了使运算放大器具有较高的输入电阻和较强的抑制

零点漂移的能力，输入级一般采用差动式放大电路，它有两个输入端，分别为同相输入端（输出信号的相位或极性与输入信号的相位或极性相同）和反相输入端（输出信号的相位或极性与输入信号的相位或极性相反）。

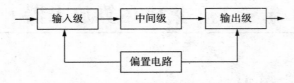

图 3—1　集成运放的组成框图

2. 中间级

中间级的主要作用是提供足够大的电压放大倍数，因此也称电压放大级，是整个电路的主要放大电路。中间级具有较高的电压增益，还应具有较高的输入电阻。中间级多采用共射极（或共源极）放大电路。为了提高电压放大倍数，经常采用共射极多级放大电路或者以恒流源作集电极负载的复合管放大电路。

3. 输出级

输出级又称为功率放大级，主要作用是提供足够大的输出功率，以满足负载的需要。同时还应具有较小的输出电阻，以增强带负载的能力并缩小非线性失真。输出级多采用互补对称输出放大电路。

4. 偏置电路

偏置电路用于向集成运放的各级放大电路提供合适的偏置电流，确定各级静态工作点。集成运放通常采用电流源电路和温度补偿措施为各级放大电路提供合适的集电极（或发射极、漏极）静态电流，从而确定静态工作点。同时将电流源电路作为放大电路的有源负载。此外，电路中还有一些辅助环节，如电平移动电路、过载保护电路等。

集成运放的电路符号如图 3—2 所示。由于集成运算放大器的输入级采用的是差动式放大电路，因此有两个输入端，用"＋"表示同相输入端，用"－"表示反相输入端，输出电压表示为 $u_o = A(u_+ - u_-)$。集成运放可以有同相输入、反相输入和差动输入三种输入方式。

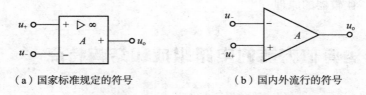

（a）国家标准规定的符号　　　　　　　（b）国内外流行的符号

图 3—2　集成运放的电路符号

3.1.2　集成运算放大器的结构特点

由于集成工艺的要求，集成运算放大器和由分立元件构成的同样功能的电路相比，它具有下面几个特点。

（1）由于集成电路中的元件是在相同的条件下用标准工艺制成的，因此同类元件的相对误差小，性能比较一致，对称性好，适用于构成差动式放大电路。

（2）由于集成电路工艺制作出来的电阻，其阻值范围一般在几十欧到几十千欧之间，如需高阻值电阻时，需要用晶体三极管等有源器件组成的恒流源来代替。

（3）集成电路内部所用的晶体三极管通常采用复合管结构来改善单个晶体三极管的性能。

（4）集成电路工艺在芯片上制作比较大的电容和电感非常困难，电路通常采用直接耦合电路方式。在需要大容量电容和高阻值电阻的情况，常采用外接法。

（5）直接耦合电路容易产生温度漂移，为了克服直接耦合电路的温度漂移，常采用补偿措施。典型的补偿型电路是差动式放大电路，它是利用两个晶体管参数的对称性来抑制温度漂移的。

3.2　集成运算放大器中的电流源

集成运算放大器的偏置电路，多采用晶体管和场效应管构成的电流源电路来提供各级的静态工作电流，或者作为有源负载，取代高阻值的电阻，从而大大提高电路的放大倍数。下面介绍几种常用的电流源电路。

3.2.1　镜像电流源

镜像电流源在集成运放中应用十分广泛，其电路如图3—3所示。它由两个参数完全相同的 NPN 型晶体三极管 VT_1 和 VT_2 组成，电源 V_{CC} 通过晶体三极管 VT_1 与电阻 R 一起产生基准电流 I_{REF}，晶体三极管 VT_2 给某放大器提供偏置电流 I_{C2}。因为晶体三极管 VT_1 的发射结电压与晶体三极管 VT_2 的发射结电压相等，即 $U_{BE1}=U_{BE2}$，从而保证晶体三极管 VT_2 处于放大状态，即 $I_{C_1}=\beta I_{B1}$。由于两个晶体三极管集成在一起，可以认为两个晶体三极管的集电极电流非常接近，如同镜像一样，所以这种恒流源电路称为镜像电流源。

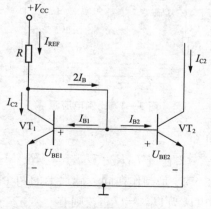

图3—3　镜像电流源

由如图3—3所示电路的结构可知

$$I_{REF}=\frac{V_{CC}-U_{BE1}}{R}$$

$$(3-1)$$

$$I_{B1} = I_{B2} = I_B \qquad (3-2)$$

$$I_{C1} = I_{C2} = I_C \qquad (3-3)$$

则有 $I_{C1} = I_{C2} = I_{REF} - 2I_B = I_{REF} - 2\dfrac{I_{C1}}{\beta}$，所以

$$I_{C1} = I_{C2} = I_{REF} \dfrac{1}{1 + \dfrac{2}{\beta}} \qquad (3-4)$$

当 $\beta \gg 2$ 时，输出的偏置电流可以写为

$$I_{C1} \approx I_{REF} = \dfrac{V_{CC} - U_{BE1}}{R} \qquad (3-5)$$

当电阻 R 和电源 V_{CC} 确定后，基准电流 I_{REF} 也就确定了，集电极电流 I_{C1} 也就确定了。镜像电流源的主要优点是结构简单，而且具有一定的温度补偿作用。镜像电流源的主要缺点是受电源的影响大，很难做成小电流的电流源，电流源的输出电阻不够大，集电极电流 I_{C1} 和基准电流 I_{REF} 近似相等，精度不高。

3.2.2 比例电流源

在镜像电流源中，集电极电流 I_{C1} 和基准电流 I_{REF} 近似相等，但是在模拟集成电路中常需要 I_{C1} 与 I_{REF} 构成某种比例关系的恒流源。在基本镜像电流源的两个晶体三极管的发射极上分别串接两个电阻 R_1 和 R_2，即可构成比例电流源，电路如图 3—4 所示。

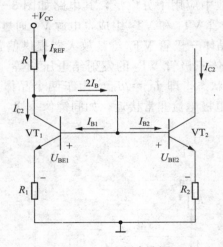

图 3—4 比例电流源

由如图 3—4 所示电路可知

$$U_{BE1} + I_{E1}R_1 = U_{BE2} + I_{E2}R_2 \qquad (3-6)$$

由于晶体三极管 VT_1 和 VT_2 是制作在同一硅片上的两个相邻三极管，而且有非常接近的参数和性能，因此，可以认为 $U_{BE1} = U_{BE2}$，则有

$$I_{E1}R_1 = I_{E2}R_2 \qquad (3-7)$$

当 $\beta \gg 2$ 时，可以忽略两个晶体三极管的基极电流，由上式可得

$$I_{C2} \approx I_{E2} \approx \dfrac{R_1}{R_2} I_{C1} \approx \dfrac{R_1}{R_2} I_{REF} \qquad (3-8)$$

可见，只要改变 R_1 和 R_2 的阻值，就可以改变 I_{C2} 与 I_{REF} 的比例关系，故称为比例电流源。式中基准电流

$$I_{REF} \approx \frac{V_{CC} - U_{BE1}}{R + R_1}$$

$$(3-9)$$

3.2.3 微电流源

当需要集成运放的输入级工作电流很小，只有几十微安时，那么以上两种电路就不能满足要求了。为了得到微安量级的输出电流，而又不使限流电阻过大，可采用如图 3—5 所示电路。在镜像电流源电路的晶体三极管 VT_2 的发射极串接一个电阻 R_{e2}，这种电路称为微电流源。

由图 3—5 可知

$$U_{BE1} - U_{BE2} = I_{E2} R_{e2} \approx I_{C2} R_{e2}$$

则有

$$I_{C2} \approx I_{E2} = \frac{U_{BE1} - U_{BE2}}{R_{e2}} = \frac{\Delta U_{BE}}{R_{e2}}$$

$$(3-10)$$

由于 ΔU_{BE} 的数值很小，故用阻值不用太大的 R_{e2} 就可以获得微小的工作电流。当电源电压发生变化时，I_{REF} 和 ΔU_{BE} 都将发生变化，只要阻值 R_{e2} 选取合适，即可满足 $U_{BE2} \ll U_{BE1}$，晶体三极管 VT_2 因 U_{BE2} 很小而工作在输入特性曲线的弯曲段，则 I_{C2} 的变化远小于基准电流 I_{REF} 的变化，故电源电压的波动对集电极电流 I_{C2} 的影响不大。

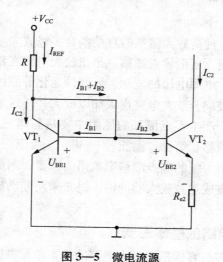

图 3—5 微电流源

3.2.4 改进型电流源

前面所述的几种电流源，都是在忽略晶体三极管的基极电流的前提下进行分析的，要求晶体三极管的电流放大系数足够大才能得到我们需要的结果。如果晶体三极管的电流放大倍数 β 较小时，以上公式得到的结果误差会很大或者不能使用。为此，通常在基本电流源的基础上加以改进，以减小晶体三极管基极电流的影响，提高输出电流和基准电流的精度。

如图 3—6 所示电流源是在基本镜像电流源的基础上增加了晶体三极管 VT_3，利用 VT_3 的电流放大作用，减少了基极电流 I_B 对基准电流 I_{REF} 的分流作用，从而提高了 I_{C2} 与

I_{REF}互成镜像的精度。为了避免晶体三极管 VT_3 的发射极电流过小而使电流放大系数 β_3 下降，常在晶体三极管 VT_3 的发射极接一个电阻 R_{e3}，使发射极电流 I_{E3} 增加。用同样的思路可以构成改进的比例电流源和微电流源。

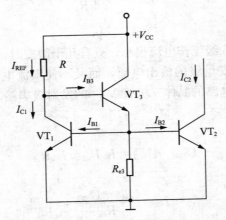

图 3—6　改进的镜像电流源

3.3　差动放大电路

集成运算放大电路是一种高放大倍数的直接耦合多级放大电路。直接耦合放大器的主要缺点是存在零点漂移问题。所谓零点漂移，是指放大电路在没有输入信号时，由于元件参数随温度的变化而变化、电源电压的波动、元器件老化等原因，放大电路的工作点发生变化，这个变化会被直接耦合放大电路逐级加以放大并传送到输出端，使输出电压偏离原来的起始点而上下漂动。产生零点漂移的原因主要是晶体三极管的参数受温度的影响，所以零点漂移也称为温度漂移，简称"温漂"。

在多级放大电路中，第一级的零点漂移影响最为重要，因此必须采取措施消除或者抑制零点漂移现象。为此，集成运算放大器的输入级常采用差动放大电路来有效地抑制零点漂移。

3.3.1　差动放大电路的基本形式

差动放大电路是构成多级直接耦合放大电路的基本单元电路。差动放大电路是一种具有两个输入端且电路结构对称的放大电路，其基本特点是只有当两个输入端的输入信号间有差值时才能进行放大，即差动放大电路放大的是两个输入信号的差，所以称为差动放大电路。

1. 差动放大电路的结构特点

如图 3—7 所示电路为差动放大电路的基本形式，它由两个完全对称的单管共射极放大电路组成，即两个晶体三极管 VT_1 和 VT_2 的特性完全相同，对称位置上的电阻元件也相同，即 $R_{C1}=R_{C2}=R_C$。电路有两个输入端和两个输出端，故这种电路又称为双端输入、双端输出的差动放大电路。

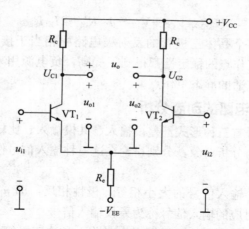

图 3—7 差动放大电路的基本形式

差动放大电路采用正负双电源供电。晶体三极管 VT_1 和 VT_2 的发射极都经同一电阻 R_e 连接到负电压 V_{EE}，该负电源能使两个晶体三极管的基极在接地（没有输入信号）的情况下，为晶体三极管 VT_1 和 VT_2 提供偏置电流 I_{B1} 和 I_{B2}，保证两个晶体三极管的发射结正向偏置。另外，由于电路对称，在零输入的情况下，$u_{o1}=u_{o2}$，故输出电压 $u_o=u_{o1}-u_{o2}=0$，从而实现零输入、零输出。

2. 抑制零点漂移的原理

（1）当没有输入信号时，由于电路处于直流工作状态且电路具有对称性，晶体三极管 VT_1、VT_2 两管的集电极电流相等，即 $I_{C1}=I_{C2}$；集电极电位也相等，即 $U_{C1}=U_{C2}$，故输出电压 $U_o=U_{C1}-U_{C2}=0$。

（2）当温度升高时，晶体三极管 VT_1、VT_2 两管的集电极电流都增大，集电极电位都下降，并且满足 $\Delta I_{C1}=\Delta I_{C2}$，$\Delta U_{C1}=\Delta U_{C2}$。尽管两个晶体三极管都产生了零点漂移，但由于两个晶体三极管集电极电位的变化是相互抵消的，所以输出电压仍然为零，即 $U_o=\Delta U_{C1}-\Delta U_{C2}=0$。

可见，差动放大电路利用电路的对称性抑制了零点漂移现象。

3.3.2 差动放大电路的静态分析

在如图 3—7 所示电路中，静态时 $u_{i1}=u_{i2}=0$，即将两个输入端交流接地。由于电路两边参数完全对称，故两个晶体三极管的静态值完全相同，即 $I_{B1}=I_{B2}=I_B$，$I_{C1}=I_{C2}=I_C$，$I_{E1}=I_{E2}=I_E$，$U_{C1}=U_{C2}=U_C$，流过发射极电阻 R_e 的电流是两个晶体三极管发射极电流之和，即 $2I_E$，根据晶体三极管 VT_1 的输入回路可得

$$V_{EE}=U_{BE}+2I_{E1}R_e$$

故静态发射极电流为

$$I_{E1}=\frac{V_{EE}-U_{BE}}{2R_e}\approx I_{C1} \tag{3-11}$$

静态基极电流为

$$I_{B1}=\frac{I_{C1}}{\beta} \tag{3-12}$$

静态时晶体三极管的管压降为

$$U_{CE1} = V_{CC} + V_{EE} - I_{C1}R_C - 2I_{E1}R_e \qquad (3-13)$$

由以上分析可知，每个晶体三极管的发射极电路中相当于接入了 $2R_e$ 的电阻，所以，每个晶体三极管的静态工作点的稳定性都得到了提高，负电源用来补偿 R_e 上的静态压降，使各个晶体三极管都有合适的静态工作点。

3.3.3 差动放大电路的动态分析

放大电路的输入信号有三种形式：差模输入、共模输入、比较输入。下面以如图 3—7 所示基本差动放大电路为分析对象，分别讨论在这三种输入信号作用下的动态分析。

1. 差模输入

差动放大电路的两个输入信号的大小相等，极性相反，即 $u_{i1} = -u_{i2}$，这样的输入方式称为差模输入方式，对应的输入信号称为差模输入信号。

在差模输入时，由于两个晶体三极管完全对称，晶体三极管 VT_1 和 VT_2 的集电极电流和电压变化量总是大小相等，方向相反。流过发射极电阻 R_e 的交流电流由两个大小相等、方向相反的交流电流 i_{e1} 和 i_{e2} 构成。在电路完全对称的情况下，这两个交流电流之和在 R_e 两端产生的电压降也保持为零不变。这表明发射极电阻 R_e 对差模信号相当于短路。其等效交流通路如图 3—8 所示。

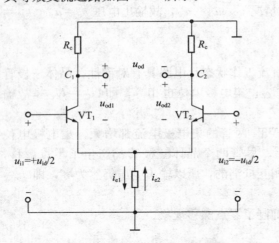

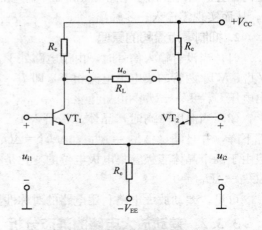

图 3—8　差模输入时的等效交流通路　　　　图 3—9　带负载的差动放大电路

由于差动放大电路的输入信号 $u_i = u_{id} = u_{i1} - u_{i2}$，$u_{i1} = -u_{i2}$，因此可以得到

$$u_{i1} = \frac{u_{id}}{2}, \quad u_{i2} = -\frac{u_{id}}{2}$$

（1）双端输出。

双端输出信号是从差动放大电路的两个晶体三极管集电极之间引出输出信号。没有负载时，双端输出时差模电压放大倍数为

$$A_{ud} = \frac{u_{od}}{u_{id}} = \frac{u_{od1} - u_{od2}}{u_{i1} - u_{i2}} = \frac{2u_{od1}}{2u_{i1}} = -\beta \frac{R_C}{r_{be}} \qquad (3-14)$$

由上式可知，差动放大电路双端输出时的差模电压放大倍数和单管电路的电压放大倍数完全相同。如果在两个晶体三极管 VT_1 和 VT_2 的集电极之间接入负载 R_L，如图 3—9 所示，由于电路的对称性，负载 R_L 的中点电位始终为零，等效于接地。因此，单管放大

电路的负载为 R_L 的一半，此时放大电路的差模电压放大倍数为

$$A_{ud} = -\beta \frac{R_C // \dfrac{R_L}{2}}{r_{be}} \qquad (3-15)$$

差模输入时从差动放大电路的两个输入端看进去的等效电阻即差模输入电阻

$$r_{id} = 2r_{be} \qquad (3-16)$$

差模输出电阻为

$$r_{od} = 2R_C \qquad (3-17)$$

从以上两式可知，双端输出时差动放大电路的差模输入电阻和输出电阻是单管放大电路的两倍。

（2）单端输出。

单端输出信号是从差动放大电路其中一个晶体三极管的集电极引出输出信号。单端输出时差模电压放大倍数为

$$A_{ud} = \frac{u_{od1}}{u_{id}} = \frac{u_{od1}}{u_{i1} - u_{i2}} = \frac{u_{od1}}{2u_{i1}} = -\beta \frac{R_C}{2r_{be}} \qquad (3-18)$$

差模输入电阻和双端输出相同，即

$$r_{id} = 2r_{be} \qquad (3-19)$$

差模输出电阻为

$$r_{od} = R_C \qquad (3-20)$$

以上公式说明，单端输出时的差模电压放大倍数和输出电阻是双端输出时的一半，输入电阻和双端输出时的输入电阻相同。

如果在输出端与地之间接入负载电阻 R_L，此时差模电压放大倍数为

$$A_{ud} = -\beta \frac{R_C // R_L}{2r_{be}} \qquad (3-21)$$

2. 共模输入

差动放大电路的两个输入信号大小相等，极性相同，即 $u_{i1} = u_{i2} = u_{ic}$。这样的输入方式称为共模输入方式，对应的输入信号称为共模输入信号。输入共模信号时的交流通路如图 3—10 所示。

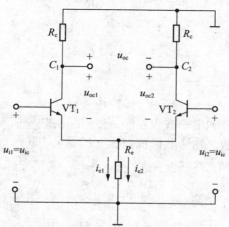

图 3—10　共模输入时的交流通路

在共模输入信号作用下，对于完全对称的差动放大电路，两个晶体三极管的电流和电压变化量总是大小相等，方向相同。所以流过发射极电阻 R_e 的交流电流由两个大小相等，方向相同的交流电流 i_{e1} 和 i_{e2} 构成，即 R_e 流过的电流变化为单管发射极电流变化的两倍，对于单个晶体三极管，相当于发射极接入了 $2R_e$ 的电阻。

（1）双端输出。

由于差动放大电路的对称性，图 3—10 中两个晶体三极管的集电极电位始终相同，即 $u_{oc1}=u_{oc2}$，故有差动放大电路的输出电压

$$u_{oc}=u_{oc1}-u_{oc2}=0$$

共模输入双端输出时差动放大电路的电压放大倍数为

$$A_{uc}=\frac{u_{oc}}{u_{ic}}=0 \tag{3-22}$$

式（3-22）说明，差动放大电路双端输出时，具有很强的抑制共模信号的能力。

由于 $u_{i1}=u_{i2}=u_{ic}$，$i_{i1}=i_{i2}=i_{ic}$，所以共模输入电阻

$$r_{ic}=\frac{u_{i1}}{i_{i1}}=r_{be}+2(1+\beta)R_e \tag{3-23}$$

共模输出电阻为

$$r_{oc}=2R_C \tag{3-24}$$

（2）单端输出。

单端输出时共模电压放大倍数为

$$A_{uc}=\frac{u_{oc1}}{u_{ic}}=-\beta\frac{R_C}{r_{be}+2(1+\beta)R_e} \tag{3-25}$$

通常，$2(1+\beta)R_e \gg r_{be}$，$\beta \gg 1$，则有

$$A_{uc}\approx-\frac{R_C}{2R_e} \tag{3-26}$$

由上式可知，发射极电阻 R_e 越大，A_{uc} 越小，抑制共模信号的能力越强，故称发射极电阻 R_e 为共模抑制电阻。

如果在输出端和地之间接入了负载 R_L，则共模电压放大倍数为

$$A_{uc}\approx-\frac{R_C//R_L}{2R_e} \tag{3-27}$$

共模输入电阻为

$$r_{ic}=\frac{u_{i1}}{i_{i1}}=r_{be}+2(1+\beta)R_e \tag{3-28}$$

共模输出电阻为

$$r_{oc}=R_C \tag{3-29}$$

为了更好地描述差动放大电路放大差模信号，抑制共模信号的能力，定义差模电压放大倍数与共模电压放大倍数之比为共模抑制比（K_{CMR}），即

$$K_{CMR}=\left|\frac{A_{ud}}{A_{uc}}\right| \tag{3-30}$$

或用对数形式

$$K_{CMR}=20\lg\left|\frac{A_{ud}}{A_{uc}}\right| \quad (dB) \tag{3-31}$$

显然，共模抑制比越大，差动放大电路的性能越好。对于双端输出的差动放大电路，应尽可能提高电路参数和参数的温度特性的对称性，尽可能地加大共模反馈电阻 R_e。对于单端输出而言，只有靠增大 R_e 来提高共模抑制比。

3. 比较输入

在实际应用中，两个输入信号电压 u_{i1}、u_{i2} 的大小和相对极性是任意的，既不是一对共模信号，又不是一对差模信号，这种输入方式称为比较输入，相应的输入信号称为比较输入信号。为了分析和处理方便，通常将比较输入信号分解为共模信号和差模信号的组合。比较输入信号可以表述为

$$u_{i1}=u_{ic1}+u_{id1}, \; u_{i2}=u_{ic2}+u_{id2}$$

根据差模输入信号和共模输入信号的特点可得

$$u_{id1}=-u_{id2}, \; u_{ic1}=u_{ic2}=u_{ic}$$

故有

$$u_{id1}=\frac{u_{i1}-u_{i2}}{2}, \; u_{ic1}=\frac{u_{i1}+u_{i2}}{2} \tag{3-32}$$

根据叠加原理，在差模输入信号和共模输入信号都存在的情况下，对于线性差动放大电路，可以分别讨论电路在差模输入时的差模输出和共模输入时的共模输出，叠加后即可得到在任意输入信号下总的输出电压，即

$$u_o=A_{ud}u_{id}+A_{uc}u_{ic} \tag{3-33}$$

从上式可知，由于有用信号通常接成差模信号的形式，故差动放大电路的差模电压放大倍数越大，电路的放大能力越强；差动放大电路的共模电压放大倍数越小，电路抑制共模信号的能力越强。

双端输出时，由于电路对称，共模电压放大倍数 A_{uc} 为零，只有差模信号产生输出电压，即

$$u_o=A_{ud}u_{id}=A_{ud}(u_{i1}-u_{i2}) \tag{3-34}$$

单端输出时，差模信号和共模信号都存在，电路的输出电压为

$$u_o=A_{ud}u_{id}+A_{uc}u_{ic}=A_{ud1}(u_{i1}-u_{i2})+A_{uc1}\frac{u_{i1}+u_{i2}}{2} \tag{3-35}$$

4. 单端输入的差动放大电路

在前面的动态分析中，都是假定差动放大电路的两个输入端都有信号输入，即双端输入的情况。若信号仅加在一个输入端，另一个输入端接地，即所谓的单端输入，即可以将单端输入看做比较输入的一个特例，即 $u_{i1}=u_i$，$u_{i2}=0$ 的情况。由式（3-32）可得

$$u_{id1}=\frac{u_{i1}-u_{i2}}{2}=\frac{u_i}{2}, \; u_{id2}=-\frac{u_i}{2}$$

$$u_{id}=u_i, \; u_{ic}=\frac{u_{i1}+u_{i2}}{2}=\frac{u_i}{2}$$

其对应的等效电路如图 3—11 所示。

双端输出时，由于电路对称，共模电压放大倍数 A_{uc} 为零，只有差模信号产生输出电压，即

$$u_o=A_{ud}u_{id}=A_{ud}u_i \tag{3-36}$$

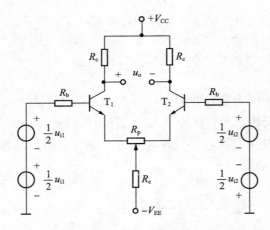

图 3—11　单端输入的差动放大电路的等效电路

单端输出时，差模信号和共模信号都存在，电路的输出电压为

$$u_o = A_{ud}u_{id} + A_{uc}u_{ic} = A_{ud1}u_i + A_{uc1}\frac{u_i}{2} \qquad (3-37)$$

可见，单端输入可以看做是双端输入，差模信号仍然相同，只是输入的共模信号不同而已。

综上所述，差动放大电路有四种输入、输出方式：双端输入—双端输出；双端输入—单端输出；单端输入—双端输出；单端输入—单端输出。从上面的分析可知，单端输入和双端输入时的差模放大倍数、差模输入电阻完全相同；单端输出的放大倍数和输出电阻均为双端输出时的一半。差动放大电路在四种不同输入、输出方式下的主要性能特点见表3—1。

表 3—1　　　　　　　　差动放大电路在四种不同输入、输出方式下的主要性能特点

性能特点 ＼ 工作状态	双端输入 双端输出	双端输入 单端输出	单端输入 双端输出	单端输入 单端输出
差模电压放大倍数 A_{ud}	$-\beta\dfrac{R_C//R_L/2}{r_{be}}$	$-\beta\dfrac{R_C//R_L}{2r_{be}}$	$-\beta\dfrac{R_C//R_L/2}{r_{be}}$	$-\beta\dfrac{R_C//R_L}{2r_{be}}$
差模输入电阻 r_{id}	$r_{id}=2r_{be}$	$r_{id}=2r_{be}$	$r_{id}=2r_{be}$	$r_{id}=2r_{be}$
差模输出电阻 r_{od}	$r_{oc}=2R_C$	$r_{oc}=R_C$	$r_{oc}=2R_C$	$r_{oc}=R_C$
共模抑制比 K_{CMR}	很高	$\beta\dfrac{R_e}{r_{be}}$	很高	$\beta\dfrac{R_e}{r_{be}}$

例 3—2　如图3—12所示为单端输出的差动放大电路。指出1、2两端哪个是同相输入端，哪个是反相输入端，并求该电路的静态工作点和共模抑制比 K_{CMR}。设 $V_{CC}=12V$，$V_{EE}=6V$，$R_b=10k\Omega$，$R_e=6.2k\Omega$，$R_c=5.1k\Omega$，晶体管 $\beta_1=\beta_2=50$，$r_{bb1}=r_{bb2}=300\Omega$，$U_{BE1}=U_{BE2}=0.7V$。

解：由于输出电压信号 u_o 和1端输入信号反相，所以1端为反相输入端，2端为同相输入端。

静态时，单管的静态电流等于流过射极电阻 R_e 上电流的一半，即

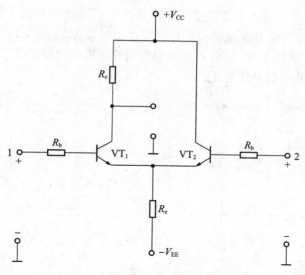

图 3—12　单端输出的差动放大电路

$$I_{CQ1} = I_{CQ2} = I_E \approx \frac{-U_{BE1} - (-V_{EE})}{2R_e} = \frac{6 - 0.7}{2 \times 6.2} \approx 0.43 \text{mA}$$

$$I_B = \frac{I_{CQ}}{\beta} = \frac{0.43}{50} = 8.6 \mu\text{A}$$

$$U_{CE} = V_{CC} - I_{CQ}R_C - 2I_E R_e + V_{EE} = 12 - 0.43 \times 5.1 - 0.43 \times 2 \times 6.2 + 6 = 10.48\text{V}$$

$$r_{be} = r_{bb'} + (1+\beta)\frac{26}{I_{CQ}} = 300 + (1+50)\frac{26}{0.43} \approx 3.4 \text{k}\Omega$$

差模放大倍数为

$$A_{ud} = -\beta \frac{R_C}{2(R_b + r_{be})} = -\frac{50 \times 5.1}{2(10 + 3.4)} \approx -9.5$$

共模放大倍数为

$$A_{uc} = -\beta \frac{R_C}{R_b + r_{be} + 2R_e(1+\beta)} = -\frac{50 \times 5.1}{10 + 3.4 + 2 \times 51 \times 6.2} \approx -0.4$$

共模抑制比为

$$K_{CMR} = \frac{A_{ud}}{A_{uc}} = \frac{9.5}{0.4} = 23.8$$

3.3.4　带恒流源的差动放大电路

从前面的分析可知，发射极电阻 R_e 也是共模抑制电阻，其值越大，共模信号的抑制能力越强，共模抑制比越大，所以单纯从抑制共模信号、提高共模抑制比来看，应该尽可能将 R_e 增大。但是当 $-V_{EE}$ 一定时，R_e 太大，必然使 VT_1、VT_2 管的静态偏置电流过小，难以得到合适的工作点。为此，考虑采用恒流源来代替原来的 R_e。因为恒流源的内阻较大，可以得到较好的共模抑制效果，同时利用恒流源的恒流特性可以给三极管提供更稳定的静态偏置电流。

恒流源式差动放大电路如图 3—13 所示。图中恒流源由 VT_3 构成，为使集电极电流稳定，采用了由 R_{b1}、R_{b2} 和 R_e 构成的分压式偏置电路。恒流源 VT_3 的基极电位由 R_{b1}、

R_{b2}分压后得到，可以认为基本不受温度变化的影响，当温度变化时，晶体三极管 VT_3 的发射极电位和发射极电流也基本保持稳定，而晶体三极管 VT_1 和 VT_2 的集电极电流 i_{C1} 和 i_{C2} 之和近似等于 i_{C3}，所以 i_{C1} 和 i_{C2} 将不会因温度的变化而同时增加或者减小，可见，接入恒流源三极管抑制了共模信号的变化。

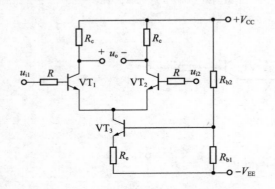

图 3—13　恒流源式差动放大电路

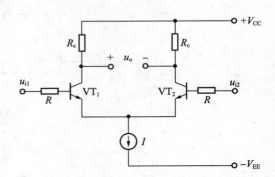

图 3—14　恒流源式差动放大电路的简化表示法

有时，为简化起见，常常用一个简化的恒流源符号来表示恒流管 VT_3 的具体电路，如图 3—14 所示。

例 3—3　恒流源电路如图 3—15 所示。假设电路两侧完全对称，设器件参数为 $r_{bb'}=100\Omega$，$\beta=100$，$U_{BE}=0.7V$。求：

（1）求静态工作点电流（I_{C1Q}、I_{C2Q}），静态工作点电压（V_{CE1Q}、V_{CE2Q}）；

（2）求双端输出时的差模放大倍数、共模放大倍数和共模抑制比；

（3）差模输入电阻和输出电阻。

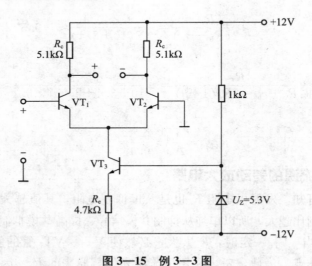

图 3—15　例 3—3 图

解：（1）静态时，$u_{i1}=u_{i2}=0$，输入端接地，由图 3—15 所示电路可得

$$I_{C3}=I_{E3}=\frac{U_Z-U_{BE3}}{R_e}=\frac{5.3-0.7}{4.7}\approx 1mV$$

$$I_{C1}=I_{C2}=I_{E1}=I_{E2}=0.5I_{C3}=0.5mV$$

$$I_{B1} = I_{B2} = \frac{I_{C1}}{\beta} = 5\mu A$$

$$V_{C1} = V_{C2} = V_{CC} - I_{C1}R_C = 12 - 0.5 \times 5.1 = 9.45V$$

$$V_E = -0.7V$$

$$V_{CE1} = V_{CE2} = V_{C1} - V_E = 9.45 + 0.7 \approx 10.2V$$

（2） $r_{be1} = r_{bb'} + (1+\beta)\frac{26}{I_{E1}} = 100 + (1+100)\frac{26}{0.5} \approx 5.3k\Omega$

差模放大倍数为

$$A_{ud} = -\beta\frac{R_C}{r_{be}} = -\frac{100 \times 5.1}{5.3} \approx -96$$

由电路的对称性可得

$$A_{uc} = 0$$

共模抑制比为

$$K_{CMR} = \frac{A_{ud}}{A_{uc}} = \infty$$

（3）差模输入电阻

$$r_{id} = 2r_{be} = 10.6k\Omega$$

差模输出电阻 $\quad r_{od} = 2R_C = 10.2k\Omega$

3.4　集成运算放大器的应用

　　利用集成运算放大器，引入各种不同的反馈，就可以构成具有不同功能的实用电路。实际的集成运算放大器由于受到集成电路工艺水平的限制，很难达到理想化，因此，将实际的集成运算放大器作为理想模型分析和计算是有误差的，但误差通常不大，在一般工程计算上是允许的。为了简化实际应用电路的分析，通常将实际的集成运算放大器理想化。

3.4.1　集成运算放大器的主要技术指标

1. 开环差模电压放大倍数 A_{ud}

A_{ud} 指的是运算放大器在没有外接反馈情况下的直流差模电压放大倍数，即：

$$A_{ud} = \frac{U_o}{U_{id}} \tag{3-38}$$

A_{ud} 是决定运算放大器精度的重要因数，开环差模电压放大倍数 A_{ud} 越高，所构成的集成运算放大器电路越稳定，运算放大器的精度也越高。实际集成运算放大器的 A_{ud} 一般为 80～140dB。

2. 输入失调电压 U_{IO}

　　理想的运算放大器，当输入电压为零时，输出电压也为零。但由于在制造工艺上很难使参数达到完全对称，因此当输入为零时，输出并不为零。如果要使输出为零，必须在输入端加入一个很小的补偿电压，通常称为输入失调电压 U_{IO}，其值约为 1～10mV，要求越小越好。

3. 输入偏置电流 I_{IB}

输入偏置电流是指静态时，当输入电压为零时，两个输入端电流的平均值，用 I_{IB} 表示，即

$$I_{\text{IB}} = \frac{I_{\text{BN}} + I_{\text{BP}}}{2} \qquad (3-39)$$

输入偏置电流是集成运算放大器的一个重要指标，其值越小，说明集成运算放大器受信号源内阻变化的影响也越小。

4. 输入失调电流 I_{IO}

输入失调电流是指当输出电压为零时，流入运算放大器的两个输入端的静态基极电流之差，即

$$I_{\text{IO}} = I_{\text{B1}} - I_{\text{B2}} \qquad (3-40)$$

它反映了运算放大器的不对称程度，所以希望它越小越好，其值约为 $1\text{nA} \sim 0.1\mu\text{A}$。

5. 最大差模输入电压 U_{IDmax}

最大差模输入电压 U_{IDmax} 表示集成运算放大器在工作时，反相输入端与同相输入端之间能够承受的最大电压。如果超过这一电压值，输入级电路中的管子将会损坏。

6. 最大共模输入电压 U_{ICmax}

最大共模输入电压 U_{ICmax} 表示集成运算放大器在工作时，输入端所能够承受的最大共模电压。运算放大器对共模信号的抑制，在共模输入电压范围内才存在。如果超过最大共模输入电压，运算放大器抑制共模信号的能力将大为下降，甚至损坏器件。

除了以上介绍的几种主要技术指标外，集成运算放大器还有很多其他指标，如差模输入电阻、共模抑制比、温度漂移等参数，使用时可以从手册上查到，这里不再叙述。

3.4.2 理想集成运算放大器的基本特点

1. 理想运算放大器的主要条件

（1）开环差模电压放大倍数 $A_{\text{od}} = \infty$；

（2）差模输入电阻 $r_{\text{id}} = \infty$；

（3）输出电阻 $r_{\text{od}} = 0$；

（4）共模抑制比 $K_{\text{CMR}} = \infty$；

（5）输入失调电压 $U_{\text{IO}} = 0$，输入失调电流 $I_{\text{IO}} = 0$；

（6）输入偏置电流 $I_{\text{IB}} = 0$。

2. 理想运算放大器的特点

尽管集成运算放大器的应用电路多种多样，但就其输出与输入关系特性（称为集成运算放大器的传输特性）来讲，集成运算放大器不是工作在线性区，就是工作在非线性区。

（1）理想运放在工作线性区的特点。

线性工作区是指输出电压 u_{o} 与输入电压 u_{i} 成正比时的输入电压范围。在线性工作区，集成运放 u_{o} 与 u_{i} 之间关系可表示为

$$u_{\text{o}} = A_{\text{od}} u_{\text{i}} = A_{\text{od}} (u_{+} - u_{-}) \qquad (3-41)$$

式中，A_{od} 为集成运放的开环差模电压放大倍数，u_{+} 和 u_{-} 分别为同相输入端和反相输入端电压。

在线性工作区，理想集成运算放大器具有以下重要特点：

由于输出电压 u_o 为有限值，对于理想运放 $A_{od} = \infty$，因而净输入电压 $u_+ - u_- \approx 0$，即：

$$u_+ \approx u_- \qquad\qquad (3-42)$$

这一特性称为理想运放输入端的"虚短"。"虚短"和"短路"是截然不同的两个概念，"虚短"的两点之间，仍然有电压，只是电压十分微小；而"短路"的两点之间，电压为零。

由于理想运放的输入电阻 $r_{id} = r_{ic} = \infty$，而加到集成运算放大器输入端的电压 $u_+ - u_-$ 为有限值，所以集成运算放大器两个输入端的电流：

$$i_+ = i_- \approx 0 \qquad\qquad (3-43)$$

这一特性称为理想运放输入端的"虚断"。同样，"虚断"和"断路"不同，"虚断"是指某一支路中的电流十分微小，而"断路"则表示某支路电流为零。

（2）运放工作在非线性工作区时的特点。

集成运算放大器的非线性工作区是指其输出电压 u_o 与输入电压 $u_+ - u_-$ 不成比例时的输入电压的取值范围。在非线性工作区，运放的输入信号超出了线性放大的范围，输出电压不再随输入电压线性变化，而是达到饱和，输出电压为正向饱和压降 U_{OH}（正向最大输出电压）或负向饱和压降 U_{OL}（负向最大输出电压），如图 3—16 所示。

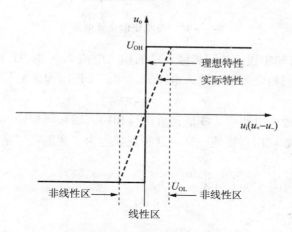

图 3—16　集成运放的传输特性

理想运放工作在非线性区时，由于 $r_{id} = r_{ic} = \infty$，而输入电压总是有限值，所以不论输入电压是差模信号还是共模信号，两个输入端的电流均为无穷小，即仍满足"虚断"条件：$i_+ = i_- \approx 0$。为使运放工作在非线性区，一般使运放工作在开环状态，也可外加正反馈。

3.5　集成运算放大器的线性应用

按照集成运算放大器应用电路中运算放大器工作区域的不同，可以将应用电路分为线性应用电路和非线性应用电路。当集成运算放大器通过外接电路引入深度负反馈时，集成运算放大器成闭环状态并且工作于线性区。典型线性应用电路包括模拟信号运算放大电路和有源滤波电路。

3.5.1 模拟信号运算放大电路

1. 比例运算放大电路

（1）反相比例放大电路。

反相比例运算电路也称为反相放大器，电路组成如图 3—17 所示。输入信号 u_i 通过电阻 R_1 加到运放的反相输入端，同相输入端经电阻 R_2 接地。在电路的输出端和反向输入端经反馈电阻 R_f 引入电压并联负反馈。图中的 R_2 是平衡电阻，用于消除失调电流、偏置电流带来的误差，一般取 $R_2 = R_1 // R_f$。

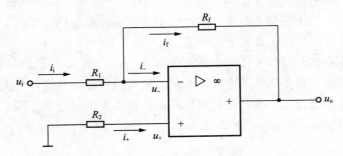

图 3—17　反相比例运算电路

根据"虚断"，可知集成运放同相输入端的输入电流 $i_+ = 0$，即平衡电阻 R_2 上没有电压降，则有集成运放同相输入端的输入电压 $u_+ = 0$。又根据"虚短"，可得

$$u_+ = u_- = 0 \tag{3-44}$$

上式说明在反相放大电路中，集成运放的反相输入端和同相输入端两点的电位不仅相等，而且均等于零，如同两点接地一样，这种现象称为"虚地"。"虚地"是反相放大电路的一个重要特定。

由于 $i_- = 0$，则由图 3—17 可见

$$i_i = i_f$$

即

$$\frac{u_i - u_-}{R_1} = \frac{u_- - u_o}{R_f}$$

由于 $u_- = 0$，因此可求得反相输入式放大电路的电压放大倍数为

$$A_{uf} = \frac{u_o}{u_i} = -\frac{R_f}{R_1} \tag{3-45}$$

上式表明，反相比例放大电路的输出电压与输入电压相位相反，大小成比例关系。比例系数（即电压放大倍数）等于外接电阻 R_f 与 R_1 的比值，显然与运放本身的参数无关。因此，只要选用不同的 R_f、R_1 电阻值，便可方便地改变放大倍数；只要保证 R_f、R_1 阻值稳定，就可保证反相比例放大电路放大倍数 A_{uf} 的稳定性。当 $R_f = R_1$ 时，$A_{uf} = -1$，即 $u_o = -u_i$，输出电压与输入电压大小相等，相位相反，此时的反相比例放大电路称为反相器。

因为反相比例放大电路的反相输入端"虚地"，显而易见，反相比例放大电路的输入电阻为 $R_{if}=R_1$。此外，由于"虚地"，加在集成运放输入端的共模电压近似为零，因此对运放的共模参数要求较低；由于引入电压负反馈，输出电阻小，所以带负载能力强；由于引入并联负反馈，输入电阻小，输入端要向信号源吸取一定的电流。

(2) 同相比例放大电路。

同相比例放大电路又称为同相放大器，其电路如图 3—18 所示。输入电压 u_i 经平衡电阻 R_2 接至电路的同相输入端，反相输入端经电阻 R_1 接地。为了保证引入的是负反馈，输出电压 u_o 经反馈电阻 R_f 仍接至反相输入端，引入的反馈极性为电压串联型。为了使反相输入端和同相输入端对地的电阻一致，平衡电阻 R_2 的阻值仍为 $R_1//R_f$。

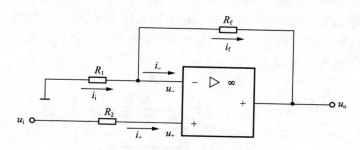

图 3—18　同相比例放大电路

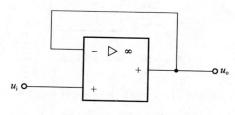

图 3—19　电压跟随器

根据"虚断"，可知集成运放同相输入端的输入电流 $i_+=0$，即平衡电阻 R_2 上没有电压降，则有 $u_+=u_i$。又根据"虚短"，可得

$$u_-=u_+=u_i$$

又由于 $i_-=0$，则有 $i_f=i_1$，所以有

$$u_-=\frac{R_1}{R_1+R_f}u_o$$

因此，可求得同相输入式放大电路的电压放大倍数为

$$A_{uf}=\frac{u_o}{u_i}=1+\frac{R_f}{R_1} \tag{3-46}$$

上式表明，同相比例放大电路的输出电压和输入电压相位相同，大小成比例关系。比例系数（即电压放大倍数）等于 $1+\dfrac{R_f}{R_1}$，与运放的参数无关。因此，只要选用不同的 R_f、R_1 电阻值，便可方便地改变放大倍数；只要保证 R_f、R_1 阻值稳定，就可保证同相比例放大电路放大倍数 A_{uf} 的稳定性。当反馈电阻 $R_f=0$（短路）或外接电阻 $R_1=\infty$（开路）时，

同相比例放大电路的放大倍数 $A_{uf}=1$，即 $u_o=u_i$，输出电压与输入电压大小相等，相位相同，此时的电路称为电压跟随器，电路如图 3—19 所示。此外，由于 $u_-=u_+=u_i$，在集成运放输入端存在共模输入电压，因此对运放的共模抑制比要求要高；由于引入电压负反馈，输出电阻小，所以带负载能力强；由于引入串联负反馈，输入电阻较高，可近似为无穷大。

2. 加法运算放大电路

用集成运算实现加法运算，即电路的输出信号为多个模拟输入信号的和。加法运算电路常用于电子测量和控制系统的相关电路中。

（1）反相求和电路。

反相求和电路如图 3—20 所示，图中有两个输入信号 u_{i1} 和 u_{i2}，分别经电阻 R_1 和 R_2 加在集成运算放大电路的反相输入端；为使集成运放工作在线性区，R_f 引入深度电压并联负反馈；R_3 为平衡电阻，$R_3=R_f/\!/R_1/\!/R_2$。

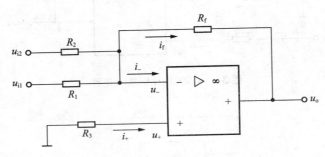

图 3—20　反相求和电路

根据图 3—20 可知电路的同相输入端为虚地，故有 $u_+=u_-=0$，则

$$\frac{u_{i1}}{R_1}+\frac{u_{i2}}{R_2}=-\frac{u_o}{R_f}$$

整理可得电路的输出电压与输入电压的关系为

$$u_o=-R_f\left(\frac{u_{i1}}{R_1}+\frac{u_{i2}}{R_2}\right) \tag{3-47}$$

如果选取 $R_1=R_2=R_f$，则电路的输出电压 $u_o=-(u_{i1}+u_{i2})$，实现了输出对输入的反相求和运算。反相求和运算电路的特点和反相比例运算电路相同。它可以十分方便地利用电路的输入电阻改变电路的比例关系。

（2）同相求和电路。

同相求和电路如图 3—21 所示，它是在同相比例放大电路的基础上，通过增加几条输入支路而构成的。一般应满足 $R_1/\!/R_f=R'_1/\!/R'_2/\!/R'_3/\!/R'$，在要求不高的场合也可以将同相端直接接地。$R_f$ 引入深度电压并联负反馈。

同相比例放大电路不存在"虚地"现象。分析电路时可以运用叠加原理，根据理想集成运算"虚短"和"虚断"的特点和图 3—21 所示电路可得

$$u_o=\left(1+\frac{R_f}{R_1}\right)\left(\frac{R_1/\!/R_f}{R'_1}u_{i1}+\frac{R_1/\!/R_f}{R'_2}u_{i2}+\frac{R_1/\!/R_f}{R'_3}u_{i3}\right) \tag{3-48}$$

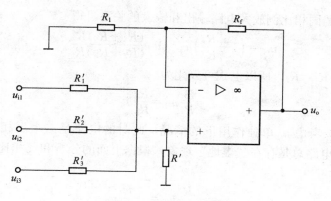

图 3—21 同相求和电路

可见，该电路实现了同相求和运算。同相求和电路的调节不如反相求和电路，而且它的共模输入信号比较大，因此同相求和运算电路的应用不是很广泛。

3. 减法运算放大电路

减法运算放大电路如图 3—22 所示。图中输入电压信号 u_{i1} 通过电阻 R_1 加到集成运放的反相输入端，输入电压信号 u_{i2} 通过电阻 R_2、R_3 分压后加到集成运放的同相输入端。输出信号通过反馈电阻 R_f 引入电压负反馈。为了保证输入端对地电阻平衡，从如图 3—22 所示电路中选取电阻 $R_1 = R_2$，$R_3 = R_f$。

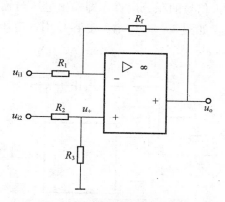

图 3—22 减法运算放大电路

实质上，如图 3—22 所示减法运算放大电路是由反相比例运算电路和同相比例运算电路组合而成，由于运算放大器工作在线性区，因此可以用叠加原理分析电路的输出信号和输入信号的关系。

首先令 $u_{i1} = 0$，只考虑 u_{i2} 单独作用下的情况，此时的电路是一个同相比例运算放大电路，由图 3—22 可得电路的同相输入端电位为

$$u_+ = u_{i2}\frac{R_3}{R_2 + R_3}$$

由"虚短"可得

$$u_- = u_+ = u_{i2}\frac{R_3}{R_2 + R_3}$$

根据前面讨论的同相比例放大电路输出和输入的关系可得

$$u_{o2}=\Big(1+\frac{R_f}{R_1}\Big)u_+=u_{i2}\frac{(R_1+R_f)R_3}{(R_2+R_3)R_1}$$

因为 $R_1=R_2$，$R_3=R_f$，所以上式可以化为

$$u_{o2}=\frac{R_3}{R_2}u_{i2}=\frac{R_f}{R_1}u_{i2}$$

再令 $u_{i2}=0$，只考虑 u_{i1} 单独作用下的情况，此时的电路是一个反相比例运算放大电路，反相运算放大电路总是存在"虚地"现象，根据上面的分析和反相比例运算电路的特点可得

$$u_{o1}=-\frac{R_3}{R_2}u_{i1}=-\frac{R_f}{R_1}u_{i1}$$

根据叠加原理可得

$$u_o=u_{o1}+u_{o2}=\frac{R_f}{R_1}(u_{i2}-u_{i1}) \tag{3-49}$$

如果 $R_1=R_f$，则有

$$u_o=\frac{R_f}{R_1}(u_{i2}-u_{i1})=u_{i2}-u_{i1} \tag{3-50}$$

由此可知，该电路实现了输出对输入的减法运算。

4. 积分运算放大电路

积分电路可以完成对输入信号的积分运算，即输出电压与输入电压的积分成正比。这里介绍常用的反相积分电路，如图 3—23 所示。电容 C 引入电压并联负反馈，运放工作在线性区。

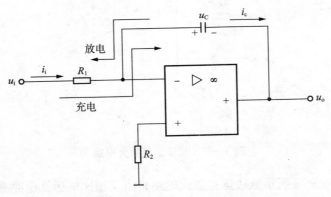

图 3—23 反相积分电路

根据理想运算放大器的"虚断"和"虚短"可得

$$i_i=i_c=\frac{u_i}{R_1}$$

$$i_c=C\frac{du_C}{dt}=-C\frac{du_o}{dt}$$

由上面的分析可得

$$u_o=-\frac{1}{CR_1}\int u_i dt \tag{3-51}$$

可见，输出电压 u_o 正比于输入电压 u_i 对时间的积分，其比例常数取决于积分时间常数 $\tau = CR_1$，式中的负号表示输出电压与输入电压相位相反。

5. 微分运算放大电路

微分是积分的逆运算，微分电路的输出电压是输入电压的微分，电路如图 3—24 所示。图中 R 引入电压并联负反馈，使运放工作在线性区。

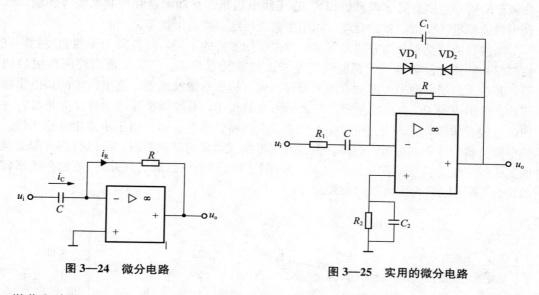

图 3—24　微分电路　　　　　　　　　图 3—25　实用的微分电路

微分电路属于反相输入电路，因此同样存在"虚地"现象，即 $u_- = u_+ = 0$，根据图 3—24 所示电路可得

$$i_C = C\frac{du_C}{dt} = C\frac{du_i}{dt}$$

并且满足

$$i_C = i_R = C\frac{du_i}{dt} = -\frac{u_o}{R}$$

故有

$$u_o = -RC\frac{du_i}{dt} \tag{3-52}$$

可见，输出电压 u_o 正比于输入电压 u_i 对时间的微分，其比例常数取决于积分时间常数 $\tau = CR$，式中的负号表示输出电压与输入电压相位相反。

上述微分电路存在如下缺点，一是由于输出电压与输入电压的变化率成正比，因此微分电路对输入信号中的高频噪声非常敏感，故此电路的抗干扰能力较差；二是由于 RC 形成一个滞后的移相环节，容易使电路产生自激振荡，使电路的稳定性变差；三是当输入信号发生突变时有可能超过集成运放允许的共模电压，使电路不能正常工作。

为了克服以上缺点，可采用如图 3—25 所示电路来解决。在输入回路中串入一个小电阻，以限制输入电流；在反馈回路并联一个具有一定稳压值的稳压管，以限制输出电压；在平衡电阻和反馈电阻两端各并联一个小电容，起相位补偿作用。

3.6 有源滤波器

滤波器的功能实质上是"选频"，即允许某一部分频率的信号顺利通过，而使另一部分频率的信号急剧衰减（即被滤掉）。在无线电通讯、自动测量和控制系统等领域，常常利用滤波器进行模拟信号的处理，如用于数据传送、抑制干扰等。

滤波器的种类和分类方法有很多，按照所用器件的不同，可以分为无源滤波器、有源滤波器和晶体滤波器等。无源滤波器是指由储能元器件 L、C 等无源器件所构成的滤波器；若在无源滤波器中再增加有源元器件，则可构成有源滤波器。这里讨论的是以集成运算放大器组成的 RC 有源滤波器。与无源滤波器相比，有源滤波器的主要优点是具有一定的信号放大和带负载能力，可以很方便地改变其特性参数；另外由于不使用电感元件，可减小滤波器的体积和重量。但是，由于通用型集成运放的带宽有限，所以目前有源滤波器的工作频率较低，一般在几千赫以下（采用特殊器件也可以做到几兆赫），而在频率较高的场合，采用 LC 无源滤波器效果较好。

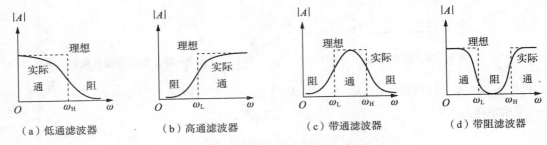

（a）低通滤波器　　　　（b）高通滤波器　　　　（c）带通滤波器　　　　（d）带阻滤波器

图 3—26　滤波器的理想特性和实际滤波器特性

根据滤波器工作信号频率范围的不同，滤波器可以分为低通滤波器（LPF）、高通滤波器（HPF）、带通滤波器（BPF）和带阻滤波器（BEF）。一般把允许通过的频率范围称为通带，而把受阻或衰减的频率范围称为阻带，通带和阻带的界限频率称为截止频率。滤波器的理想特性和实际滤波器特性如图 3—26 所示。

3.6.1 低通滤波器

理想的低通滤波器的幅频特性如图 3—26（a）所示，低于 ω_H 的低频信号通过，高于 ω_H 的高频信号则被抑制。

为了说明低通滤波的原理，先看一下最简单的无源 RC 低通滤波电路，如图 3—27 所示，它能使高频信号衰减的原因是电容 C 的容抗随信号的频率增加而减小，使输入 u_i 经滤波器处理后的 $|A_u| = |u_o / u_i|$ 值也随频率的增加而下降，直至降到零，所以频率越高 u_o 越小，而低频信号的衰减较小，易于通过，所以称为低通滤波电路。

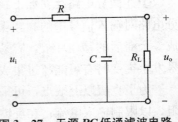

图 3—27　无源 RC 低通滤波电路

这种电路的突出问题是带负载能力差。为了克服这个缺点，可以在RC无源滤波电路和负载R_L之间接入一个由集成运放组成的电压跟随器，从而构成最简单的一阶有源低通滤波电路，如图3—28所示。有源滤波器是利用放大电路将经过无源滤波网络处理的信号进行放大，它不但可以保持原来的滤波特性（幅频特性），而且还可提供一定的信号增益。另外，运放将R_L与滤波网络隔离，使R_L变化时不会影响电路电压放大倍数与通频带的范围。

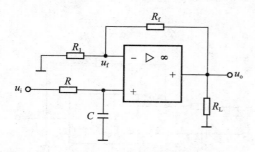

图3—28　一阶有源低通滤波电路

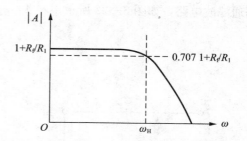

图3—29　低通有源滤波器的幅频特性

根据运算放大电路的"虚短"和"虚断"特点，如图3—28所示电路的输出电压和输入电压满足的关系为

$$A = \frac{u_o}{u_i} = \left(1 + \frac{R_f}{R_1}\right)\frac{1}{1 + j\omega RC} = \frac{A_0}{1 + j\dfrac{\omega}{\omega_H}} \tag{3-53}$$

式中，$A_0 = 1 + \dfrac{R_f}{R_1}$为通带电压放大倍数，$\omega_H = \dfrac{1}{RC}$为截止频率。由上式可以画出该低通有源滤波器的幅频特性，如图3—29所示。低通滤波器的通带电压放大倍数是当工作频率趋于零时，输出电压与输入电压之比，截止频率为低通滤波器的电压放大倍数下降到最大值的0.707（或$1/\sqrt{2}$）时对应的频率。

一阶有源低通滤波器电路结构简单，其滤波特性和理想低通滤波器相比相差很大。为使低通滤波器的滤波特性更接近理想情况，常采用二阶低通滤波器。常用的二阶低通滤波电路是在一阶低通滤波电路基础上改进的，如图3—30所示，将RC无源滤波网络由一阶改为两阶，同时将第一级RC电路的电容不直接接地，而接在运放输出端，引入反馈以改善截止频率附近的幅频特性。

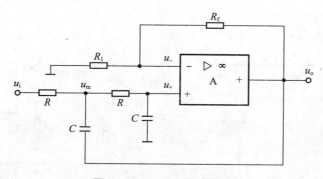

图3—30　二阶低通滤波器

3.6.2 高通滤波器

理想高通滤波器的幅频特性如图 3—26（b）所示，它表明高于 ω_L 的高频信号允许通过，低于 ω_L 的低频信号则被抑制。简单的无源高通滤波电路如图 3—31 所示，对于低频信号，由于电容 C 的容抗很大，输出电压很小；随着频率的增加，电容的容抗下降，R_L 的分压比增大，输出电压 u_o 升高。在无源高通滤波器的基础上，加上集成运放，就得到有源高通滤波电路，如图 3—32 所示。

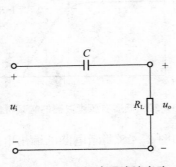

图 3—31 无源高通滤波电路

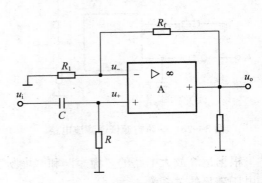

图 3—32 一阶有源高通滤波电路

由图 3—32 可知，电容 C 的容抗随频率的升高而减小，因此，这两个电路的电压放大倍数随频率的升高而增大。当频率很低时，容抗可视为无穷大，作开路处理，电压放大倍数为零。当频率升至一定值时，电容的容抗可视为零。

该一阶有源高通滤波电路输出电压与输入电压的关系为

$$A=\frac{u_o}{u_i}=\left(1+\frac{R_f}{R_1}\right)\frac{1}{1-j\dfrac{\omega_L}{\omega}}=\frac{A_0}{1-j\dfrac{\omega_L}{\omega}} \tag{3-54}$$

式中，$A_0=1+\dfrac{R_f}{R_1}$ 为通带电压放大倍数，$\omega_L=\dfrac{1}{RC}$ 为截止频率。由上式可以画出该有源高通滤波电路的幅频特性，如图 3—33 所示。与低通滤波电路类似，一阶电路在低频处衰减较慢，为使其幅频特性更接近于理想特性，可再增加一级 RC 组成二阶高通滤波电路，如图 3—34 所示。

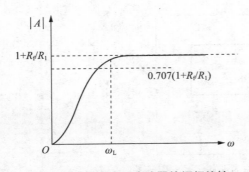

图 3—33 有源高通滤波器的幅频特性

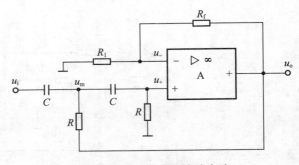

图 3—34 二阶高通滤波电路

3.6.3 带通和带阻滤波器

带通滤波器常用于抗干扰设备中，以便接收某一频带范围内的有用信号，而消除高频段和低频段的干扰和噪声；而带阻滤波器也常用于抗干扰设备中阻止某一频带内的干扰和噪声信号通过。带通滤波器的理想幅频特性如图 3—26（c）所示，频率在 $\omega_L < \omega < \omega_H$ 的信号可以通过，而在这范围外的信号则被阻断。带阻滤波器的幅频特性如图 3—26（d）所示，频率在 $\omega_L < \omega < \omega_H$ 的信号被阻断，而在这频率范围之外的信号都能通过。

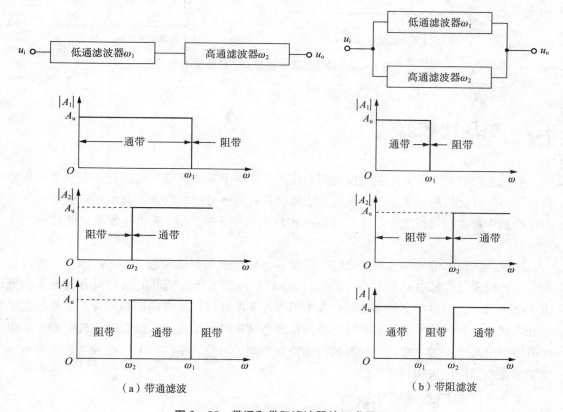

（a）带通滤波　　　　　　　　　　　（b）带阻滤波

图 3—35　带通和带阻滤波器的组成原理

将截止频率为 ω_1 的低通滤波器和截止频率为 ω_2 的高通滤波器进行不同的组合，就可以得到带通滤波器和带阻滤波器。将一个低通滤波器和一个高通滤波器串联连接即可组成带通滤波器，故必须有 $\omega_1 > \omega_2$，如图 3—35（a）所示。此时，在低频时的幅频特性取决于高通滤波器，而在高频时的幅频特性取决于低频滤波器。这样组成的带通滤波器，其通频带较宽，上、下限截止频率易于调节，但缺点是元件较多。一个低通滤波器和一个高通滤波器并联连接组成带阻滤波器，故必须有 $\omega_1 < \omega_2$，如图 3—35（b）所示。但是有源滤波器并联比较困难，电路元件也较多。因此，常用无源的低通和高通滤波器并联，组成无源带阻滤波器，再将它与集成运放组合成有源带阻滤波器。带通滤波和带阻滤波的典型电路如图 3—36 所示。

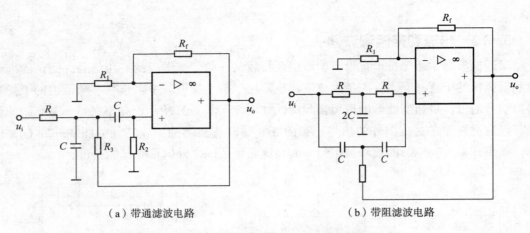

（a）带通滤波电路　　　　　　　　　　　（b）带阻滤波电路

图 3—36　带通滤波和带阻滤波的典型电路

3.7　电压比较器

电压比较器是一种常用的模拟处理电路。它将一个模拟量输入电压与一个参考电压进行比较，并将比较的结果输出。比较器的输出只有两种可能的状态：高电平或低电平。在自动控制和自动测量系统中，常常将电压比较器应用于模/数转换和各种非正弦波的产生和变换等。

比较器的输入信号是连续变化的模拟量，而输出信号是数值量 1 或 0，因此，可以认为电压比较器是模拟电路和数字电路的"接口"。由于电压比较器的输出只有高电平和低电平两种状态，所以其中的集成运放常常工作在非线性区。从电路结构来看，运放经常处于开环状态，有时为了使输入、输出特性在状态转换时更加快速，以提高比较的精度，也在电路中引入正反馈。根据比较器的传输特性不同，可分为单门限电压比较器、迟滞电压比较器和双门限电压比较器等。

3.7.1　单门限电压比较器

单门限电压比较器是指只有一个门限电压的比较器。当输入电压等于门限电压时，电压比较器输出端的状态发生跳变。电压比较器输出电压由一种状态跳变为另一种状态时，所对应的输入电压通常称为阈值电压或门限电压，用 U_{TH} 表示。

如图 3—37（a）所示为单门限电压比较器电路组成图。当输入电压信号 u_i 接在运算放大电路的反相输入端，基准电压 u_R 接在运放的同相输入端时，单门限电压比较器的阈值电压 $U_{\text{TH}}=u_R$。根据理想运放工作在非线性区的特点，当 $u_i>u_R$ 时，即 $u_->u_+$，则 $u_o=-u_{\text{OH}}$；当 $u_i<u_R$ 时，则 $u_o=+u_{\text{OH}}$。其对应的电压传输特性如图 3—37（b）所示。实际应用中，输入电压信号 u_i 也可以接在运算放大电路的同相输入端，基准电压 u_R 接在运放的反相输入端，对应的电路工作特性也随之改变，当 $u_i<u_R$ 时，则 $u_o=-u_{\text{OH}}$；当 $u_i>u_R$ 时，则 $u_o=+u_{\text{OH}}$。

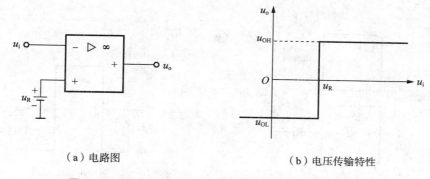

（a）电路图　　　　　　　　　　　（b）电压传输特性

图 3—37　单门限电压比较器的电路组成及电压传输特性

当单门限电压比较器的基准电压 $u_R=0$，即运放反相输入端接地，则比较器的阈值电压 $U_{TH}=0$。这种单门限电压比较器也称为过零比较器，其电路组成如图 3—38（a）所示。利用过零比较器可以将正弦波变为方波，其输入、输出波形如图 3—38（b）所示。

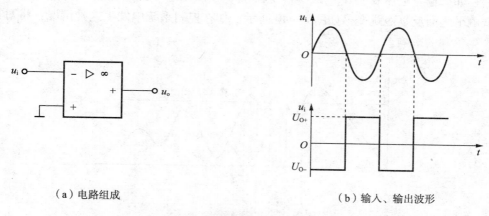

（a）电路组成　　　　　　　　　　　（b）输入、输出波形

图 3—38　简单过零比较器的电路和输入、输出波形

3.7.2　双门限电压比较器

上述的单门限电压比较器只能检测一个电平，若要检测输入电压信号 u_i 是否处于 u_1 和 u_2 两个电平之间，则需采用双限电压比较器，又称窗口比较器。双门限电压比较器常用于工业控制系统中，当被监测的对象（如温度、液位等）超出要求的范围时，便可发出指示信号。

如图 3—39（a）所示是双门限电压比较器的基本电路，电路中的 u_1 和 u_2 为两个参考电压，且 $u_1>u_2$。u_i 为外加的模拟输入信号：当 $u_i>u_1>u_2$ 时，运放 A_1 输出为 $-u_{OL}$，A_2 输出为 $+u_{OH}$，故二极管 VD_1 导通，VD_2 截止，u_o 则近似等于 $-u_{OL}$；当 $u_i<u_2<u_1$ 时，运放 A_1 输出为 $+u_{OH}$，A_2 输出为 $-u_{OL}$，二极管 VD_1 截止，VD_2 导通，u_o 也近似等于 $-u_{OL}$；只有当 $u_2<u_i<u_1$ 时，A_1 和 A_2 的输出均为 $+u_{OH}$，二极管 VD_1、VD_2 都截止，u_o 为 $+u_{OH}$。其电压传输特性如图 3—39（b）所示。

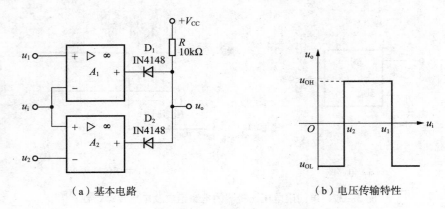

（a）基本电路　　　　　　　（b）电压传输特性

图 3—39　双门限电压比较器

3.7.3　迟滞电压比较器

前面介绍的电压比较器具有电路简单、灵敏度高等优点，但存在的主要问题是抗干扰能力差。如果输入电压受到干扰或噪声的影响，在门限电平上下波动，则输出电压将在高、低电平之间反复地跳变，如图 3—40 所示。如在控制系统中发生这种情况，将对执行机构产生不利的影响。

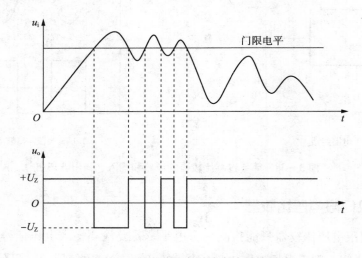

图 3—40　干扰和噪声对输出波形的影响

为了解决以上问题，可采用具有迟滞特性的电压比较器。迟滞电压比较器又名施密特触发器，其电路如图 3—41（a）所示。

输入电压 u_i 经电阻 R_1 加在集成运放的反相输入端，参考电压 U_{REF} 经电阻 R_2 接在同相输入端，此外从输出端通过电阻 R_f 引回反馈，引入的反馈类型为电压串联正反馈。因此同相输入端的电压 u_+ 是由参考电压 U_{REF} 和输出电压 u_o 共同决定的，u_o 有 $-U_z$ 和 $+U_z$ 两个状态。在输出电压发生翻转的瞬间，运放的两个输入端的电压非常接近，即 $u_- = u_+$。因此可用叠加原理来分析它的两个输入触发电平：

电路输出正饱和电压时，得上限门限电平 U_{TH1}

$$U_{TH1} = U_{REF}\frac{R_f}{R_2 + R_f} + U_z\frac{R_2}{R_2 + R_f}$$

电路输出负饱和电压时，可得下限门限电平 U_{TH2}

$$U_{TH2} = U_{REF}\frac{R_f}{R_2 + R_f} - U_z\frac{R_2}{R_2 + R_f}$$

假设开始时 u_i 足够低，电路输出正饱和电压 $+U_z$，此时运放同相端对地电压等于 U_{TH1}。逐渐增大输入信号 u_i，当 u_i 刚超过上限门限电压 U_{TH1} 时，电路立即翻转，输出由 $+U_z$ 翻转到 $-U_z$。如继续增大 u_i，输出电压保持 $-U_z$ 不变。对应的传输特性如图 3—41（b）所示。

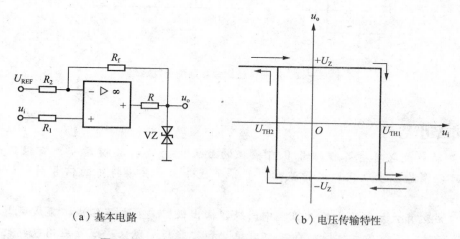

（a）基本电路　　　　　　　　　　　（b）电压传输特性

图 3—41　迟滞电压比较器的电路及电压传输特性

此时如果 u_i 开始下降，运放同相端对地电压等于 U_{TH2}。因此当 u_i 减小到 U_{TH1}，输出仍不会翻转。只有当 u_i 降至 U_{TH2} 时，输出才发生翻转，由 $-U_z$ 回到 $+U_z$，u_i 重新增大到 U_{TH1}。对应的传输特性如图 3—41（b）所示。从特性曲线上可以看出，当 u_i 从小于 U_{TH2} 逐渐增大到超过 U_{TH1} 门限电平时，电路翻转为 $-U_z$；当 u_i 从大于 U_{TH1} 逐渐减小到小于 U_{TH2} 门限电平时，电路再次翻转为 $+U_z$；而 u_i 处于 U_{TH1} 和 U_{TH2} 之间时，电路输出保持原状态。

我们把两个门限电平的差值称为回差电压 ΔU_{TH}

$$\Delta U_{TH} = U_{TH1} - U_{TH2} = 2U_z\frac{R_2}{R_2 + R_f} \tag{3-55}$$

可见，门限宽度取决于稳压管的稳压电压 U_z 和电阻 R_2 和 R_f 的值，而与参考电压 U_{REF} 无关。改变 U_{REF} 的大小可以同时调节两个门限电压 U_{TH1} 和 U_{TH2} 的大小，但二者之差不变，即迟滞曲线的宽度保持不变。

迟滞电压比较器用于控制系统时主要优点是抗干扰能力强。当输入信号受噪声或其他干扰的影响而上下波动时，只要根据干扰或噪声电平适当调整迟滞电压比较器两个门限电平 U_{TH1} 和 U_{TH2} 的值，就可以避免比较器的输出电压在高、低电平之间反复跳变。回差电压的存在，可大大提高电路的抗干扰能力，避免了干扰和噪声信号对电路的影响。消除干扰的原理如图 3—42 所示。

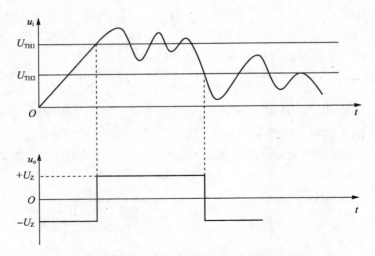

图 3—42　迟滞电压比较器消除干扰原理

本章小结

1. 差动放大电路对差模信号具有较强的放大能力，对共模信号具有很强的抑制作用，可以消除温度变化、电源波动、外界干扰等具有共模特征的信号引起的输出误差电压。

2. 集成运算放大电路由输入级、中间级、输出级、偏置电路组成。集成运算放大电路闭环运行时，工作在线性区，存在"虚短"和"虚断"现象。线性应用包括比例、加法、减法、积分和微分等多种运算电路。

3. 有源滤波器是一种重要的信号处理电路，它可以突出有用频段的信号，衰减无用频段的信号，抑制干扰和噪声信号，达到选频和提高信噪比的目的。实际使用时，应根据具体情况选择低通、高通、带通或带阻滤波器，并确定滤波器的具体形式。

4. 比较器是一种能够比较两个模拟量大小的电路。滞回比较器具有回差特性，它是运放非线性工作状态的典型应用。

5. 集成运算放大电路在使用前必须进行测试，使用中应注意电参数和极限参数要符合电路要求，同时还应注意集成运放的调零、保护及相位补偿问题。

技能实训

实训一　集成运算放大电路功能测试

1. 实训目的

(1) 了解集成运算放大电路的测试和使用方法。

(2) 熟悉由集成运算放大电路构成的各种运算电路的特点、性能和测试方法。

2. 实训器材

实训器材包括直流稳压电源、低频信号发生器、示波器、万用表、毫伏表、实验线路板和各种元器件，元器件见表3—2。

表 3—2　　　　　　　　　　　　　　　　　　　　元器件表

名　称	参　数	名　称	参　数
电阻 R_1	10kΩ	电阻 R_2	10kΩ
电阻 R_{f1}	100kΩ	电阻 R_{f2}	10kΩ
电阻 R_3	3.3kΩ	电阻 R_4	10kΩ
集成运放 IC	μA741		

3. 实训内容

（1）检测集成运放。

①检查外观、型号是否与要求相符，引脚有无缺少或断裂及封装有无损坏痕迹等。

②按图 3—43 所示接线，确定集成运放的好坏。

③将 3 脚与地短接（使输入电压为零），用万用表直流电压挡测量输出电压 u_o 应为零，然后接入 $u_i=5V$，测得输出电压 u_o 为 5V，则说明该器件是好的。

④在接线可靠的条件下，若测得 u_o 始终等于 9V 或 −9V，则说明该器件已损坏。

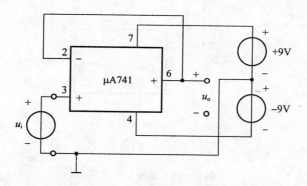

图 3—43　集成运放好坏判别电路

（2）验证反相比例关系。

①在实验线路板上，用 μA741 运算放大电路连接成如图 3—44 所示电路。

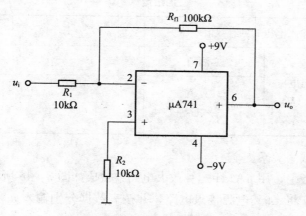

图 3—44　反相比例运算放大电路

②检查无误后，将±9V电源接入电路，并按表数据分别输入 u_i，用毫伏表测出此时电路输出电压 u_o 的值，填入表 3—3 中。

表 3—3　　　　　　　　　　　　　　　　　　　反相比例运算

电路参数		输入电压 u_i（有效值）（V）		1.0	0.8	0.6	0.3	0.0	−0.3	−0.6	−0.8	−1.0
R_{f1}	100k	输出电压 u_o（V）	实测值									
R_1	10k											
$\dfrac{R_{f1}}{R_1}$	10		计算值 $u_o=-\dfrac{R_{f1}}{R_1}u_i$									

（3）验证比例加法关系。

①实验线路板上，用 μA741 运算放大电路连接成如图 3—45 所示电路。

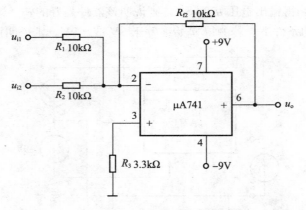

图 3—45　加法运算电路

②检查无误后，将±9V电源接入电路，并按表数据分别输入 u_i，用毫伏表测出此时电路输出电压 u_o 的值，填入表 3—4 中。

表 3—4　　　　　　　　　　　　　　　　　　　加法运算

电路参数		输入电压 u_i（有效值）（V）		$U_{i1}=1V$	$U_{i2}=0.5V$
R_{i2}	10k	输出电压 u_o（V）	实测值		
$R_1=R_2$	10k		计算值 $u_o=-\dfrac{R_{f1}}{R_1}(U_{i1}+U_{i2})$		
R_3	3.3k				

（4）验证比例减法关系。

①在实验线路板上，用 μA741 运算放大电路连接成如图 3—46 所示电路。

②检查无误后，将±9V电源接入电路，并按表数据分别输入 u_i，用毫伏表测出此时电路输出电压 u_o 的值，填入表 3—5 中。

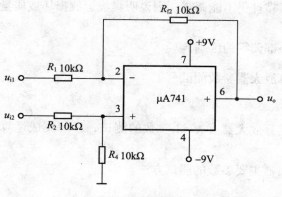

图 3—46 减法运算电路

表 3—5 减法运算

电路参数		输入电压 u_i（有效值）（V）	$U_{i2}=0.6V$	$U_{i1}=0.4V$	$U_{i2}=1V$	$U_{i1}=0.4V$
R_{i2}	10k	实测值				
R_1	10k	输出电压 u_o（V） 计算值				
$R_2=R_3$	10k	$u_o=\dfrac{R_{f1}}{R_1}(U_{i2}-U_{i1})$				

4. 实训报告

（1）整理反相比例、加法和减法运算电路测试数据，分析测试结果，并分析产生误差的原因。

（2）总结集成运放的使用方法。

（3）说明实验中遇到的问题及解决办法。

5. 注意事项

（1）集成运放在外接电路时，特别要注意正、负电源端，输出端及同相、反相输入端的位置。

（2）集成运放的输出端应避免与地、正电源、负电源短接，以免器件损坏。输出端所接负载电阻也不易过小，其值应使集成运放输出电流小于其最大允许输出电流，否则有可能损坏器件或使输出波形变差。

（3）注意集成运放输入信号源应为集成运放提供直流通路。

（4）电源电压应按器件使用要求，先调整好直流电源输出电压，然后接入集成运放电路，且接入电路时必须注意极性，绝不能接反，否则器件容易受到损坏。

（5）装接集成运放电路或改接、插拔器件时，必须断开电源，否则器件容易受到极大的感应或电冲击而损坏。

（6）集成运放调零电位器应采用工作稳定、线性度好的多圈线绕电位器。

（7）集成运放的电路设计中应尽量保证两输入端的外接直流电阻相等，以减小失调电流、失调电压的影响。

（8）调零时需注意：调零必须在闭环条件下进行；输出端电压应用小量程电压挡测量；若调零电位器输出电压不能达到零值或输出电压不变，则应检查电路接线是否正确。

若经检查接线正确、可靠且仍不能调零，则说明集成运放损坏或质量有问题。

6. 思考题

分析内部调零和外部调零的区别。

实训二　集成运算放大器参数测试

1. 实训目的

(1) 通过对集成运算放大器 $\mu A741$ 参数的测试，了解集成运算放大器组件主要参数的定义和表示方法。

(2) 掌握运算放大器主要参数的测试方法。

2. 实训器材

实训器材包括模拟电路实验箱、信号发生器、双踪示波器、交流毫伏表、数字万用表、集成运算放大器 $\mu A741 \times 1$、电阻器 $51\Omega \times 2$、$5.1k\Omega \times 2$、$1k\Omega \times 2$、$2k\Omega \times 2$、$10k\Omega \times 2$、$100k\Omega \times 2$，电解电容器 $100\mu F \times 1$。

3. 实训内容

(1) 测量输入失调电压 U_{IO}。

按图 3—47 所示连接实验电路，闭合开关 K_1、K_2，用直流电压表测量输出电压 U_{O1}，并计算 U_{IO}，填入表 3—6 中。

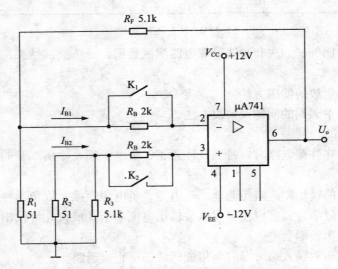

图 3—47　失调测试电路

(2) 测量输入失调电流 I_{IO}。

实验电路如图 3—47 所示，打开 K_1，K_2，用直流电压表测量 U_{O2}，计算 I_{IO}。记入表 3—6 中。

(3) 测量开环差模电压放大倍数 A_{od}。

按图 3—48 所示连接实验电路，运放输入端加频率 100Hz，大小约为 $30 \sim 50mV$ 的正弦信号作为 U_i，用示波器监视输出波形。用交流毫伏表测量 U_o 和 U_i，并计算 A_{od}，填入表 3—6 中。

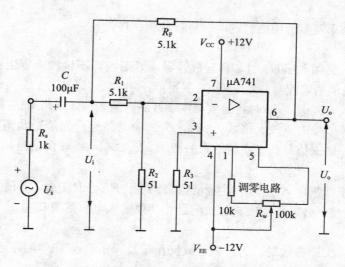

图 3—48　开环差模电压放大倍数的测试电路

（4）测量共模抑制比 K_{CMR}。

按图 3—49 所示连接实验电路，运放输入端加 $f=100\text{Hz}$，$U_{ic}=1\sim2\text{V}$ 正弦信号，监视输出波形。测量 U_{oc} 和 U_{ic}，计算 A_d、A_C 及 K_{CMR}，记入表 3—6 中。

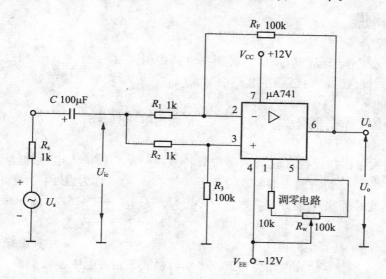

图 3—49　共模抑制比 KCMR 的测试电路

表 3—6　　　　　　　　　　　　　　　　　　实验数据

U_{IO}（mV）		I_{IO}（nA）		A_{od}		K_{CMR}	
实测值	典型值	实测值	典型值	实测值	典型值	实测值	典型值

4．实训报告

（1）将所有测得的数据与典型值进行比较。

（2）对实验结果及实验中碰到的问题进行分析、讨论。

5. 注意事项

（1）测量输入失调电压 U_{IO} 时，将运放调零端开路（即不接入调零电路）；电阻 R_1 和 R_2，R_3 和 R_F 的阻值精确配对。

（2）测量输入失调电流 I_{IO} 时将运放调零端开路；两端输入电阻 R_B 应精确配对。

（3）测量开环差模电压放大倍数 A_{od} 时，测试前电路应首先消振及调零；被测运放要工作在线性状态；输入信号频率应较低，一般用 $50 \sim 100\,Hz$；输出信号幅度应较小，而且无明显失真。

（4）测量共模抑制比 K_{CMR} 时，注意消振与调零；R_1 与 R_2、R_3 与 R_F 之间阻值严格对称；输入信号 U_{ic} 幅度必须小于集成运放的最大共模输入电压范围 U_{ICM}。

6. 思考题

（1）测量输入失调参数时，为什么运放反相端及同相输入端的电阻要精选，以保证严格对称？

（2）测量输入失调参数时，为什么要将调零端开路，而在进行其他测试时，则要求对输出电压进行调零？

（3）测试信号的频率选取的原则是什么？

本章自测题

一、填空题

1. 集成运放工作于线性应用时，必须在电路中引入（　　　　　　　）反馈；集成运放若工作在非线性区时，则必须在电路中引入（　　　　　）反馈或处于（　　　　　　）状态。

2. 集成运放工作在非线性区的特点：一是输出电压只具有（　　　　）种状态，二是其净输入电流约等于（　　　　　）。

3. 理想运放工作在线性区时有两个重要特点：一是差模输入电压约等于（　　　　），称为（　　　　　）；二是两输入端电流约等于（　　　　），称为虚断。

4. 集成运放的理想化条件是：$A_{u0} = $（　　　　　），$r_i = $（　　　　　），$r_o = $（　　　　），$K_{CMR} = $（　　　　）。

5. （　　　）运算电路可实现 $A_u > 1$ 的放大器，（　　　　　）运算电路可实现 $A_u < 0$ 的放大器，（　　　　）运算电路可将方波电压转换成三角波电压。

6. （　　　）门限电压比较器的基准电压 $U_R = 0$ 时，输入电压每经过一次零值，输出电压就要产生一次跳变，这时的比较器称为（　　　　）比较器。

7. （　　　　）比较器的电压传输过程中具有回差特性。

8. "虚地"是（　　　　）输入电路的特殊情况。

二、选择题

1. 集成运放的输出级一般采用（　　）。

A. 共基极电路　　　B. 阻容耦合电路　　　C. 互补对称电路

2. 集成运放的中间级主要是提供电压增益，所以多采用（　　）。

A. 共集电极电路　　　B. 共射极电路　　　C. 共基极电路

3. 集成运放的输入级采用差分电路，是因为（　　　）。

A. 输入电阻高　　　　B. 差模增益大　　　　C. 温度漂移小

4. 集成运放一般分为两个工作区，它们分别是（　　　）。

A. 正反馈与负反馈　　B. 线性与非线性　　　C. 虚断和虚短

5. 集成运放中的偏置电路，一般是电流源电路，其主要作用是（　　　）。

A. 电流放大　　　　　B. 恒流作用　　　　　C. 交流传输

6. 集成运放的线性应用存在（　　　）现象，非线性应用存在（　　　）现象。

A. 虚短　　　　　　　B. 虚断　　　　　　　C. 虚断和虚短

7. 各种电压比较器的输出状态只有（　　　）。

A. 一种　　　　　　　B. 两种　　　　　　　C. 三种

8. 由运放组成的电路中，工作在非线性状态的电路是（　　　）。

A. 反相放大器　　　　B. 积分运算器　　　　C. 电压比较器

9. 理想运放的开环增益 A_{u0} 为（　　　），输入电阻为（　　　），输出电阻为（　　　）。

A. ∞　　　　　　　B. 0　　　　　　　　C. 不定

三、判断题

1. 电压比较器的输出电压只有两种数值。（　　　）

2. "虚短"就是两点并不真正短接，但具有近似相等的电位。（　　　）

3. 运放的共模抑制比 K_{CMR} 越高，承受共模电压的能力越强。（　　　）

4. 同相输入和反相输入的运放电路都存在"虚地"现象。（　　　）

5. 理想运放构成的线性应用电路，电压增益与运放内部的参数无关。（　　　）

6. 单门限比较器的输出只有一种状态。（　　　）

7. 集成运放使用时不接反馈环节，电路中的电压增益称为开环电压增益。（　　　）

8. 积分运算电路输入为方波时，输出是尖脉冲波。（　　　）

9. 集成运放不但能处理交流信号，也能处理直流信号。（　　　）

四、简答题

1. 通用型集成运算放大器一般由哪几个部分组成？每一部分常采用哪种基本电路？对每一基本电路又有何要求？

2. 理想运放的基本特征是什么？理想运放工作在线性和非线性各有哪些特征？什么是"虚短"、"虚断"、"虚地"？

3. 两块集成运算放大器分别接入电路中进行测试，输入端按要求没有输入信号电压，而是使两端悬空，测量时发现输出电压不为零，总是在正负电源电压间摆动，调整调零电位器也不起作用，请问这两块运放是否都已损坏，为什么？

4. 集成运放中为什么要采用有源负载？它有什么优点？

5. 在下列情况下，应选用何种类型的集成运放，为什么？

（1）作为一般交流放大电路；

（2）高阻信号源（$R_s = 10\text{M}\Omega$）的放大电路；

（3）微弱电信号（$u_s = 10\mu\text{V}$）的放大器；

（4）变化频率高，幅值较大的输入放大器。

1. 如图 3—50 所示是集成运放 BG303 偏置电路的示意图，已知 $\pm U_{CC}=\pm 15V$，外接偏置电阻 $R=1M\Omega$，设三极管的 β 值均足够大，试估算基准电流 I_{REF} 以及输入级放大管的电流 I_{C1} 和 I_{C2}。

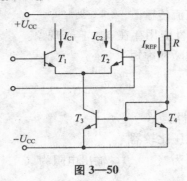
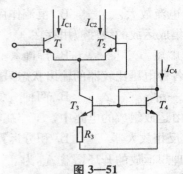

图 3—50   图 3—51

2. 如图 3—51 所示是某集成运放偏置电路的示意图，已知 $I_{C4}=0.55mA$，若要求 $I_{C1}=I_{C2}=12\mu A$，试估算电阻 R_3 应为多大？设三极管的 β 均足够大。

3. 如图 3—52 所示是一理想运放电路，试求下列几种情况中 u_o 和 u_i 的关系。

(1) S_1 和 S_3 闭合，S_2 断开；

(2) S_1 和 S_2 闭合，S_3 断开；

(3) S_1 和 S_3 闭合，S_2 断开；

(4) S_1、S_2、S_3 都闭合。

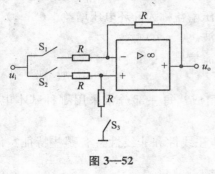
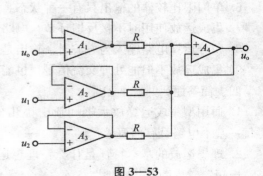

图 3—52   图 3—53

4. 设图 3—53 中的运放是理想的，求输出电压的表达式。

5. 用运放设计一个同相加法器，使其输出为 $u_o=6u_1+4u_2$。

6. 设计一个比例运算电路，要求输入电阻 $R_i=20k\Omega$，比例系数为 -100。

7. 电路如图 3—54 所示，试求：

(1) 输入电阻；

(2) 比例系数。

8. 电路如图 3—55 所示，集成运放输出电压的最大幅值为 $\pm 14V$，u_1 为 2V 的直流信号。分别求下列各种情况下的输出电压。

(1) R_2 短路；

（2）R_3 短路；

（3）R_4 短路；

（4）R_4 断路。

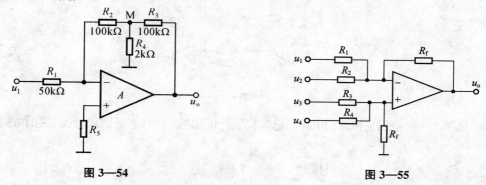

图 3—54   图 3—55

9. 求图 3—55 电路的输出电压 u_o。假定运放是理想的，且 $R_1 = R_3$，$R_2 = R_4$。

10. 试求图 3—56 所示各电路输出电压与输入电压的运算关系式。

11. 在如图 3—56 所示各电路中，集成运放的共模信号分别为多少？要求写出表达式。

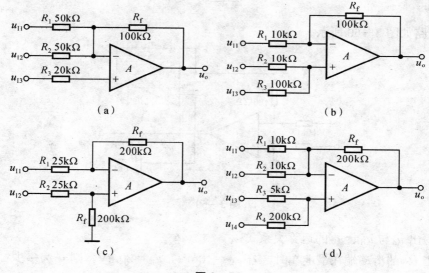

图 3—56

12. 如图 3—57 所示运放 A_1 和 A_2 是理想的。试求 u_o 与 u_i 的函数关系，并说明该电路的功能。

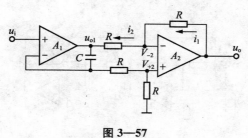

图 3—57

13. 要使如图 3—58 所示电路完成差动积分功能，电路中各电阻应满足什么条件？

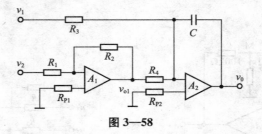

图 3—58

14. 如图 3—59 所示为恒流源电路，已知稳压管工作在稳压状态，试求负载电阻中的电流。

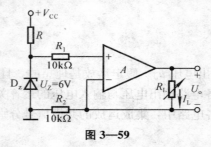

图 3—59

15. 电路如图 3—60 所示。

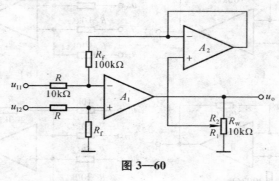

图 3—60

(1) 写出 u_o 与 u_{I1}、u_{I2} 的运算关系式；

(2) 当 R_w 的滑动端在最上端时，若 $u_{I1}=10\text{mV}$，$u_{I2}=20\text{mV}$，则 u_o 为多少？

(3) 若 u_o 的最大幅值为 $\pm14\text{V}$，输入电压最大值 $u_{I1max}=10\text{mV}$，$u_{I2max}=20\text{mV}$，最小值均为 0V，则为了保证集成运放工作在线性区，R_2 的最大值为多少？

16. 求图 3—61 反相负反馈运放的输入电阻 R_i，并对运放 A_2 的作用和对电路中电阻值的限制作出分析。

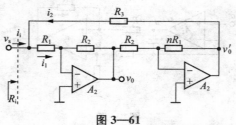

图 3—61

17. 分别求解如图 3—62 所示各电路的运算关系。

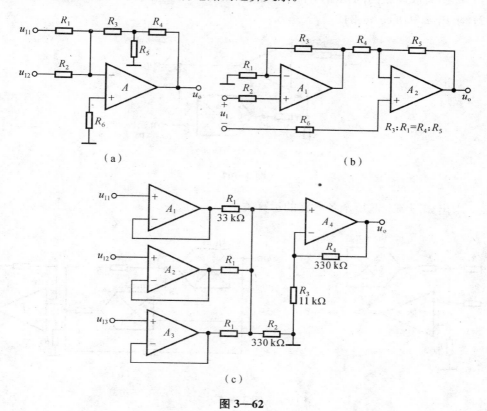

（a）

（b）

$R_3:R_1=R_4:R_5$

（c）

图 3—62

18. 试分别求解如图 3—63 所示各电路的运算关系。

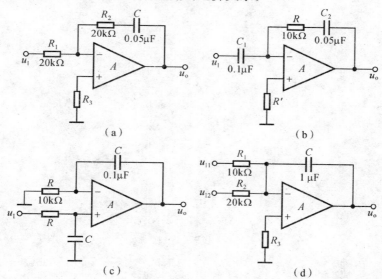

（a）

（b）

（c）

（d）

图 3—63

19. 为了使如图 3—64 所示电路实现除法运算，

(1) 标出集成运放的同相输入端和反相输入端；

(2) 求出 u_o 和 u_{I1}、u_{I2} 的运算关系式。

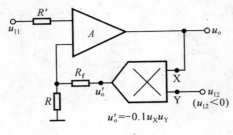

图 3—64

20. 求出如图 3—65 所示各电路的运算关系。

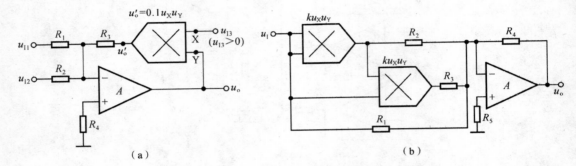

（a）

（b）

图 3—65

第 4 章

反馈放大电路

电子设备中的放大电路，通常要求其放大倍数非常稳定，输入输出电阻的大小、通频带以及波形失真等都应满足实际使用的要求。为了改善放大电路的性能，就需要在放大电路中引入负反馈。

 学习目标

1. 掌握反馈的基本概念及负反馈放大电路的类型。
2. 掌握负反馈放大电路的分析方法。
3. 理解负反馈对放大电路性能的影响。
4. 理解负反馈放大电路的稳定性问题。

4.1 反馈的基本概念

4.1.1 反馈的基本概念

1. 什么是反馈

在基本放大电路中，把放大电路的输出信号（电压或电流）的一部分或全部，经过一定的电路或元件反送回到放大电路的输入端，和原输入信号共同作用于基本放大电路，控制其输出，这种措施称为反馈。这种从输出端反送到输入端的信号称为反馈信号，传送反馈信号的电路称为反馈电路。

2. 反馈电路的一般方框图

任意一个反馈放大电路都可以表示为一个基本放大电路和反馈网络组成的闭环系统，其构成如图 4—1 所示。

图中 X_i、X_{id}、X_f、X_o 分别表示放大电路的输入信号、净输入信号、反馈信号和输出信号，它们可以是电压量，也可以是电流量。

没有引入反馈时的基本放大电路叫做开环电路，其中的 A 表示基本放大电路的放大倍数，也称为开环放大倍数。引入反馈后的放大电路叫做闭环电路。图中的 F 表示反馈网络的反馈系数，反馈电路可以由某些元件或者电路构成。反馈网络与基本放大电路在输出回

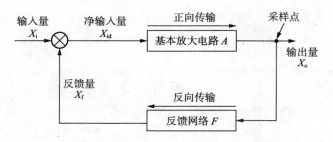

图 4—1　反馈放大电路的构成图

路的交点称为取样点。图中的"$\otimes$"表示信号的比较环节，反馈量（X_f）和输入量（X_i）在输入回路相比较得到净输入量（X_{id}）。图中箭头的方向表示信号传输的方向，为了分析方便，假定信号单方向传输，即在基本放大电路中信号正向传输，在反馈网络中信号反向传输。实际电路中信号方向的传输是非常复杂的。

3. 反馈元件

在反馈电路中，既与基本放大电路输入回路相连，又与输出回路相连的元件，以及与反馈支路相连且对反馈信号的大小产生影响的元件，均称为反馈元件。

4.1.2　反馈放大电路的一般表达式

1. 闭环放大倍数

根据如图 4—1 所示反馈放大电路的方框图，可求解出反馈放大电路的闭环放大倍数的表达式。

基本放大电路的放大倍数

$$A=\frac{X_o}{X_{id}} \tag{4-1}$$

反馈网络的反馈系数

$$F=\frac{X_f}{X_o} \tag{4-2}$$

反馈放大电路的放大倍数

$$A_f=\frac{X_o}{X_i} \tag{4-3}$$

基本放大电路的净输入信号　　　$X_{id}=X_i-X_f$ 　　　$(4-4)$

根据　　$A_f=\dfrac{X_o}{X_i}=\dfrac{AX_{id}}{X_i}=\dfrac{A(X_i-X_f)}{X_i}=\dfrac{A(X_i-FX_f)}{X_i}=A-AFA_f$

可得闭环放大电路增益的一般表达式：

$$A_f=\frac{A}{1+AF} \tag{4-5}$$

2. 反馈深度

反馈深度（$1+AF$）为闭环放大电路的反馈深度。它是衡量放大电路反馈强弱的一个重要指标。闭环放大倍数的变化均与反馈深度有关，乘积 AF 称为电路的环路放大倍数。

（1）若（$1+AF$）>1，则有 $A_f<A$，这时称放大电路引入的反馈为负反馈。

（2）若（$1+AF$）<1，则有 $A_f>A$，这时称放大电路引入的反馈为正反馈。

（3）若（$1+AF$）=0，则有 $A_f=\infty$，这时称放大电路出现自激振荡。

（4）若 $(1+AF)\gg1$，则有 $A_f=\dfrac{A}{1+AF_i}\approx\dfrac{1}{F}$，这时称放大电路引入的反馈为深度负反馈。

4.2　反馈的类型及其判定方法

4.2.1　正反馈和负反馈

按照反馈信号极性的不同进行分类，反馈可以分为正反馈和负反馈。

1. 定义

（1）正反馈是指如果外加输入信号 X_i 和反馈信号 X_f 的相位相同，则基本放大电路的净输入信号增强，导致放大电路的放大倍数提高的反馈。正反馈主要用于振荡电路和脉冲数字电路。

（2）负反馈是指如果外加输入信号 X_i 和反馈信号 X_f 的相位相反，则基本放大电路的净输入信号减弱，导致放大电路的放大倍数减小的反馈。负反馈主要用来改善放大电路的性能。

2. 判定方法

常用瞬时极性法判定电路中引入反馈的极性，具体方法如下。

（1）设接"地"参考点的电位为零。

（2）先假定放大电路的输入信号电压处于某一瞬时极性。如用"＋"号表示该点瞬时电位高于参考点电位；用"－"号表示该点瞬时电位低于参考点电位。

（3）若反馈信号与输入信号加在不同输入端（或者两个电极）上，两者极性相同时，净输入信号减少，为负反馈；反之，则为正反馈。

（4）若反馈信号与输入信号加在同一输入端（或者同一电极）上，两者极性相反时，净输入信号减少，为负反馈；反之，则为正反馈。

例 4—1　如图 4—2 所示分别为运算放大器和晶体三极管构成的反馈放大电路。试判定电路中反馈的极性。

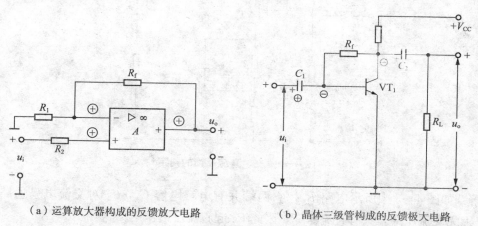

（a）运算放大器构成的反馈放大电路　　　（b）晶体三级管构成的反馈极大电路

图 4—2　反馈极性的判定

解：对于图 4—2（a）所示电路，假设输入信号为正，输入信号 u_i 从运算放大器的同相端输入，则输出信号 u_o 为正，经反馈电阻的反馈信号 u_f 也为正（信号经过电阻、电容时不改变极性）。u_f 和 u_i 相比较，净输入信号 $u_{id}=(u_i-u_f)$ 减小，反馈信号削弱了输入信号的作用，因而引入的为负反馈。从电路中可见，反馈信号 u_f 与输入信号 u_i 加在运算放大器的不同输入端上，两者极性相同，净输入电压减小，为负反馈。R_1 和 R_f 是反馈元件。

对于图 4—2（b）所示电路，假设基极输入信号为正，则集电极反馈信号的瞬时极性为负，经反馈电阻的反馈信号也为负。反馈信号明显削弱了输入信号的作用，因而引入的为负反馈。从电路中可见，反馈信号与输入信号加在晶体三极管的同一输入端上，两者极性相反，净输入信号减小，为负反馈。R_f 是反馈元件。

4.2.2 交流反馈和直流反馈

根据反馈量是交流量还是直流量，反馈可以分为直流反馈和交流反馈。

1. 定义

（1）直流反馈：若反馈信号中只包含直流成分，则称直流反馈。直流反馈多用于稳定静态工作点。

（2）交流反馈：若反馈信号中只包含交流成分，则称交流反馈。交流反馈多用于改善放大电路的动态性能，但不影响静态工作点。

如果反馈信号中既有直流量，又有交流量，则称为交、直流反馈。交、直流反馈既可以稳定放大电路的静态工作点，又可以改善电路的动态性能。

2. 判定方法

交流反馈和直流反馈的判定，可以通过画反馈放大电路的交、直流通路来完成。在直流通路中，如果反馈回路存在，即为直流反馈；在交流通路中，如果反馈回路存在，即为交流反馈；如果在直、交流通路中，反馈回路都存在，即为交、直流反馈。

例 4—2　如图 4—3 所示反馈放大电路中，判定电路中的反馈是直流反馈还是交流反馈。

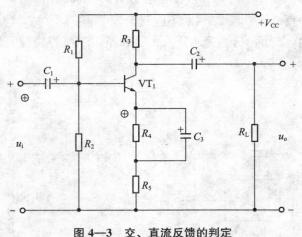

图 4—3　交、直流反馈的判定

解：如图 4—3 中所示电路 R_4，它两端并有电解电容 C_3，C_3 对交流电呈通路状态，即 R_4 上无交流压降，只有直流压降，因此 R_4 起直流反馈作用。

R_5 两端没有并电容，它上面除产生直流压降外，还有通过负载的交变电流在它上面产生的压降，因此它起直流反馈和交流反馈的双重作用。

4.2.3 电压反馈和电流反馈

对于交流反馈，根据反馈信号在放大电路输出端的采样方式不同，可将反馈分为电压反馈和电流反馈。

1. 定义

（1）电压反馈：反馈信号取自放大电路输出端的电压信号，即反馈信号和输出电压成正比，称为电压反馈。电压反馈时，反馈网络与输出回路负载并联。

（2）电流反馈：反馈信号取自放大电路输出端的电流信号，即反馈信号和输出电流成正比，称为电流反馈。电流反馈时，反馈网络与输出回路负载串联。

2. 判定方法

（1）判断电压反馈或电流反馈的方法之一是输出短路法：将反馈放大电路的输出端短接，即输出电压等于零，若反馈信号随之消失，表示反馈信号与输出电压成正比，则说明引入的反馈是电压反馈；如果输出电压等于零，而反馈信号仍然存在，则说明反馈信号与输出电流成正比，引入的反馈是电流反馈。

（2）在交流通路中，若放大器的输出端和反馈网络的取样点处在同一放大器件的同一个电极上，则为电压反馈，若放大器的输出端和反馈网络的取样点处在同一放大器件的不同电极上，则为电流反馈。

例 4—3 如图 4—4 所示两个反馈放大电路，试确定各电路中的反馈是电压反馈还是电流反馈。

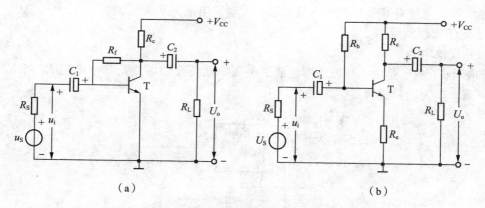

（a）　　　　　　　　　　　　　（b）

图 4—4　电压反馈和电流反馈的判定

解：对于如图 4—4（a）所示电路，在输出回路，反馈网络的取样点和输出电压在同一电极上，因此为电压反馈。也可以根据定义判定，如果令输出负载短路，那么输出电路 $u_o=0$，反馈电阻 R_f 上的反馈信号 u_f 不再存在，是电压反馈。

对于如图 4—4（b）所示电路，在输出回路，反馈网络的取样点和输出电压在不同电极上，因此为电流反馈。根据定义判定，如果令输出负载短路，那么输出电路 $u_o=0$，反馈电阻 R_e 上的反馈信号 u_f 存在，是电流反馈。

4.2.4 串联反馈和并联反馈

对于交流反馈，根据反馈信号和输入信号的连接方式不同，反馈可以分为串联反馈和并联反馈。

1. 定义

（1）串联反馈：反馈信号以电压形式串接在放大电路的输入回路，即反馈信号和输入信号在输入回路是以电压的形式相加减。

（2）并联反馈：反馈信号以电流形式并接在放大电路的输入回路，即反馈信号和输入信号在输入回路是以电流的形式相加减。

2. 判定方法

如果输入信号 X_i 与反馈信号 X_f 在输入回路的不同端点，则为串联反馈；若输入信号 X_i 与反馈信号 X_f 在输入回路的相同端点，则为并联反馈。

例 4—4 如图 4—4 所示反馈放大电路，确定电路中的反馈是串联反馈还是并联反馈。

解：对于如图 4—4（a）所示电路，在输入回路，反馈信号和输入信号在同一电极上，因此为并联反馈。也可以根据定义判定，在输入回路，反馈信号和输入信号以电流形式相加减，故为并联反馈。

对于如图 4—4（b）所示电路，在输入回路，反馈信号和输入信号在不同电极上，因此为串联反馈。根据定义判定，在输入回路，反馈信号和输入信号以电压形式相加减，故为串联反馈。

4.2.5 反馈放大电路的四种组态

由于反馈网络在放大电路输出端有电压和电流两种取样方式，在放大电路输入端有串联和并联两种求和方式，因此可以构成四种组态（或称类型）的负反馈放大电路，即电压串联负反馈、电压并联负反馈、电流串联负反馈和电流并联负反馈。

1. 电压串联负反馈

（1）反馈电路。

如图 4—5 所示是由运算放大器组成的电压串联负反馈电路，其中电阻 R_2 与 R_1 组成反馈网络，A 为运算放大器。

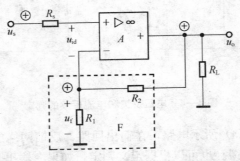

图 4—5 电压串联负反馈电路

（2）反馈类型。

设输入信号为正弦交流信号。对交流反馈而言，图 4—5 中的反馈电压 u_f 为电阻 R_1 对输出电压 u_o 的分压值，即 $u_f = \dfrac{R_1}{R_1 + R_2} u_o$。用输出短路法判断其反馈取样方式，令 $R_L = 0(u_o=0)$，则有反馈电压 $u_f=0$，反馈信号消失，故为电压反馈。

在放大电路的输入端，反馈网络串联于输入回路中，反馈信号与输入信号以电压形式求和，故为串联反馈。

用瞬时极性法判断反馈极性。令输入信号 u_s 在某一瞬时的极性为"＋"，经放大电路 A 进行同相放大后，输出电压 u_o 的极性也为"＋"，与输出电压成正比的反馈电压 u_f 也为"＋"，于是该放大电路的净输入电压信号 $u_{id}=(u_s-u_f)$ 比没有反馈时减小了，因而是负反馈。

（3）反馈作用。

当输入电压信号 u_s 一定时，由于某种原因导致输出电压 u_o 增大，则有反馈电压信号 u_f 增大，运算放大器的净输入电压 $u_{id}=(u_s-u_f)$ 减小，u_{id} 的减小，必定导致输出电压 u_o 减小，最终使输出电压 u_o 趋于稳定。该电路稳定输出电压的过程可表述为

$$u_o \uparrow \longrightarrow u_f \uparrow \longrightarrow u_{id} \downarrow \longrightarrow u_o \downarrow$$

由此可见，放大电路引入电压串联负反馈后，通过自身闭环系统的调节，可使输出电压趋于稳定。电压串联负反馈的特点：输出电压稳定，输出电阻减小，输入电阻增大，具有很强的带负载能力。

2. 电压并联负反馈

（1）反馈电路。

如图 4—6 所示是由运算放大器组成的电压并联负反馈电路，其中电阻 R_f 与 R_1 组成反馈网络，A 为运算放大器。

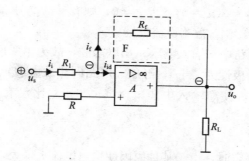

图 4—6 电压并联负反馈电路

（2）反馈类型。

对交流信号源而言，流过电阻 R_f 的电流 i_f 为反馈信号，反馈电流 $i_f \approx -\dfrac{u_o}{R_f}$。用输出短路法，令 $R_L=0$（$u_o=0$），则有反馈电流 $i_f=0$，反馈信号消失，故为电压反馈。

放大电路的反馈信号和输入信号接于同一端点，反馈信号与输入信号以电流形式求和，故为并联反馈。

应用瞬时极性法，令输入电压信号 u_s 在某一瞬时的极性为"＋"，经放大器反相放大后，输出电压 u_o 的极性为"－"，电流 i_i，i_f 和 i_{id} 的瞬时流向如图 4—6 所示箭头方向。于是，净输入电流 $i_{id}=(i_i-i_f)$ 比没有反馈时减小了，故为负反馈。

（3）反馈作用。

当输入电流 i_i 的大小一定时，由于某种原因导致输出电压 u_o 增大，则有反馈电流信号 i_f 增大，运算放大器的净输入电流 $i_{id}=(i_i-i_f)$ 的值减小，从而使输出电压 u_o 减小，最终

使输出电压 u_o 趋于稳定。该电路稳定输出电压的过程可表述为

$$u_o \uparrow \rightarrow i_f \uparrow \rightarrow i_{id} \downarrow \rightarrow u_o \downarrow$$

电压并联负反馈的特点：输出电压稳定，输出电阻减小，输入电阻减小。

3. 电流串联负反馈放大电路

（1）反馈电路。

如图 4—7 所示是由运算放大器组成的电流串联反馈电路。在这个电路中，对交流信号而言，R_f 是反馈元件。放大电路的输出电流 i_o 流过电阻 R_L 和 R_f，在电阻 R_f 上产生的电压 $u_f = i_o R_f$ 是反馈信号。

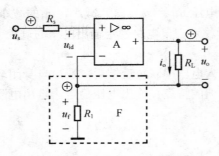

图 4—7　电流串联负反馈电路

（2）反馈类型。

用输出短路法，设 $R_L = 0(u_o = 0)$，因 $i_o \neq 0$，则有反馈信号 $u_f \neq 0$，反馈信号仍存在，即反馈信号与输出电流成比例，故为电流反馈。

反馈信号 u_f 在输入回路中与输入电压 u_s 串联求和，故为串联反馈。

设输入电压 u_s 的瞬时极性为"＋"，经放大电路同相放大后，输出电压 u_o 和反馈电压信号 u_f 的极性也为"＋"，使净输入电压 $u_{id} = (u_s - u_f)$ 比没有反馈时减小了，故为负反馈。

（3）反馈作用。

当输入电压信号 u_s 一定时，由于某种原因使输出电流 i_o 增大，则反馈电压信号 u_f 也增大，净输入电压信号 $u_{id} = (u_s - u_f)$ 减小，最终使输出电流 i_o 趋于稳定。该电路稳定输出电路的过程可以表述为

$$i_o \uparrow \rightarrow u_f \uparrow \rightarrow u_{id} \downarrow \rightarrow i_o \downarrow$$

电流串联负反馈的特点：输出电流稳定，输出电阻增大，输入电阻增大。

4. 电流并联负反馈

（1）反馈电路。

如图 4—8 所示是由运算放大器组成的电流并联负反馈电路。在这个电路中，R_f 和 R 构成交流反馈网络。

（2）反馈类型。

反馈电流信号 i_f 是输出电流 i_o 的一部分，即 $i_f = \dfrac{R}{R + R_f} i_o$，用输出短路法，设 $R_L = 0(u_o = 0)$，因 $i_o \neq 0$，则有反馈信号 $i_f \neq 0$，反馈信号仍存在，即反馈信号与输出电流成比例，故为电流反馈。

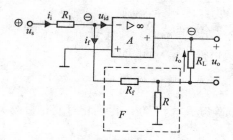

图4—8 电流并联负反馈电路

在该放大电路的输入回路中，反馈信号 i_f 与输入信号 i_i 接在运算放大器的相同端点，故为并联反馈。

应用瞬时极性法，令输入电压信号 u_s 在某一瞬时的极性为"＋"，经放大器反相放大后，输出电压 u_o 的极性为"－"，电流 i_i，i_f 和 i_{id} 的瞬时流向如图4—8所示箭头方向。于是，净输入电流 $i_{id}=(i_i-i_f)$ 比没有反馈时减小了，故为负反馈。

（3）反馈作用。

当输入电流 i_i 的大小一定时，由于某种原因导致输出电流 i_o 增大，则有反馈电流信号 i_f 增大，运算放大器的净输入电流 $i_{id}=(i_i-i_f)$ 的值减小，从而使输出电流 i_o 减小，最终使输出电流 i_o 趋于稳定。该电路稳定输出电流的过程可表述为

$$i_o \uparrow \longrightarrow i_f \uparrow \longrightarrow i_{id} \downarrow \longrightarrow i_o \downarrow$$

电流并联负反馈的特点为：输出电流稳定，输出电阻增大，输入电阻减小。

4.3 负反馈对放大电路性能的影响

在放大电路中引入负反馈的目的就是希望改善放大电路的各项性能，下面分析负反馈对放大电路性能的影响。

4.3.1 提高放大倍数的稳定性

在基本放大电路中，总是希望放大倍数是一个稳定的值。但是环境温度、电源电压、电路元件参数和负载大小等因素的改变都会引起放大倍数的波动。引入负反馈，可以提高闭环增益的稳定性，使放大倍数更加稳定。

从数学表达式来看，当在基本放大电路中引入深度负反馈时，即 $|1+AF|\gg 1$ 时，则有

$$A_f=\frac{A}{1+AF_i}\approx\frac{1}{F} \tag{4-6}$$

这就是说，引入深度负反馈后，放大电路的增益只取决于反馈网络，而与基本放大电路无关。反馈网络一般是由一些性能比较稳定的无源线性元件（如 R、C 等）构成，因此引入负反馈后，放大电路的增益是比较稳定的。

在一般情况下，为了从数量上表示放大电路增益的稳定情况，常用有负反馈时增益的相对变化量与无反馈时增益的相对变化量之比来衡量。根据闭环增益的表达式

$$A_f = \frac{A}{1+AF} \qquad (4-7)$$

在上式中，对 A 取导数可得

$$dA_f = \frac{dA}{(1+AF)^2} \qquad (4-8)$$

用式（4-8）两边分别除以式（4-7），得到相对变化量的关系式，即

$$\frac{dA_f}{A_f} = \frac{1}{1+AF} \frac{dA}{A} \qquad (4-9)$$

上式表明，引入负反馈后，闭环增益的相对变化量是开环增益相对变化量的 $\frac{1}{1+AF}$，即闭环增益的相对稳定性提高了。$|1+AF|$ 越大，则反馈越深，$\frac{dA_f}{A_f}$ 越小，闭环增益的稳定性越好。

例 4—5 已知某开环放大电路的放大倍数 $A = 1\,000$，由于某种原因，其变化率为 $\frac{dA}{A} = 10\%$。若放大电路引入负反馈，反馈系数 $F = 0.009$，这时电路放大倍数的变化率为多少？

解：由式（4-9）可得

$$\frac{dA_f}{A_f} = \frac{1}{1+AF} \frac{dA}{A} = \frac{1}{1+1\,000 \times 0.009} \times 10\% = 1\%$$

由此可见，电路放大倍数的变化率由原来的 10% 降低到 1%，这说明引入负反馈后，放大电路的稳定性明显提高。

4.3.2 减少非线性失真

由于放大电路中存在三极管等非线性器件，放大器在对信号进行放大时不可避免地会产生非线性失真。假设放大电路的输入信号为正弦信号，没有引入负反馈时，开环放大器产生如图 4—9（a）所示的非线性失真，即输出信号的正半周幅度变大，而负半周幅度变小。

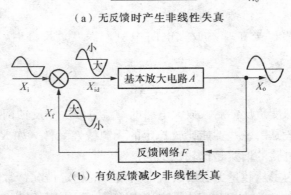

（a）无反馈时产生非线性失真

（b）有负反馈减少非线性失真

图 4—9 引入负反馈减少非线性失真

引入负反馈后，假设反馈网络为不会引起失真的线性网络，则反馈回的信号同输出信号的波形一样。反馈信号在输入端与输入信号相比较，使净输入信号 $X_{id} = (X_i - X_f)$ 的波形正半周幅度变小，而负半周幅度变大，如图 4—9（b）所示。经基本放大电路放大后，输出信号趋于正、负半周对称的正弦波，从而减小了非线性失真。

注意，负反馈只能减少放大器自身的非线性失真，对于输入信号本身的失真，负反馈放大器无法克服。

4.3.3 改变输入输出电阻

1. 负反馈对输入电阻的影响

负反馈对输入电阻的影响取决于反馈网络与基本放大电路在输入回路的连接方式，而与输出回路中反馈的取样方式无直接关系。也就是说，负反馈对输入电阻的影响与串联反馈或并联反馈有关，而与电压反馈或电流反馈无关。

（1）串联负反馈使输入电阻增大。

从图 4—5 和图 4—7 所示串联负反馈电路和定义可知

开环输入电阻

$$r_i = \frac{u_{id}}{i_i} \qquad (4-10)$$

闭环输入电阻

$$r_{if} = \frac{u_s}{i_i} = \frac{u_{id} + u_f}{i_i} = \frac{u_{id} + FAu_{id}}{i_i} = (1+AF)r_i \qquad (4-11)$$

可见，引入串联负反馈使放大器的输入电阻增加（$1+AF$）倍。

（2）并联负反馈使输入电阻减小。

从如图 4—6 和图 4—8 所示并联负反馈电路和定义可知

开环输入电阻

$$r_i = \frac{u_s}{i_{id}} \qquad (4-12)$$

闭环输入电阻

$$r_{if} = \frac{u_s}{i_i} = \frac{u_s}{i_{id} + i_f} = \frac{u_s}{i_{id} + FAi_{id}} = \frac{1}{1+AF}r_i \qquad (4-13)$$

可见，引入并联负反馈使放大器的输入电阻减小 $1/(1+AF)$ 倍。

2. 负反馈对输出电阻的影响

负反馈对输出电阻的影响取决于反馈网络在放大电路输出回路的取样方式，与反馈网络在输入回路的连接方式无直接关系。因为取样对象为稳定对象，因此，分析负反馈对放大电路输出电阻的影响，只要看它是稳定输出电压信号还是输出电流信号。

（1）电压负反馈使输出电阻减小。

从如图 4—5 和图 4—6 所示电压负反馈电路可知，反馈网络的等效电阻与基本放大器并联。当输入信号一定时，放大器引入电压负反馈将使输出电压基本稳定，相当于一个内电阻很小的恒压源，这就意味着放大电路的输出电阻很小。设 r_o 为无反馈放大器的输出电阻，按照求输出电阻的方法可得

$$r_{of} = \frac{1}{1+AF}r_o \qquad (4-14)$$

可见，引入电压负反馈后使放大器的输出电阻减小到 $\dfrac{1}{1+AF}r_o$。

（2）电流负反馈使输出电阻增加。

从如图 4—7 和图 4—8 所示电流负反馈电路可知，反馈网络的等效电阻与基本放大器串联。当输入信号一定时，放大器引入电流负反馈将使输出电流基本稳定，相当于一个内电导很小的恒流源，这就意味着放大电路的输出电阻很大。设 r_o 为无反馈放大器的输出电阻，按照求输出电阻的方法可得

$$r_{of} = (1+AF)r_o \tag{4-15}$$

可见，引入电流负反馈后使放大器的输出电阻增大到 $(1+AF)r_o$。

4.3.4 扩展通频带

频率响应是放大电路的重要特性之一。在多级放大电路中，级数越多，增益越大，频带越窄。引入负反馈后，可有效扩展放大电路的通频带。

如图 4—10 所示为放大器引入负反馈后通频带的变化。根据上、下限频率的定义，从图中可见，放大器引入负反馈以后，其下限频率降低，上限频率升高，通频带变宽。

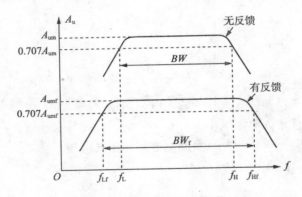

图 4—10 负反馈展宽频带

根据分析，引入负反馈后，放大器的下限频率由无反馈时的 f_L 下降为 $f_L/(1+AF)$，而上限频率由无反馈时的 f_H 上升到 $(1+AF)f_H$。放大器的通频带得到展宽，展宽后的频带约为未引入负反馈时的 $(1+AF)$ 倍。

4.3.5 抑制内部噪声

放大电路本身产生的噪声和干扰信号，在无反馈时，会和有用信号一起由输出端输出，严重影响放大电路的性能。引入负反馈可以对噪声和干扰信号进行抑制，其原理与减小非线性失真的原理相同。但对外部的噪声和干扰信号，引入负反馈是不能解决的。

4.3.6 放大电路引入负反馈的一般原则

放大电路引入负反馈的一般原则是：

第一，要稳定放大电路的静态工作点 Q，应该引入直流负反馈。

第二，要改善放大电路的动态性能（如增益的稳定性、稳定输出量、减小失真、扩展频带等），应该引入交流负反馈。

第三，要稳定输出电压，减小输出电阻，提高电路的带负载能力，应该引入电压负

反馈。

第四，要稳定输出电流，增大输出电阻，应该引入电流负反馈。

第五，要提高电路的输入电阻，减小电路向信号源索取的电流，应该引入串联负反馈。

第六，要减小电路的输入电阻，应该引入并联负反馈。

注意，在多级放大电路中，为了达到改善放大电路性能的目的，所引入的负反馈一般为级间反馈。

例4—6 在如图4—11所示的放大电路中按要求引入适当的反馈。

（1）希望加入信号后，i_{c3} 的数值基本不受 R_6 改变的影响。

（2）希望接入负载后，输出电压（u_o）基本稳定。

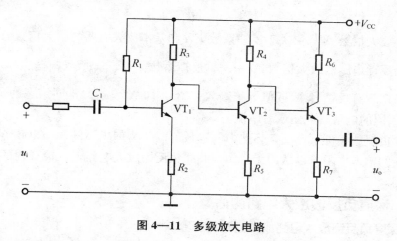

图 4—11　多级放大电路

解：引入反馈的电路如图4—12所示。

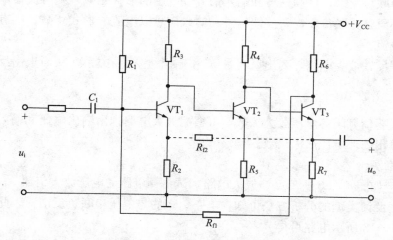

图 4—12　引入负反馈的多级放大电路

（1）由于电流负反馈具有稳定输出电流的作用，通过在第一级放大器的基极和第三级放大器的集电极之间接入反馈电阻 R_{f1}，构成电流负反馈电路。

（2）由于电压负反馈具有稳定输出电压的作用，通过在第一级放大器的发射极和第三级放大器的发射极之间接入反馈电阻 R_{f2}，构成电压负反馈电路。

4.4 深度负反馈放大电路

简单的负反馈放大电路可以利用微变等效电路法进行分析计算；对于深度负反馈放大电路则采用估算方法。

4.4.1 深度负反馈放大电路的特点

当反馈深度（$1+AF$）$\gg 1$ 时，称放大电路引入深度负反馈，这时有闭环放大倍数：

$$A_f = \frac{A}{1+AF} \approx \frac{1}{F} \qquad\qquad (4-16)$$

（1）闭环放大倍数 A_f 只取决于反馈系数 F，和基本放大电路的放大倍数 A 无关。

（2）由于反馈电路的放大倍数 $A_f = \dfrac{X_o}{X_i}$，反馈系数 $F = \dfrac{X_f}{X_o}$，所以根据式（4-16）可得深度负反馈条件下有反馈量 X_f 近似等于输入量 X_i，即 $X_i \approx X_f$。不同组态的负反馈电路，X_i 和 X_f 表示不同的电量（电压或者电流）。

（3）深度负反馈条件下，反馈环路内的参数可以认为理想。例如，串联负反馈放大电路，反馈环内的输入电阻可以认为无穷大；并联负反馈放大电路，反馈环内的输入电阻可以认为等于零。

4.4.2 深度负反馈放大电路的估算

1. 估算深度负反馈放大电路放大倍数的步骤

（1）确定放大电路中反馈的组态。

如果是串联负反馈，反馈信号和输入信号以电压的形式相减，则有反馈电压近似等于输入电压。如果是并联负反馈，反馈信号和输入信号以电流的形式相减，则有反馈电流近似等于输入电流。

（2）根据反馈放大电路，列出反馈量 X_f 和输出量 X_o 的关系，从而求出反馈系数 $F = \dfrac{X_f}{X_o}$，闭环放大倍数 $A_f \approx \dfrac{1}{F}$。

（3）如果要估算闭环电压放大倍数，可根据放大电路列出输出电压和输入电压的表达式，从而计算出闭环电压放大倍数。

2. 计算举例

例 4—7 如图 4—13 所示反馈放大电路，试估算电路的电压放大倍数。

解：根据反馈类型的分析方法可知，电路引入的是电压串联负反馈，因此有 $u_i \approx u_f$。

从如图 4—13 所示电路可得

$$u_f = \frac{R_{e1}}{R_{e1}+R_f} u_o$$

反馈系数 F 为

$$F = \frac{u_f}{u_o} = \frac{R_{e1}}{R_{e1}+R_f}$$

闭环电压放大倍数 A_f 为

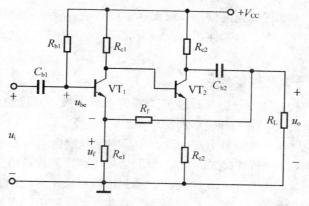

图 4—13　反馈放大电路

$$A_f = \frac{u_o}{u_i} = \frac{u_o}{u_f} = \frac{1}{F} = 1 + \frac{R_f}{R_{e1}}$$

可见，电压串联负反馈的电压放大倍数与负载电阻无关。

例 4—8　如图 4—14 所示反馈放大电路，试估算电路的电压放大倍数。

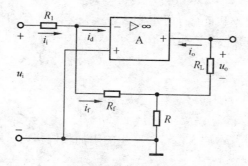

图 4—14　反馈放大电路

解：根据反馈类型的分析方法可知，电路引入的是电流并联负反馈，因此有 $i_i \approx i_f$。从如图 4—14 所示电路可得

$$u_i \approx i_i R_1$$

$$i_f \approx \frac{R}{R + R_f} i_o$$

闭环电压放大倍数为

$$A_f = \frac{u_o}{u_i} = \frac{i_o R_L}{i_i R_1} = \frac{i_o R_L}{i_f R_1} \approx -\frac{R + R_f}{R} \cdot \frac{R_L}{R_1}$$

4.5　负反馈放大电路的稳定性问题

从上面的分析可知，放大电路中引入负反馈，可以改善放大器的性能。一般情况下，反馈越深，放大器性能的改善情况越明显。但由于基本放大器和反馈网络在某些频率分量下产生的相位移可能改变反馈的极性，深度负反馈有可能引起放大器自激振荡而不能稳定

地工作，此时，即使不加任何输入信号，放大器也会有某一频率的信号输出，使放大器失去了原有的功能。因此，在设计、使用负反馈放大器时，应尽量避免或采取措施消除自激振荡现象。

4.5.1 自激振荡产生的原因

前面有关负反馈放大器的分析都是在放大器的中频区域，且反馈网络由纯电阻构成，因而基本放大器和负反馈网络不产生附加相位移。

实际上对于 RC 耦合共射极放大器来说，在其中频范围内集电极输出电压与基极输入电压反相，放大电路有 $180°$ 的相移；在放大器的低频段和高频段，由于某些电抗元件的作用，不仅会使增益下降，而且会产生附加相位移。单级放大电路的附加相位移接近 $\pm90°$，而三级放大电路的附加相位移则接近 $\pm270°$。在多级放大电路中，当附加相位移的值等于 $\pm180°$ 时，中频引入的负反馈会转为正反馈。这时，净输入信号 X_{id} 由负反馈时的 $X_{id}=(X_i-X_f)$ 转为 $X_{id}=(X_i+X_f)$，如果正反馈较强，即使输入端不加信号（$X_i=0$），反馈信号 X_f 仍可取代输入信号 X_i 的作用，作为净输入信号送入放大电路维持信号的输出 X_o，从而出现自激振荡。

4.5.2 自激振荡产生的条件

由于涉及相位的讨论，下面的分析用复数表示信号。当反馈深度 $|1+\dot A\dot F|=0$ 时，出现自激振荡，由此可得自激振荡产生的条件为

$$\dot A\dot F=-1 \tag{4-17}$$

它包括幅值条件和相位条件

$$|\dot A\dot F|=1$$
$$\varphi_a+\varphi_f=\pm(2n+1)\pi \tag{4-18}$$

其中的 φ_a 为信号经过基本放大电路时产生的附加相位移，φ_f 为信号经过反馈网络时产生的附加相位移。

为了突出附加相位移，上述自激振荡的条件常写成

$$|\dot A\dot F|=1$$
$$\Delta\varphi_a+\Delta\varphi_f=\pm180° \tag{4-19}$$

当 $\dot A$、$\dot F$ 的幅值条件和相位条件同时满足时，负反馈放大电路就会产生自激振荡。在 $\Delta\varphi_a+\Delta\varphi_f=\pm180°$ 及 $|\dot A\dot F|>1$ 时，更容易产生自激振荡。

4.5.3 负反馈放大电路稳定工作的条件

由产生自激振荡的条件可知，如果环路增益 $\dot A\dot F$ 的幅值条件和相位条件不能同时满足，负反馈放大电路便不会产生自激振荡。所以，负反馈放大电路稳定工作的条件是：

$$|\dot A\dot F|<1$$
$$\varphi_a+\varphi_f=\pm180° \tag{4-20}$$

或者

$$|\dot A\dot F|=1$$
$$|\varphi_a+\varphi_f|<180° \tag{4-21}$$

4.5.4 消除自激振荡的主要方法

实际上为了消除负反馈放大器的自激振荡，需要破坏它的自激振荡条件。最简单的方

法是减小反馈深度，如减小反馈系数 F，但这种方法又不利于改善放大电路的其他性能。为了解决这个矛盾，常采用相位补偿法，即在反馈环路中增加一些含电抗元件的电路，从而改变环路增益 AF 的频率特性，破坏自激振荡的幅值条件或者相位条件，则自激振荡必然消除。

1. 电容滞后相位补偿法

如图 4—15 所示电路为电容滞后补偿电路，其中 C 为补偿电容，并接在放大电路中前级输出电阻和后级输入电阻都很大的节点和地之间。在中、低频时，由于 C 的容抗很大，其影响可以忽略；在高频时，由于 C 的容抗变小，放大倍数下降。只要 C 的电容量合适，就能对高频信号进行滞后移相，破坏放大电路的自激振荡条件，使放大电路稳定地工作。这种方法简单易行，但放大电路的通频带会变窄。

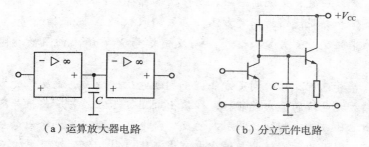

（a）运算放大器电路　　　　　（b）分立元件电路

图 4—15　电容滞后相位补偿电路

2. RC 滞后相位补偿法

RC 滞后相位补偿电路如图 4—16 所，用电阻 R 和电容 C 串联的网络取代电容滞后相位补偿法中的补偿小电容。其优点是不仅可以消除自激振荡，而且可以使放大器带宽变宽。

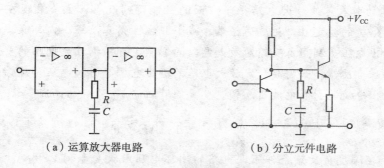

（a）运算放大器电路　　　　　（b）分立元件电路

图 4—16　RC 滞后相位补偿电路

🦉 **本章小结**

1. 反馈是将放大电路输出量的一部分或全部，按一定方式送回到输入端，与输入量一起参与控制，从而改善放大电路的性能。反馈放大电路可以用方框图表示，其闭环电压放大倍数的表达式为 $A_f = \dfrac{A}{1+AF}$。

2. 按照不同的分类方法，反馈有正反馈、负反馈、交流反馈、直流反馈。交流反馈中有电压反馈、电流反馈；串联反馈、并联反馈。

(1) 正负反馈的判定方法是瞬时极性法，即设接"地"参考点的电位为零，先假定放大电路的输入信号电压处于某一瞬时极性。如用"+"号表示该点瞬时电位高于参考点电位；用"—"号表示该点瞬时电位低于参考点电位。若反馈信号与输入信号加在不同输入端（或者两个电极）上，两者极性相同时，净输入信号减少，为负反馈；反之，则为正反馈。若反馈信号与输入信号加在同一输入端（或者同一电极）上，两者极性相反时，净输入信号减少，为负反馈；反之，则为正反馈。

(2) 交流反馈和直流反馈的判定，可以通过画反馈放大电路的交、直流通路来完成。在直流通路中，如果反馈回路存在，即为直流反馈；在交流通路中，如果反馈回路存在，即为交流反馈；如果在直、交流通路中，反馈回路都存在，即为交、直流反馈。

(3) 串联反馈和并联反馈的判定方法：如果输入信号 X_i 与反馈信号 X_f 在输入回路的不同端点，则为串联反馈；若输入信号 X_i 与反馈信号 X_f 在输入回路的相同端点，则为并联反馈。

(4) 电压反馈和电流反馈的判定方法：①判断电压反馈或电流反馈的方法之一是输出短路法：将反馈放大电路的输出端短接，即输出电压等于零，若反馈信号随之消失，表示反馈信号与输出电压成正比，则说明引入的反馈是电压反馈；如果输出电压等于零，而反馈信号仍然存在，则说明反馈信号与输出电流成正比，引入的反馈是电流反馈。②在交流通路中；若放大器的输出端和反馈网络的取样点处在同一放大器件的同一个电极上，则为电压反馈；若放大器的输出端和反馈网络的取样点处在同一放大器件的不同电极上，则为电流反馈。

3. 电路中常用的交流负反馈有四种组态：电压串联负反馈、电压并联负反馈、电流串联负反馈和电流并联负反馈，不同的反馈组态，具有不同的特点。

4. 负反馈的引入可使放大电路很多方面的性能得到改善，主要表现在：降低放大倍数，提高放大倍数的稳定性，扩展通频带，减小非线性失真，减小内部噪声，改变放大电路的输入、输出电阻。利用负反馈对放大电路的影响，可根据放大电路的要求，在放大电路中正确地引入负反馈。如需要稳定放大电路的输出电压，引入电压负反馈；如需要稳定放大电路的输出电流，引入电流负反馈。

5. 当反馈深度 $(1+AF)\gg1$，则有 $A_f=\dfrac{A}{1+AF}\approx\dfrac{1}{F}$，这种情况下称放大电路引入深度负反馈。在深度负反馈条件下，电路的闭环电压放大倍数可以用 $A_f\approx\dfrac{1}{F}$ 进行估算。如果求解电压放大倍数，可以根据具体电路，列写输出电压和输入电压的表达式进行估算。

6. 引入负反馈可以改善放大电路的许多性能，而且反馈越深，性能改善越显著。但由于电路中存在电容等电抗性元件，它们的阻抗随信号频率的变化而变化，因而使环路增益 $\dot{A}\dot{F}$ 的大小和相位都随频率的变化而变化，当幅值条件 $|\dot{A}\dot{F}|=1$ 和相位条件 $\Delta\varphi_a+\Delta\varphi_f=\pm180°$ 同时满足时，电路就会从原来的负反馈变成正反馈而产生自激振荡。通常采用相位补偿法消除自激振荡。

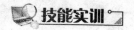

实训 单级负反馈放大电路的测试

1. 实训目的

（1）研究电压串联负反馈对放大电路性能的改善。

（2）熟悉放大电路各项技术指标的测试方法。

2. 实训器材

（1）示波器、信号发生器、毫伏表、模拟电路实验箱、万用表各一台。

（2）电阻 51kΩ、1kΩ、20kΩ、1.5kΩ、100Ω 各一个。

（3）电阻 11kΩ 两个，5.1kΩ 四个，电容 10μF 三个，33μF 两个。

（4）晶体三极管 3DG6 两个。

3. 实训内容

（1）按如图 4—17 所示组装电路，检查好后接通电源。

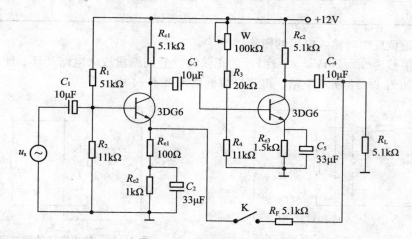

图 4—17 负反馈放大电路

（2）测试放大器各级的静态工作点，将数据填入表 4—1 中。

表 4—1　　　　　　　　　　　　　放大器各级的静态工作点

参数 T	β	I_C（mA）	V_{CE}（V）	V_{BE}（V）
T_1				
T_2				

（3）当输入信号为 $u_s = 2\text{mV}$，$f = 1\text{kHz}$ 的正弦波，试测量放大器在开环、闭环两种情况下的输出波形及幅值，并将数据填入表 4—2 中。

表 4—2 放大器的输出波形和幅值

测试内容 \ 电路状态	开环	闭环
波形		
幅值		

（4）当输入信号为 $u_s = 2\text{mV}$，$f = 1\text{kHz}$ 的正弦波，根据所给条件，试测量放大器的电压放大倍数和稳定度，并将数据填入表 4—3 中。

表 4—3 放大器的电压放大倍数和稳定度

状态 \ 参数	$V_{CC} = +12\text{V}$		$V_{CC} = +10\text{V}$			稳定度
	u_o	A_V	u_o	u'_o	A'_V	$\dfrac{A_V - A'_V}{A_V} \times 100\%$
	$R_L = 5.1\text{k}\Omega$		$R_L = \infty$	$R_L = 5.1\text{k}\Omega$		
开环						
闭环						

（5）测量负反馈对输入电阻的影响。

当输入信号为 $u_s = 2\text{mV}$，$f = 1\text{kHz}$ 的正弦波，分别测量放大电路开环、闭环时的 r_o，测试原理图如图 4—18 所示电路，将测量数据填入表 4—4 中。

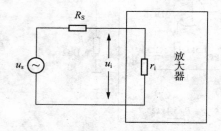 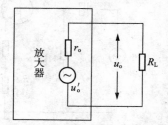

图 4—18　输入电阻的测试电路　　图 4—19　输出电阻的测试电路

根据图 4—18 所示电路可得放大器的输入电阻为 $r_i = \dfrac{u_i}{u_s - u_i} R_S$。

表 4—4 放大器的输入电阻

状态 \ 参数	u_s	u_i	R_S	r_i
开环				
闭环				

（6）测量负反馈对输出电阻的影响。

分别测量放大电路开环、闭环时的 r_o，测试原理图如图 4—19 所示电路，将测量数据填入表 4—5 中。

根据图 4—19 所示电路可得，当 R_L 开路时，$u_o = u'_o$。

当接入 R_L 时，$u_o = \dfrac{R_L}{R_L + r_o} u'_o$，故有 $r_o = \left(\dfrac{u'_o}{u_o} - 1\right) R_L$。

表 4—5　　　　　　　　　　　　　　放大器的输出电阻

状态 ＼ 参数	u_o	u'_o	R_L	r_o
开环				
闭环				

4. 实训报告

(1) 整理实训目的、实训内容和测试仪表及材料。

(2) 判定该负反馈放大电路的类型，分析该电路的特点。

(3) 整理测试数据，分析该负反馈放大电路开环和闭环两种工作状态各类参数的差异。

(4) 故障现象及处理情况。

5. 注意事项

(1) 在放大器输出不失真条件下，上述参数测试有效，若发生输出波形失真，可适当调整电位器或适当降低输入信号。

(2) 组装电路时，应检查接插线是否良好导通。

6. 思考题

(1) 负反馈放大电路中 C_2 起什么作用？

(2) 计算环路增益 $(1 + AF)$ 的值，比较开环、闭环测得的数据是否与之有关。

本章自测题

一、填空题

1. 如图 4—20 所示理想反馈模型的基本反馈方程是 $A_f =$（　　　）=（　　　）=（　　　）。

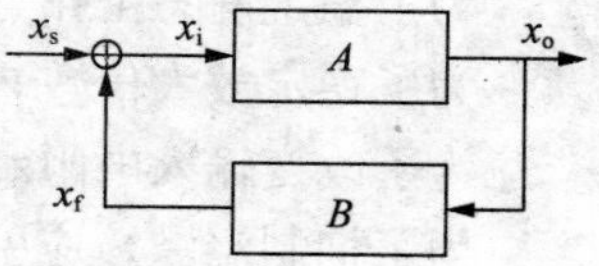

2. 如图 4—20 中开环增益 A 与反馈系数 B 的符号相同时为（　　　）反馈，相反时为（　　　）反馈。

3. 如图 4—20 若满足条件（　　　），称为深度负反馈，此时 $x_f \approx$（　　　），$A_f \approx$（　　　）。

图 4—20

4. 根据图 T4—1，试用电量 x（电流或电压）表示出基本反馈方程中的各物理量：

开环增益 $A =$（　　　　），闭环增益 $A_f =$（　　　　），反馈系数 $B =$（　　　　），反馈深度 $F =$（　　　　），环路传输函数 $T =$（　　　　）。

5. 负反馈的环路自动调节作用使得（　　　）的变化受到制约。

6. 负反馈以损失（　　　）增益为代价，可以提高（　　　）增益的稳定性；扩展（　　　）的通频带和减小（　　　）的非线性失真。这些负反馈的效果的根本原因是（　　　）。

7. 反馈放大器使输入电阻增大还是减小与（　　　）和（　　　）有关，而与（　　　）无关。

8. 反馈放大器使输出电阻增大还是减小与（　　　　　）和（　　　　　）有关，而与（　　　　　）无关。

9. 电流求和负反馈使输入电阻（　　　　　），电流取样负反馈使输出电阻（　　　　　）。

10. 若将发射结视为净输入端口，则射极输出器的反馈类型是（　　　　　）负反馈，且反馈系数 $B=$（　　　　　）。

二、单选题

1. 要使负载变化时，输出电压变化较小，且放大器吸收电压信号源的功率也较少，可以采用（　　）负反馈。

A. 电压串联　　　　　B. 电压并联　　　　　C. 电流串联　　　　　D. 电流并联

2. 某传感器产生的电压信号几乎没有带负载的能力（即不能向负载提供电流）。要使经放大后产生输出电压与传感器产生的信号成正比。放大电路宜用（　　）负反馈放大器。

A. 电压串联　　　　　B. 电压并联　　　　　C. 电流串联　　　　　D. 电流并联

3. 当放大器出现高频（或低频）自激时，自激振荡频率一定是（　　）。

A. 特征频率　　　　　B. 高频截止频率　　　　　C. 相位交叉频率　　　　　D. 增益交叉频率

4. 在输入量不变的情况下，若引入反馈后（　　），则说明引入的反馈是负反馈。

A. 输入电阻增大　　　　　B. 输出量增大　　　　　C. 净输入量增大　　　　　D. 净输入量减小

5. 直流负反馈是指（　　）。

A. 直接耦合放大电路中所引入的负反馈　　　　　B. 只有放大直流信号时才有的负反馈

C. 在直流通路中的负反馈

6. 交流负反馈是指（　　）。

A. 阻容耦合放大电路中所引入的负反馈　　　　　B. 只有放大交流信号时才有的负反馈

C. 在交流通路中的负反馈

7. 为了实现下列目的，应引入（　　）。

A. 直流负反馈　　　　　　　　　　　　B. 交流负反馈

为了稳定静态工作点，应引入＿＿＿＿＿；

为了稳定放大倍数，应引入＿＿＿＿＿；

为了改变输入电阻和输出电阻，应引入＿＿＿＿＿；

为了抑制温漂，应引入＿＿＿＿＿；

为了展宽频带，应引入＿＿＿＿＿。

8. 选择合适答案填入空内。

A. 电压　　　　　B. 电流　　　　　C. 串联　　　　　D. 并联

（1）为了稳定放大电路的输出电压，应引入＿＿＿＿＿负反馈；

（2）为了稳定放大电路的输出电流，应引入＿＿＿＿＿负反馈；

（3）为了增大放大电路的输入电阻，应引入＿＿＿＿＿负反馈；

（4）为了减小放大电路的输入电阻，应引入＿＿＿＿＿负反馈；

（5）为了增大放大电路的输出电阻，应引入＿＿＿＿＿负反馈；

（6）为了减小放大电路的输出电阻，应引入＿＿＿＿＿负反馈。

三、简答题

1. 什么叫反馈？正反馈和负反馈对电路的影响有何不同？

2. 放大电路一般采用的反馈形式是什么？如何判断放大电路中的各种反馈类型？

3. 放大电路引入负反馈后，对电路的工作性能带来什么改善？

4. 放大电路的输入信号本身就是一个已产生了失真的信号，引入负反馈后能否使失真消除？

本章习题

1. 某负反馈放大器开环增益等于 10^5，若要获得 100 倍的闭环增益，其反馈系数 B、反馈深度 F 和环路增益 T 分别是多少？

2. 已知 A 放大器的电压增益 $A_V = -1\,000$。当环境温度每变化 $1℃$ 时，A_V 的变化为 0.5%。若要求电压增益相对变化减小至 0.05%，应引入什么反馈？求出所需的反馈系数 B 和闭环增益 A_f。

3. 已知某放大器低频段和高频段的电压增益均为单极点模型，中频电压增益 $A_{Vo} = -80$，A_V 的下限频率 $f_L = 12Hz$，A_V 的上限频率 $f_H = 200kHz$。现加入电压取样电压求和负反馈，反馈系数 $B = -0.05$。试求：反馈放大器中频段的 A_{Vfo}、f_{Lf} 和 f_{Hf}。

4. 试将图 4—21 示两级放大器中①～④四个点中的两个点连接起来构成级间负反馈放大器，以实现以下的功能，并说明这样连接的理由。（图中所有电容均对信号电流呈现短路）

(1) 使输入电阻增大。

(2) 使输出电阻减小。

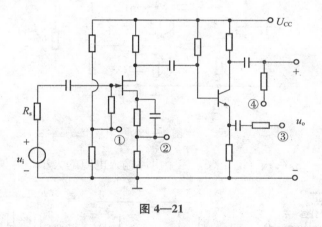

图 4—21

5. 如图 4—22 所示各电路中是否引入了反馈，是直流反馈还是交流反馈，是正反馈还是负反馈？设图中所有电容对交流信号均可视为短路。

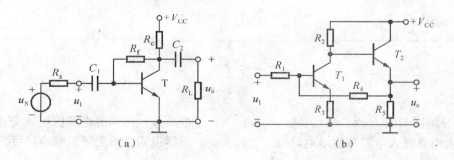

（a）　　　　　　　　　　　（b）

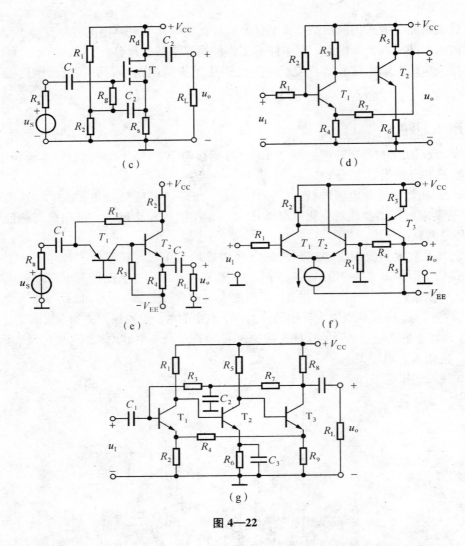

图 4—22

6. 试比较图 4—23（a）、（b）、（c）三个电路输入电阻的大小，并说明理由。

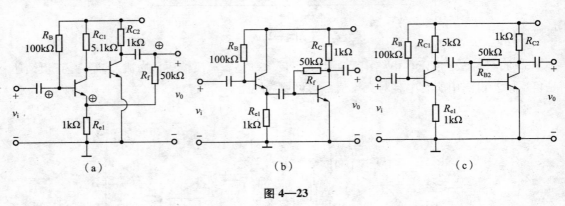

图 4—23

7. 分别说明图 4—22（a）、（b）、（c）、（e）、（f）、（g）所示各电路因引入交流负反馈使得放大电路输入电阻和输出电阻所产生的变化。只需说明是增大还是减小即可。

8. 电路如图 4—24 所示，已知集成运放的开环差模增益和差模输入电阻均近于无穷大，最大输出电压幅值为 $\pm14\text{V}$。填空：

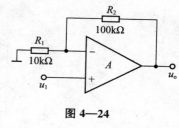

图 4—24

电路引入了_____（填入反馈组态）交流负反馈，电路的输入电阻趋近于_____，电压放大倍数 $A_{uf}=\triangle u_o/\triangle u_I\approx$ _____。设 $u_1=1\text{V}$，则 $u_o\approx$ _____ V；若 R_1 开路，则 u_o 变为_____ V；若 R_1 短路，则 u_o 变为_____ V；若 R_2 开路，则 u_o 变为_____ V；若 R_2 短路，则 u_o 变为_____ V。

9. 如图 4—25 所示电路是具有零输入和零输出特性的直流放大器。若电路满足深度负反馈条件，试求 u_o/u_s 的表达式。

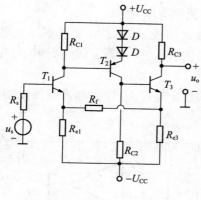

图 4—25

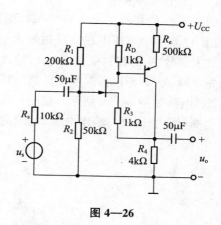

图 4—26

10. 如图 4—26 示反馈放大器满足深度负反馈条件。如果 $u_s(t)=10\sin2\pi\times10^4 t$ （mV），求 $u_o(t)$。

11. 电路如图 4—27 所示，试说明电路引入的是共模负反馈，即反馈仅对共模信号起作用。

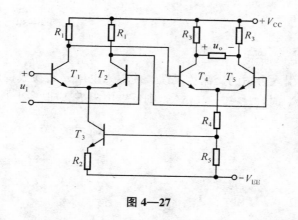

图 4—27

12. 判断图 4—28 所示由运算放大器构成的反馈放大器的反馈类型和反馈极性（解释为什么是负反馈），并求 u_o/u_s 的表达式。

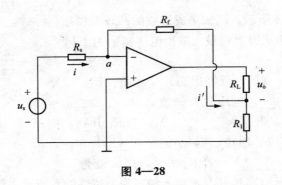

图 4—28

13. 已知一个负反馈放大电路的 $A=10^5$，$F=2\times10^{-3}$。

(1) A_f 的值为多少？

(2) 若 A 的相对变化率为 20%，则 A_f 的相对变化率为多少？

14. 已知一个电压串联负反馈放大电路的电压放大倍数 $A_{uf}=20$，其基本放大电路的电压放大倍数 A_u 的相对变化率为 10%，A_{uf} 的相对变化率小于 0.1%，试问 F 和 A_u 各为多少？先求解 AF，再根据深度负反馈的特点求解 A。

15. 电路如图 4—29 所示。试问：若以稳压管的稳定电压 U_z 作为输入电压，则当 R_2 的滑动端位置变化时，输出电压 U_o 的调节范围为多少？

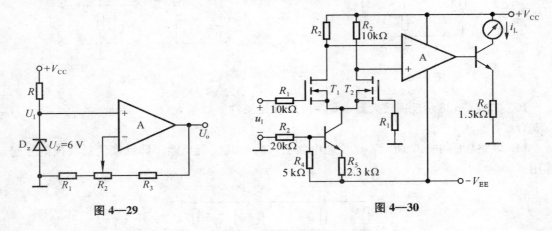

图 4—29   图 4—30

16. 电路如图 4—30 所示。

(1) 试通过电阻引入合适的交流负反馈，使输入电压 u_I 转换成稳定的输出电流 i_L；

(2) 若 $u_I=0\sim5V$ 时，$i_L=0\sim10mA$，则反馈电阻 R_F 应取多少？

第 5 章	功率放大电路

在实际的放大电路中，输出级都接有负载。例如：在 VCD/DVD 机中接有电机，在音响中接扬声器或音箱等。一般负载上的电流和电压都有一定的要求，即要求放大电路输出一定的功率给负载，习惯上将其称之为功率放大电路，简称功放。

本章首先简述功率放大电路的特点，然后介绍常用的 OCL 和 OTL 互补对称式功率放大电路、BTL 功率放大电路、D 类功率放大电路和集成功率放大电路。

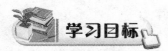 学习目标

1. 正确理解典型功率放大电路的组成原则、工作原理及其工作在甲乙类状态的特点。
2. 熟悉功率放大电路最大输出功率和效率的估算方法，复合管在功率放大电路的接法原则。
3. 掌握末级功率放大三极管的选择方法和集成功率放大电路的工作原理。
4. 掌握 OCL 和 OTL 互补对称式功率放大电路、BTL 功率放大电路、D 类功率放大电路的特点。

5.1 功率放大电路概述

5.1.1 功率放大电路的特点及主要技术指标

功率放大电路的主要任务是向负载提供一定的信号功率，功率放大电路有以下特点：

1. 输出功率要满足负载需要

如输入信号为某一频率的正弦信号，则输出功率为

$$P_o = U_o I_o \tag{5-1}$$

式中，I_o、U_o 分别为负载 R_L 上的正弦信号的电流、电压的有效值。如用振幅表示，$I_o = I_{om}/\sqrt{2}$，$U_o = U_{om}/\sqrt{2}$，代入式（5-1）则有：

$$P_o = \frac{1}{2} I_{om} U_{om} \tag{5-2}$$

最大输出功率 P_{OM} 是指输入为正弦信号，输出波形不超过规定的非线性失真指标时，

放大电路最大输出电压和最大输出电流有效值的乘积。

2. 效率要高

放大电路输出给负载的功率是由直流电源提供并通过电路转化给负载的。在输出功率比较大时，效率问题尤为突出。如果功率放大电路的效率不高，不仅会造成能量的浪费，而且消耗在电路内部的电能将转换为热量，使管子、元件等温度升高，从而影响电路的稳定性。为定量反映放大电路效率的高低，定义放大电路的效率为

$$\eta = \frac{P_o}{P_E} \times 100\% \tag{5-3}$$

式中，P_o 为信号输出功率，P_E 为直流电源向电路提供的功率。可见，效率 η 反映了功率放大器把电源功率转换成输出信号功率（即有用功率）的能力，表示了电源功率的转换率。

3. 非线性失真尽量小

在功率放大电路中，由于晶体管处于大信号工作状态，因此输出波形不可避免地会产生一定的非线性失真。对此，我们常用非线性失真系数来表示其大小。非线性失真系数是指输出波形中的谐波成分总量与基波成分之比。在实际的功率放大电路中，应根据负载的要求来规定允许的失真范围。

4. 分析估算采用图解法

由于功率放大中的晶体管工作在大信号状态，因此分析电路时，不能用微变等效电路分析方法，而应采用图解法对其输出功率和效率等指标作粗略估算。

5. 功率放大中晶体管常工作在极限状态

在功率放大电路中，晶体管往往工作在接近管子的极限参数状态，即晶体管集电极电流最大时接近 I_{CM}（管子的最大集电极电流），管压降最大时接近 U_{CEM}（管子 $C-E$ 间能承受的最大管压降），耗散功率最大时接近 P_{CM}（管子的集电极最大耗散功率）。因此，在选择功率放大管时，要特别注意极限参数的选择，以保证管子的安全使用。当晶体管选定后，需要合理选择功率放大器的电源电压及静态工作点，甚至需要对晶体管加散热措施，以保护晶体管，使其安全工作。

功率放大电路的主要技术指标为最大输出功率和转换效率。

5.1.2 功率放大电路工作状态的分类

功率放大电路按其晶体管导通时间的不同，可分为甲类、乙类、甲乙类和丙类等。在输入信号的一个周期内，如果功率放大电路中晶体管始终工作于导通状态，即导通角度为 360°，则称为甲类功率放大；若仅在半个周期内导通，即导通角度为 180°，则称为乙类功率放大；在大于半个周期而小于一个周期内导通，即导通角度大于 180°而小于 360°，则称为甲乙类功率放大；而导通时间小于半个周期，即导通角度小于 180°，则称为丙类功率放大。各类功率放大的工作状态示意图如图 5—1 所示。

前面章节介绍的小信号放大电路中（如共射极放大电路），在输入信号的整个周期内，晶体管始终工作在线性放大区域，故属甲类工作状态。本章将要介绍的 OCL、OTL 功率放大工作在乙类或甲乙类状态。

以上是按晶体管的工作状态对功率放大分类的。此外，功率放大也可以按照放大信号的频率分类，分为低频功率放大和高频功率放大。前者用于放大音频范围（几十 Hz 到几十 kHz）的信号，后者用于放大射频范围（几百 kHz 以上）的信号，本课程仅介绍低频功率放大。

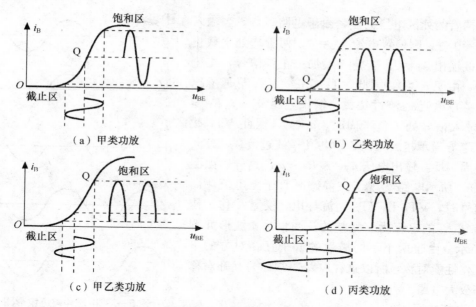

（a）甲类功放

（b）乙类功放

（c）甲乙类功放

（d）丙类功放

图 5—1 四类功率放大电路工作状态示意图

5.2 常见的功率放大电路

5.2.1 OCL 乙类互补对称功率放大电路

1. 电路组成和工作原理

无输出电容电路（Output Capacitor Less，OCL）乙类互补对称功率放大电路如图 5—2（a）所示。图中 VT_1、VT_2 分别为 NPN 和 PNP 型晶体管，要求 VT_1 和 VT_2 管特性对称，并且正负电源对称。两管的基极和发射极分别连接在一起，信号从基极输入，发射极输出，R_L 为负载（例如扬声器等）。该电路可以看成图 5—2（b）和图 5—2（c）两个发射极输出电路的组合。

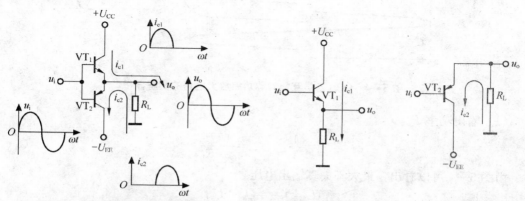

（a）OCL 乙类互补对称功率放大电路　　　（b）信号正半周 VT_1 工作　　（c）信号负半周 VT_2 工作

图 5—2 OCL 乙类互补对称功率放大电路

设两管的死区电压为零，由于电路对称，当输入信号 $u_i=0$ 时，则偏置电流 $I_{CQ}=0$，两管均处于截止状态，故输出 $u_o=0$。若输入端加一正弦信号，在正半周时，由于 $u_i>0$，因此 VT_2 截止，VT_1 导通承担放大任务，电流 i_{c1} 流过负载，输出电压 $u_o=i_{c1}R_L\approx u_i$；当输入信号处于负半周时，$u_i<0$，因此 VT_1 截止，VT_2 导通承担放大任务，电流 i_{c2} 流过负载，方向与正半周相反，输出电压 $u_o=i_{c2}R_L\approx u_i$。这样，如图5—2（a）所示电路实现了在静态时管子无电流，而在有信号时，VT_1 和 VT_2 轮流导电，交替工作，使流过负载 R_L 的电流为一完整的正弦信号，波形如图5—3 所示。由于两个不同极性的管子互补对方的不足，工作性能对称，所以这种电路通常称为互补对称式功率放大电路。

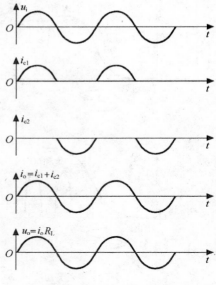

图5—3 电压和电流波形图

2. 性能指标估算

OCL 乙类互补对称功率放大电路的图解分析如图5—4 所示。由于两管特性对称，为便于分析，将 VT_2 管的特性曲线倒置后与 VT_1 的特性画在一起，使两管的静态工作点 Q 重合，形成两管合成曲线。这时的交流负载线为一条通过 Q 点、斜率为 $-1/R_L$ 的直线 AB。由图可以看出，输出电流、输出电压的最大允许变化范围分别为 $2I_{cm}$ 和 $2U_{cem}$，I_{cm} 和 U_{cem} 分别为集电极正弦电流和电压的振幅值。

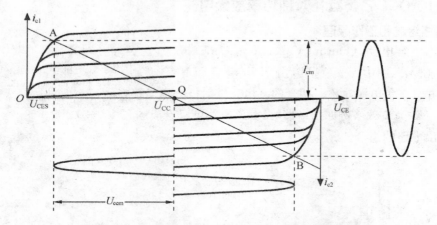

图5—4 OCL 乙类互补对称功率放大电路的图解分析

（1）输出功率 P_o。

$$P_o=\frac{1}{2}I_{om}U_{om}=\frac{1}{2}\frac{U_{cerm}^2}{R_L} \tag{5-4}$$

由图5—4 可以看出，最大不失真输出电压

$$(U_{cem})_{max}=U_{cc}-U_{ces} \tag{5-5}$$

式中，U_{ces} 为晶体管集电极—发射极的饱和电压，一般为 $0.3V$，比电源电压 U_{cc} 小得多，可以忽略。

最大不失真输出电流

$$(I_{cm})_{max} = \frac{(U_{cem})_{max}}{R_L} \tag{5-6}$$

故最大不失真输出功率

$$P_{omax} = \frac{1}{2}(I_{cm})_{max}(U_{cem})_{max} = \frac{1}{2}\frac{(U_{cem})^2_{max}}{R_L} \approx \frac{U^2_{cc}}{2R_L} \tag{5-7}$$

（2）效率 η。

由（5-3）式定义，要估算效率 η 需求出电源供给功率 P_E。

在乙类互补对称功率放大电路中，每个晶体管的集电极电流波形均为半个周期的正弦波（见图 5—3），其平均值 I_{avI} 为

$$I_{avI} = \frac{1}{2\pi}\int_0^{2\pi} i_{c1}\,d(\omega t) = \frac{1}{2\pi}\int_0^{\pi} I_{cm}\sin\omega t\,d(\omega t) = \frac{1}{\pi}I_{cm} \tag{5-8}$$

因此，直流电源 U_{cc} 提供给电路的功率为

$$P_{E1} = I_{avI}U_{cc} = \frac{1}{\pi}I_{cm}U_{cc} = \frac{1}{\pi}\frac{U_{cem}}{R_L}U_{cc} \tag{5-9}$$

考虑正负两组直流电源提供给电路总的功率为

$$P_E = 2P_{E1} = \frac{2}{\pi}\frac{U_{cem}}{R_L}U_{cc} \tag{5-10}$$

将式（5-4）、式（5-10）代入式（5-3）可得

$$\eta = \frac{\pi}{4}\frac{U_{cem}}{U_{cc}} \tag{5-11}$$

当输出信号达到最大不失真输出时，效率最高，此时

$$(U_{cem})_{max} = U_{cc} - U_{ces} \approx U_{cc} \tag{5-12}$$

$$\eta_{max} \approx \frac{\pi}{4} \approx 78.5\% \tag{5-13}$$

（3）单管最大平均管耗 P_{T1max}。

对 VT_1 管来说，在输入信号的一个周期内，只有正半周导通，VT_1 管的瞬时管压降为 $U_{CE1} = U_{cc} - U_o$。流过 VT_1 管的瞬时电流 $i_{c1} = u_o/R_L$，一个周期的平均功率损耗为

$$P_{TI} = \frac{1}{2\pi}\int_0^{\pi} u_{CE1}i_{c1}\,d(\omega t) = \frac{1}{2\pi}\int_0^{2\pi}(U_{cc} - U_{cem}\sin\omega t)\,d(\omega t)I_{cm}\sin\omega t \tag{5-14}$$

$$= \frac{1}{R_L}\left(\frac{U_{cc}U_{cem}}{\pi} - \frac{U^2_{cem}}{4}\right) = \frac{U_{cc}}{\pi}I_{cm} - \frac{1}{4}I^2_{cm}R_L$$

可见平均管耗 P_{TI} 与 I_{cm} 呈非线性关系。

令 $dP_{TI}/dI_{cm} = 0$ 可求出：当 $I_{cm} = 2U_{cc}/\pi R_L$ 时，或 $U_{cem} = 2U_{cc}/\pi$ 时，平均管耗 P_{TI} 最大。其最大值 P_{T1max} 为

$$P_{T1max} = \frac{2U^2_{cc}}{\pi^2 R_L} - \frac{U^2_{cc}}{\pi^2 R_L} = \frac{U^2_{cc}}{\pi^2 R_L} \approx 0.1\frac{U^2_{cc}}{R_L} = 0.2P_{omax} \tag{5-15}$$

即单管最大平均管耗 P_{T1max} 等于最大输出功率的 0.2 倍。

3. 功率放大管的选管原则

在功率放大电路中，功率放大管既要流过大电流，又要承受高电压，所以应根据功率放大管所承受的最大管压降、集电极最大电流以及最大功耗来选择功率放大管。即要求功率放大管的功耗要小于允许的最大集电极耗散功率 P_{CM}，最大反向工作电压必须小于允许的击穿

电压 U_{CEO}，功率放大管的最大工作电流必须小于该功率放大管的最大允许电流 I_{CM}。

由以上分析可知，晶体管的参数必须满足下列条件：

（1）每只晶体管的最大允许管耗（或集电极功率损耗）P_{CM} 必须大于 $P_{T1max}=0.2P_{omax}$；

（2）考虑到当 VT_2 接近饱和导通时，忽略饱和压降，此时 VT_1 管的 U_{CE1} 具有最大值，且等于 $2U_{cc}$，因此，应选用 $U_{CEO}>2U_{cc}$ 的管子；

（3）通过晶体管的最大集电极电流约为 U_{cc}/R_L，所选晶体管的 I_{CM} 一般不宜低于此值。

另外还要注意散热及二次击穿问题。最大允许功耗 P_{CM} 与管子的散热条件有关，散热条件越好，热量散发越快，管芯的结温上升将减小，允许的功耗将增大，越有利于发挥晶体管输出功率的潜力。因此功率放大管在使用时要按照产品手册中的要求加装合适的散热器。

例 5—1　功率放大电路如图 5—2（a）所示，设 $U_{cc}=12V$，$R_L=8\Omega$，晶体管的极限参数为 $I_{CM}=2A$，$U_{CEO}=30V$，$P_{CM}=5W$。试求最大输出功率 P_{omax}；并检验所给晶体管是否能安全工作。

解： 由式（5-7）可求出

$$P_{omax}=\frac{U_{cc}^2}{2R_L}=\frac{12^2}{2\times8}W=9W$$

通过晶体管的最大集电极电流、c-e 间最大压降和最大管耗分别为

$$I_{cm}=\frac{U_{cc}}{R_L}=\frac{12V}{8\Omega}=1.5A$$

$$U_{cem}=2U_{cc}=24V$$

$$P_{T1max}\approx0.2P_{omax}=0.2\times9W=1.8W$$

I_{cm}、U_{cem} 和 P_{T1max} 均分别小于极限参数 I_{CM}、U_{CEO} 和 P_{CM}，故晶体管能安全工作。

5.2.2　OCL 甲乙类互补对称功率放大电路

以上对 OCL 乙类互补对称功率放大电路的分析是假设管子死区电压为零，且认为是线性关系。实际电路中晶体管输入特性存在死区电压，且电流、电压关系也不是线性关系，因此在输入电压较小时，存在一小段死区，此段输出电压与输入电压不是线性关系，从而使输出信号波形产生了失真。由于这种失真出现在信号通过零值处，故称为交越失真。交越失真波形如图 5—5 所示。

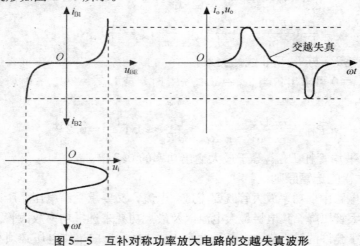

图 5—5　互补对称功率放大电路的交越失真波形

为减小交越失真，改善输出波形，通常设法使晶体管在静态时有一个较小的基极电流。为此，可在两个晶体管基极之间，接入电阻 R 和两个二极管 VD_1、VD_2，如图 5—6 所示。这样在两个晶体管的基极之间产生一个偏压，使得当 $u_i=0$ 时，VT_1、VT_2 已微导通，两个管子的基极存在一个较小的基极电流 I_{B1} 和 I_{B2}；因而，在两管的集电极回路也各有一个较小的集电极电流 I_{C1} 和 I_{C2}，但静态时负载电流 $I_L=I_{C1}-I_{C2}=0$。当加上正弦输入电压 u_i 时，在正半周，i_{c1} 逐渐增大，i_{c2} 逐渐减小，然后 VT_2 截止。在负半周则相反，i_{c2} 逐渐增大，而 i_{c1} 逐渐减小，最后 VT_1 截止。i_{c1}、i_{c2} 的波形如图 5—7 所示，可见，两管轮流导电的交替过程比较平滑，最终得到的 i_L 和 u_o 的波形更接近于理想的正弦波，从而减小了交越失真。

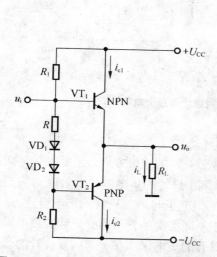

图 5—6　OCL 乙类互补对称功率放大电路

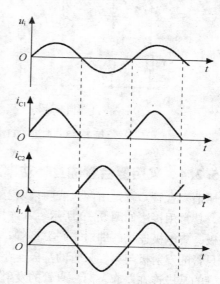

图 5—7　OCL 乙类互补对称功率放大电路的波形

由图 5—7 还可以看出，此时每管的导通时间略大于半个周期，而小于一个周期，故这种电路称为 OCL 甲乙类互补对称功率放大电路。

在甲乙类互补对称电路中，为了提高效率，通常使静态时集电极电流很小，即电路静态工作点 Q 的位置很低，与乙类互补电路的工作情况相近。因此，OCL 甲乙类互补对称功率放大电路的最大输出功率和效率，可近似采用 OCL 乙类互补对称功率放大电路的计算公式来进行估算。

5.2.3　OTL 甲乙类互补对称功率放大电路

OCL 互补对称功率放大电路具有效率高等很多优点，但需要正负两个电源。若电路中仅有一组电源时，可采用单电源互补对称电路，如图 5—8（a）所示，又称为无输出变压器电路、OTL（Output Tromsformer Less）电路。

在图 5—8（a）中，VT_2 和 VT_3 两管的射极通过一个大电容 C 接到负载 R_L 上，二极管 VD_1、VD_2 及 R 用来消除交越失真，向 VT_2、VT_3 提供偏置电压，使其工作在甲乙类状态。静态时，VT_2、VT_3 的发射极节点电压为电源电压的一半，即 $U_{cc}/2$，则电容 C 两端直流电压为 $U_{cc}/2$。当有信号输入时，由于 C 上的电压维持 $U_{cc}/2$ 不变，可视为恒压源，

因此 VT_2 和 VT_3 的 c-e 回路的等效电源都是 $U_{cc}/2$，其等效电路如图 5—8（b）所示。由图 5—8（b）可以看出，OTL 功率放大的工作原理与 OCL 功率放大相同。只要把图 5—4 中 Q 点的横坐标改为 $U_{cc}/2$，并用 $U_{cc}/2$ 取代 OCL 功率放大有关公式中的 U_{cc}，就可以估算 OTL 功率放大的各类指标。

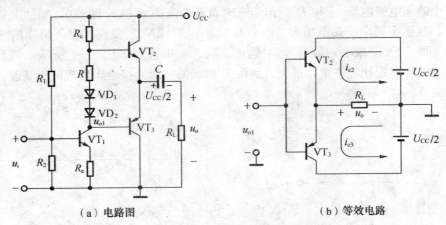

（a）电路图　　　　　　　　　　　　　　　　（b）等效电路

图 5—8　典型 OTL 甲乙类互补对称功率放大电路

5.2.4　采用复合管的互补功率放大电路

所谓复合管，就是由两只或两只以上的三极管按照一定的连接方式，组成一只等效的三极管，其常用接法如图 5—9 所示。其连接原则是：第一只管的集电极、发射极与第二只管的基极、集电极连接。即对于同类型管，第一只管的集电极与第二只管的集电极连在一起，第一只管的发射极与第二只管的基极连在一起；对于不同类型的管，第一只管的集电极与第二只管的基极连在一起，第一只管的发射极与第二只管的集电极连在一起。复合管的管型与组成该复合管的第一只三极管相同，而其输出电流、饱和压降等基本特性，主要由最后的输出三极管决定。复合管的电流放大系数近似等于组成该复合管的各三极管的电流放大系数之积。其输入电阻与第一只三极管的输入电阻相同。复合管虽有电流放大倍数高的优点，但它的穿透电流较大，且高频特性变差。为了减少穿透电流的影响，常在最后的一只三极管基极与发射极之间并接一只电阻 R，当然 R 的接入会使复合管的电流放大倍数下降。

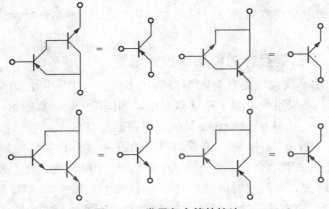

图 5—9　常用复合管的接法

由复合管组成的互补功率放大电路如图 5—10 所示。图中，VT_1、VT_3 等效于一只 NPN 型三极管，VT_2、VT_4 等效于一只 PNP 型三极管。图中要求 VT_3 和 VT_4 既要互补又要对称，对于 NPN 型和 PNP 型两种大功率管来说，一般比较难以实现。为此，最好选用 VT_3 和 VT_4 是同一型号的管子，通过复合管的接法来实现互补，这样组成的电路称为准互补对称电路，如图 5—11 所示。

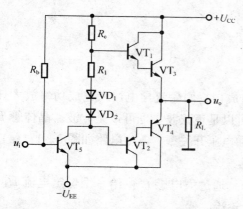
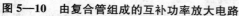
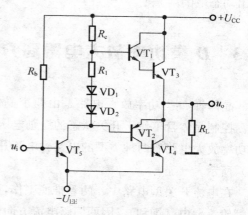

图 5—10　由复合管组成的互补功率放大电路　　　　图 5—11　准互补对称电路

5.2.5　具有自举电路的功率放大电路

具有自举电路的功率放大电路如图 5—12 所示，图中，R_3 和 C_3 组成自举电路，C_3 又称为自举电容。其目的是提高功放电路的动态范围。这是因为如果没有该电路时，当输入信号 u_i 负半周时，T_3 的集电极为正半周，T_1 管的基极电流增加，T_1 导通，中点 K 点电位上升。由于 T_1 管基极电阻上的压降和死区电压的存在，当 K 点电位向电源电压接近时，T_1 管的基极电流将受限制而不能增加很多，因而也就限制了 T_1 输向负载的电流，使负载两端得不到足够的电压变化量，动态范围降低。

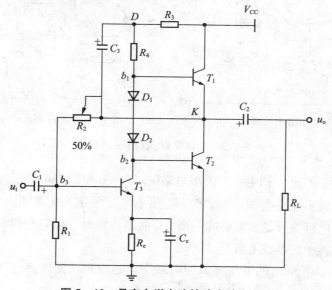

图 5—12　具有自举电路的功率放大电路

当时间常数 R_3C_3 足够大时，电容 C_3 两端电压将基本为常数，不随 u_i 而改变。这样，当 u_i 为负时，中点 K 的电位将升高。随着 K 点电位的升高，由于电容两端的电压不能突变，所以 D 点电位也自动升高。因而，即使输出电压幅度升得很高，也有足够的基极电流，使 T_1 充分导通。这种工作方式称为自举，意思是电路本身把 V_D 提高了。因而电路的输出动态范围增大了。

5.3 D类功率放大电路简介

晶体管 D 类功率放大电路是由两个晶体管组成，它们轮流导电，来完成功率放大任务。控制晶体管工作于开关状态的激励电压波形可以是正弦波，也可以是方波。晶体管 D 类功率放大电路有两种类型的电路：电流开关型和电压开关型。典型电路如图 5—13（a）、（b）所示。

在电流开关型电路中，两管推挽工作，电源 U_{cc} 通过大电感 L' 供给一个恒定电流 I_{cc}。两管轮流导电（饱和），因而回路电流方向也随之轮流改变。

在电压开关型电路中，两管是与电源电压 U_{cc} 串联的。当上面的晶体管导通（饱和）时，下面的晶体管截止，A 点的电压接近于 U_{cc}；当上面的晶体管截止时，下面的晶体管饱和导通，A 点的电压接近于零，因而 A 点的电压波形即为矩形波。图 5—13（a）、（b）分别给出了各点的电压与电流波形。

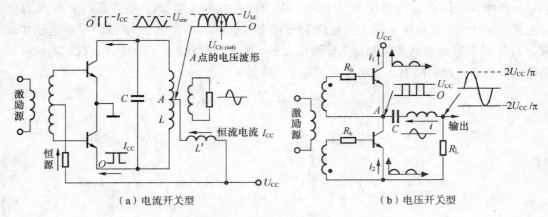

（a）电流开关型　　　　　　　　　（b）电压开关型

图 5—13　晶体管 D 类功率放大电路

在如图 5—13（a）所示的电流开关型电路中，在 V_{cc} 电路中串接了大电感 L'，目的是利用通过电感的电流不能突变的原理，使 U_{cc} 供给一个恒定的电流 I_{cc}。因此，当两管轮流导电时，每管的电流波形是矩形脉冲。当 LC 回路谐振时，在它两端所产生的正弦波电压与集电极方波电流中的基波电流分量同相。

在如图 5—13（b）所示的电压开关型电路中，利用激励变压器使两管的输入信号反相从侧轮流导通。

5.4　集成功率放大器及其应用

目前，利用集成电路工艺已经能够生产出品种繁多的集成功率放大器。集成功率放大器除了具有一般集成电路的共同特点，如可靠性高、使用方便、性能好、轻便小巧、成本低廉等之外，还具有温度稳定性好、电源利用率高、功耗较低、非线性失真较小等优点。它还可以将各种保护电路，如过流保护、过热保护以及过压保护等也集成在芯片内部，使使用更加安全。

从电路结构来看，和集成运放类似，集成功率放大器也包括输入级、中间级和功率输出级，以及偏置电路、稳压、过流过压保护等附属电路。除此以外，基于功率放大电路输出功率大的特点，在内部电路的设计上还要满足一些特殊要求，如输出级采用复合管、采用更高的直流电源电压、要求外壳装散热片等。

集成功率放大器的种类很多，从用途划分，有通用型功率放大器和专用型功率放大器；从芯片内部的构成划分，有单通道功率放大器和双通道功率放大器；从输出功率划分，有小功率功率放大器和大功率功率放大器等。本节以一种通用型小功率集成功率放大器 LM386 为例进行介绍。

5.4.1　LM386 内部电路

LM386 电路简单，通用性强，是目前应用较广的一种小功率集成功率放大器，具有电源电压范围宽（4～16V）、功耗低（常温下为 660mW）、频带宽（300kHz）等优点，输出功率为 0.3～0.7W，最大可达 2W。另外，电路外接元件少，不必外加散热片，使用方便，广泛应用于收录机和收音机中。

LM386 的内部电路原理图如图 5—14 所示，图 5—15 是其引脚排列图，封装形式为双列直插。与集成运放类似，它是一个三级放大电路，输入级为差分放大电路；中间级为共射极放大电路，为 LM386 的主增益级；第三级为准互补输出级。引脚 2 为反相输入端，引脚 3 为同相输入端。电路由单电源供电，故为 OTL 电路。

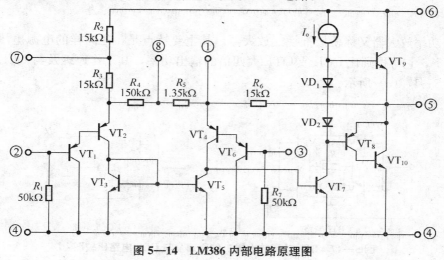

图 5—14　LM386 内部电路原理图

应用时通常在 7 脚和地之间外接电解电容组成直流电源去耦滤波电路；在 1、8 两脚之间外接一个阻容串联电路，构成差动放大管射级的交流负反馈，通过调节外接电阻的阻值就可调节该电路的放大倍数。其中，1、8 两脚开路时，负反馈量最大，电压放大倍数最小，约为 20。1、8 两脚之间短路时或只外接一个大电容时，电压放大倍数最大，约为 200。

5.4.2　LM386 的典型应用电路

如图 5—16 所示是 LM386 的典型应用电路。图中，接于 1、8 两脚的 C_2、R_1 用于调节电路的电压放大倍数。因 LM386 为 OTL 电路，所以需要在 LM386 的输出端接一个大电容，图中外接一个 $220\mu F$ 的耦合电容 C_4。C_5、R_2 组成容性负载，以抵消扬声器音圈电感的部分感性，防止信号突变时，音圈的反电动势击穿输出管，在小功率输出时 C_5、R_2 也可不接。C_3 与内部电阻 R_2 组成电源的去耦滤波电路。若电路的输出功率不大、电源的稳定性又好，则只需在输出端 5 外接一个耦合电容和在 1、8 两端外接放大倍数调节电路就可以使用。LM386 广泛用于收音机、对讲机、方波和正弦波发生器等电子电路中。

图 5—15　LM386 引脚排列图

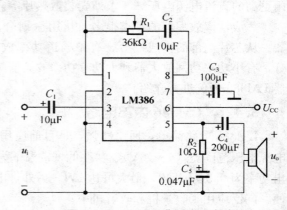

图 5—16　LM386 典型应用电路

5.5　BTL 功率放大器

BTL 功率放大器又称桥接推挽式放大器。其主要特点是，在同样的电源电压和负载电阻条件下，它可得到比 OCL 或 OTL 大四倍的输出功率，其工作原理及与 OCL 电路之比较如图 5—17（a）所示。

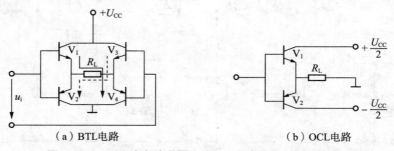

（a）BTL电路　　　　　　　　　　（b）OCL电路

图 5—17　BTL 功率放大器工作原理及与 OCL 电路比较图

图 5—17（a）中，四个功放管 $V_1 \sim V_4$ 组成桥式电路。静态时，电桥平衡，负载 R_L 中无直流电流。动态时，桥臂对管轮流导通。如 u_i 正半周，上正下负，则 V_1、V_4 导通，V_2、V_3 截止，流过负载 R_L 的电流如图中实线所示；在 u_i 负半周，上负下正，则 V_1、V_4 截止，V_2、V_3 导通，负载 R_L 中电流如图中虚线所示。忽略管子饱和压降，则两个半周合成，在负载上可得到振幅为 U_{CC} 的输出信号电压。此外，由上述分析可以看出，与 OCL 电路相比（图 5—17（b）），在相同电源电压下，BTL 电路中流过负载 R_L 的电流加大了一倍，据此可分析出它的最大输出功率为

$$P_{om} = (U_{CC}\sqrt{2})\frac{2\left(\dfrac{U_{CC}}{\sqrt{2}}\right)}{R_L} = \frac{2U_{CC}^2}{R_L}$$

如果是单电源供电，则最大输出功率为

$$P_{om} = \frac{U_{CC}^2}{2R_L}$$

可见，BTL 电路的最大输出功率是同样电源电压 OCL 电路的四倍。

如图 5—18 所示是用两块 5G37 组成的 BTL 形式电路。图中，负载接在两块 5G37 的输出端 6 脚之间，通过调节 R_1、R_2 和 R_1'、R_2'，可使两块 5G37 的输出端 6 脚的直流电位均严格等于 $U_{CC}/2$，使负载中无直流电流，因而省去了隔直电容。动态时，输入级从图中 A、B 两点分别给两块 5G37 输入等值反向的信号。设某半个周期时，上面一块 5G37 输出级中的 NPN 型复合管与下面一块 5G37 输出级中的 PNP 型复合管导通；另半个周期时，上面一块 5G37 输出级中的 PNP 型复合管与下面一块 5G37 输出级中的 NPN 型复合管导通。这样在负载 R_L 上可获得合成的输出信号。

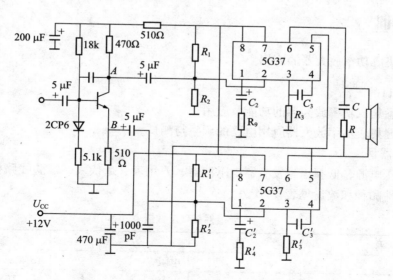

图 5—18　用两块 5G37 接成的 BTL 形式电路

尽管 BTL 电路中多用了一组功放电路，负载又是"悬浮"状态，增加了调试的难度，但由于它性能优良、失真小、电源利用率高，因而在高保真音响等领域中应用较广。

1. 对功率放大电路的主要要求是能够向负载提供足够的输出功率，同时应有较高的效率和较小的非线性失真。功率放大电路的主要技术指标有最大输出功率 P_{om} 和效率 η。

2. 按照功率放大管的工作状态，可以将低频功率放大电路分为甲类、乙类和甲乙类等。其中甲类功率放大的失真小，但效率最低；互补对称的乙类功率放大效率最高，理想情况可以达到 78.5%，但存在交越失真。所以采用互补对称的甲乙类功率放大电路，既消除了交越失真，也可以获得接近乙类功率放大的效率。

3. 根据互补对称功率放大电路的电路形式，有双电源互补对称电路（OCL 电路）和单电源互补对称电路（OTL 电路）两种。OCL 电路中将输出端的大电容省去，改善了电路的低频响应，而且有利于实现集成化。但 OCL 电路需用正、负两路直流电源。对于单电源互补对称电路，计算输出功率、效率、管耗和直流电源提供的功率时，只需将 OCL 电路计算公式中的 U_{CC} 用 $U_{CC}/2$ 代替即可。

4. 集成功率放大种类繁多，大多工作在音频范围。集成功率放大有通用型和专用型之分，输出功率从几十毫瓦至几百毫瓦不等，有些集成功率放大既可以双电源供电，也可以单电源供电。由于集成功率放大具有许多突出优点，如温度稳定性好、电源利用率高、功耗较低、非线性失真较小等，目前已经得到了广泛的应用。

5. BTL 功率放大器又称桥接推挽式放大器。其主要特点是，在同样的电源电压和负载电阻条件下，它可得到比 OCL 或 OTL 大四倍的输出功率。尽管 BTL 电路中多用了一组功放电路，负载又是"悬浮"状态，增加了调试的难度，但由于它性能优良、失真小、电源利用率高，因而在高保真音响等领域中应用较广。

技能实训

实训 集成功率放大器的应用

1. 实训目的

(1) 熟悉集成功率放大器的功能及应用。

(2) 掌握集成功率放大器应用电路的调整与测试。

2. 实训器材

直流稳压电源、低频信号发生器、示波器、万用表、毫伏表、实验线路板、扬声器和话筒。元器件品种和数量见表 5—1。

表 5—1 元器件品种及数量

名　称	参　数	名　称	参　数
电阻 R_1	1MΩ	电阻 R_2	4.7kΩ
可调电阻 R_p	100kΩ	电容 C_1	1μF/16V
电解电容 C_2	10μF/16V	电容 C_3	0.1μF/16V
电解电容 C_4	100μF/16V	电解电容 C_5	100μF/16V
三极管	9013NPN	集成功率放大器	LM386

3. 实训内容

（1）测试电路如图 5—19 所示（LM386 其他引脚请参阅图 5—16），分析电路的工作原理，估算 VT 管的静态工作点电流和电压。

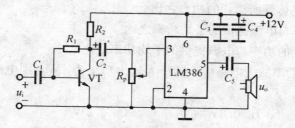

图 5—19　集成功放 LM386 应用电路

（2）按图所示电路及表配置元器件，并对所有元器件进行检测。

（3）按图在实验线路板进行组装。经检查接线没有错误后，接通 12V 直流电源。

（4）用万用表的直流电压挡，测量三极管的直流工作点电压以及集成功放 5 脚对地电压是否均符合要求。如不符合要求，应切断直流电源进行检查。查出原因后，方可再次接通直流电源进行测试。

（5）输入端用信号发生器输入 800Hz、10mV 左右的音频电压，扬声器中就会有声音发出。调节 R_p，声音的强弱会随之变化。用示波器观察得输出波形为正弦波后，再用交流毫伏表测量放大电路的电压增益，$Au = U_o/U_i$，同时测出最大不失真功率的大小，并与理论值进行比较。

（6）将话筒置于输入端，模拟扩音机来检验该电路的放大效果。

4. 实训报告

（1）整理实验数据。

（2）电路工作原理分析。

（3）静态工作点、电压放大倍数、最大不失真功率的估算、测量值及其分析比较。

5. 注意事项

（1）注意 LM386 的引脚连接方式。

（2）接线要用屏蔽线，屏蔽线的外屏蔽层要接到系统的地线上。

（3）进行故障检查时，需注意测量仪器所引起的故障。

本章自测题

一、填空题

1. 无交越失真的 OTL 电路和 OCL 电路均工作在（　　　　　）状态。

2. 对功率放大器所关心的主要性能参数是（　　　　　）和（　　　　　）。

3. 设计一个输出功率为 20W 的扩音机电路，用乙类互补对称功率放大，则功率放大管的 P_{CM3} 应满足（　　　　　）W。

4. 功放电路易出现的失真现象是（　　　　　）。

二、选择题

1. 功率放大电路的最大输出功率是指在输入电压为正弦波时，输出基本不失真情况

| 159

下，负载上可能获得的最大（　　　）。

    A. 交流功率　　　　　　B. 直流功率　　　　　　C. 平均功率

2. 功率放大电路的转换效率是指（　　　）。

    A. 输出功率与晶体管所消耗的功率之比

    B. 最大输出功率与电源提供的平均功率之比

    C. 晶体管所消耗的功率与电源提供的平均功率之比

3. 在 OCL 乙类功率放大电路中，若最大输出功率为 1W，则电路中功率放大管集电极最大功耗约为（　　　）。

    A. 1W　　　　　　　　B. 0.5W　　　　　　　　C. 0.2W

4. 在选择功率放大电路中的晶体管时，应当特别注意的参数有（　　　）。

    A. β　　　　　　　　B. I_{CM}　　　　　　　C. I_{CBO}　　　　　　D. U_{CEO}

    E. P_{CM}　　　　　　　F. f_T

三、判断题

1. 在功率放大电路中，输出功率愈大，功放管的功耗愈大。（　　　）

2. 功率放大电路的最大输出功率是指在基本不失真情况下，负载上可能获得的最大交流功率。（　　　）

3. 功率放大器为了正常工作需要在功率管上装置散热片，功率管的散热片接触面粗糙些比较好。（　　　）

4. 当 OCL 电路的最大输出功率为 1W 时，功放管的集电极最大耗散功率应大于 1W。（　　　）

5. 乙类推挽电路只可能存在交越失真，而不可能产生饱和或截止失真。（　　　）

6. 功率放大电路，除要求其输出功率要大外，还要求功率损耗小，电源利用率高。（　　　）

7. 乙类功放和甲类功放电路一样，输入信号愈大，失真愈严重，输入信号小时，不产生失真。（　　　）

8. 在功率放大电路中，电路的输出功率要大和非线性失真要小是对矛盾。（　　　）

9. 功率放大电路与电压放大电路、电流放大电路的共同点是

    (1) 都使输出电压大于输入电压；（　　　）

    (2) 都使输出电流大于输入电流；（　　　）

    (3) 都使输出功率大于信号源提供的输入功率。（　　　）

10. 功率放大电路与电压放大电路的区别是

    (1) 前者比后者电源电压高；（　　　）

    (2) 前者比后者电压放大倍数数值大；（　　　）

    (3) 前者比后者效率高；（　　　）

    (4) 在电源电压相同的情况下，前者比后者的最大不失真输出电压大；（　　　）

11. 功率放大电路与电流放大电路的区别是

    (1) 前者比后者电流放大倍数大；（　　　）

    (2) 前者比后者效率高。（　　　）

四、简答题

1. 什么是功率放大器？与一般电压放大器相比，对功率放大器有何特殊要求？

2. 如何区分晶体管工作在甲类、乙类还是甲乙类？画出在三种工作状态下的静态工作点及与之相应的工作波形示意图。

3. 什么是交越失真？如何克服？

4. 甲类、乙类、甲乙类功放电路中，功放管的导通角分别是多少？

5. 功率放大器如图 5—20 所示，已知各晶体管的 $\beta=50$，$|U_{BE}|=0.6V$，$U_{CES}=0.5V$。

(1) 说明 R_4 和 C_2 的作用；

(2) 设静态时 $|U_{BE3}|=|U_{BE2}|$，试计算各电阻中的静态电流，并确定 R_3 的阻值；

(3) 在输出基本不失真的情况下，估算电路的最大输出功率。

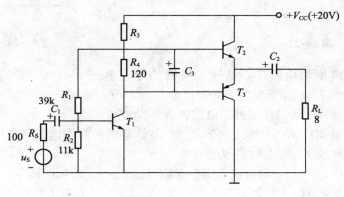

图 5—20

本章习题

1. 已知电路如图 5—21 所示，T_1 和 T_2 管的饱和管压降 $|U_{CES}|=3V$，$U_{CC}=15V$，$R_L=8\Omega$。求：

(1) 电路中 D_1 和 D_2 管的作用。

(2) 静态时，晶体管发射极电位 U_{EQ}。

(3) 最大输出功率 P_{OM}。

2. 在图 5—21 所示电路中，已知 $V_{CC}=16V$，$R_L=4\Omega$，T_1 和 T_2 管的饱和管压降 $|U_{CES}|=2V$，输入电压足够大。试问：

(1) 最大输出功率 P_{om} 和效率 η 各为多少？

(2) 晶体管的最大功耗 P_{Tmax} 为多少？

(3) 为了使输出功率达到 P_{om}，输入电压的有效值约为多少？

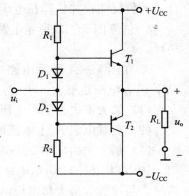

图 5—21

3. 试证明，在理想情况下甲类功放的效率不会超过 50%。

4. 双电源互补对称电路如图 5—22 所示，已知电源电压 12V，负载电阻 10Ω，输入信号为正弦波。求：

（1）在晶体管 U_{CES} 忽略不计的情况下，负载上可以得到的最大输出功率。

（2）每个功放管上允许的管耗是多少？

（3）功放管的耐压又是多少？

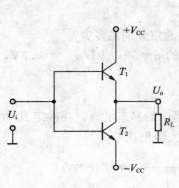

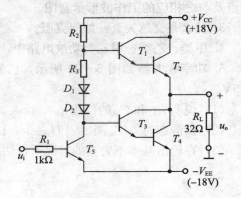

图 5—22   图 5—23

5. 在图 5—23 所示电路中，已知二极管的导通电压 $U_D = 0.7V$，晶体管导通时的 $|U_{BE}| = 0.7V$，T_2 和 T_4 管发射极静态电位 $U_{EQ} = 0V$。试问：

（1）T_1、T_3 和 T_5 管基极的静态电位各为多少？

（2）设 $R_2 = 10k\Omega$，$R_3 = 100\Omega$。若 T_1 和 T_3 管基极的静态电流可忽略不计，则 T_5 管集电极静态电流为多少？静态时 U_1 为多少？

（3）若静态时 $i_{B1} > i_{B3}$，则应调节哪个参数可使 $i_{B1} = i_{B2}$？如何调节？

（4）电路中二极管的个数可以是 1、2、3、4 吗？你认为哪个最合适？为什么？

6. 在图 5—23 所示电路中，已知 T_2 和 T_4 管的饱和管压降 $|U_{CES}| = 2V$，静态时电源电流可忽略不计。试问负载上可能获得的最大输出功率 P_{om} 和效率 η 各为多少？

7. 为了稳定输出电压，减小非线性失真，请通过电阻 R_f 在图 5—23 所示电路中引入合适的负反馈；并估算在电压放大倍数数值约为 10 的情况下，R_F 的取值。

8. 估算图 5—23 所示电路 T_2 和 T_4 管的最大集电极电流、最大管压降和集电极最大功耗。

9. 在图 5—24 所示电路中，已知 $U_{CC} = 15V$，T_1 和 T_2 管的饱和管压降 $|U_{CES}| = 2V$，输入电压足够大。求解：

（1）最大不失真输出电压的有效值；

（2）负载电阻 R_L 上电流的最大值；

（3）最大输出功率 P_{om} 和效率 η。

10. 在图 5—24 所示电路中，R_4 和 R_5 可起短路保护作用。试问：当输出因故障而短路时，晶体管的最大集电极电流和功耗各为多少？

11. 在图 5—25 所示电路中，已知 $U_{CC} = 15V$，T_1 和 T_2 管的饱和管压降 $|U_{CES}| = 1V$，集成运放的最大输出电压幅值为 $\pm 12V$，二极管的导通电压为 $0.7V$。

（1）若输入电压幅值足够大，则电路的最大输出功率为多少？

（2）为了提高输入电阻，稳定输出电压，且减小非线性失真，应引入哪种组态的交流负反馈？请画图。

（3）若 u_i＝0.1V 时，输出电压为 5V，则反馈网络中电阻的取值约为多少？

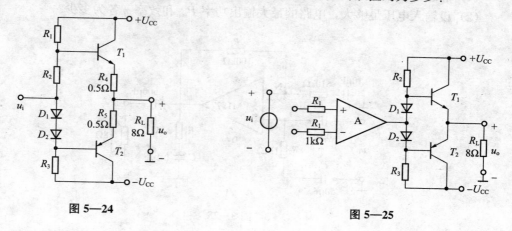

图 5—24   图 5—25

12. OTL 电路如图 5—26 所示。

（1）为了使得最大不失真输出电压幅值最大，静态时 T_2 和 T_4 管的发射极电位应为多少？若不合适，则一般应调节哪个元件参数？

（2）若 T_2 和 T_4 管的饱和管压降 $|U_{CES}|$＝2.5V，输入电压足够大，则电路的最大输出功率 P_{om} 和效率 η 各为多少？

（3）T_2 和 T_4 管的 I_{CM}、$U_{(BR)CEO}$ 和 P_{CM} 应如何选择？

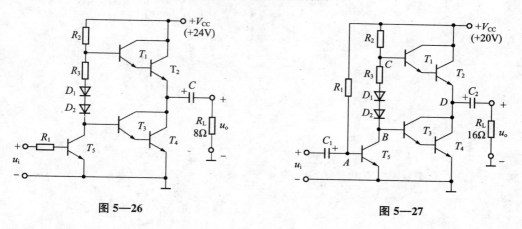

图 5—26   图 5—27

13. 已知图 5—27 所示电路中 T_1 和 T_2 管的饱和管压降 $|U_{CES}|$＝2V，导通时的 $|U_{BE}|$＝0.7V，输入电压足够大。

（1）A、B、C、D 点的静态电位各为多少？

（2）为了保证 T_2 和 T_4 管工作在放大状态，管压降 $|U_{CE}|$≥3V，电路的最大输出功率 P_{om} 和效率 η 各为多少？

14. 集成电路 LM1877N—9 为 2 通道低频功率放大电路，单电源供电，最大不失真输出电压的峰值 U_{OPP}＝$(U_{CC}-6)$V，开环电压增益为 70dB。图 5—28 所示为 LM1877N—9 中一个通道组成的实用电路，电源电压为 24V，C_1～C_3 对交流信号可视为短路；R_3 和 C_4 起相位补偿作用，可以认为负载为 8Ω。

（1）静态时 u_P、u_N、u_o 各为多少？

（2）设输入电压足够大，电路的最大输出功率 P_{om} 和效率 η 各为多少？

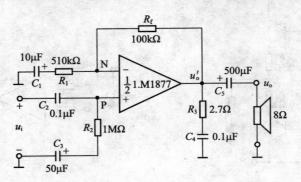

图 5—28

第 6 章	信号产生电路

信号产生电路一般是由振荡电路产生的。振荡器用于产生一定频率和幅度的信号。按输出信号波形的不同，可将信号产生电路分为两大类：正弦波信号振荡电路和非正弦波信号振荡电路。正弦波振荡电路按电路形式又可分为 RC 振荡电路、LC 振荡电路和石英晶体振荡电路等。非正弦波振荡电路按信号形式又可分为方波、三角波和锯齿波振荡电路等。

在电子技术中，信号产生电路有着广泛的应用，如在自动控制系统中作时间基准信号源，在测量中作标准信号源，在通信、广播、电视设备中作载波信号源等。

学习目标

1. 掌握 RC 和 LC 正弦波振荡电路的产生条件、组成和典型应用电路。
2. 了解石英晶体振荡电路。
3. 熟悉方波和锯齿波典型应用电路，函数产生器 8038 的功能及应用。

6.1 正弦波信号振荡电路

6.1.1 正弦波信号振荡电路的基本概念

1. 正弦波信号振荡电路的产生条件

正弦波振荡电路是一个没有输入信号的带有选频环节的正反馈放大电路。如图 6—1（a）所示为接成正反馈时，放大器在输入信号 $X_i = 0$ 条件下的方框图。转换一下，如图 6—1（b）所示。如在放大器的输入端（1 端）外接一定频率、一定幅度的正弦波信号 X_a，经过基本放大器 A 和反馈网络 F 所构成的环路传输后，在反馈网络的输出端（2 端），得到反馈信号 X_f。如果 X_f 与 X_a 在波形、幅频、相位上都完全一致，那么就可以除去外接信号 X_a，将 1 端和 2 端连接在一起（如图 6—1（b）中虚线所示）形成闭环系统，其输出端就能继续维持与开环一样的输出信号。这就构成了正弦波自激振荡电路。

（1）正弦波振荡的平衡条件。

当反馈信号 X_f 等于放大器的输入信号 X_i 时，振荡电路的输出电压不再发生变化，电路达到平衡状态，因此将 $\dot{X}_f = \dot{X}_i$ 称为振荡的平衡条件。需要强调的是，这里 $\dot{X}_f$ 和 $\dot{X}_i$ 都是复数，所以两者相等是指大小相等而且相位也相同。

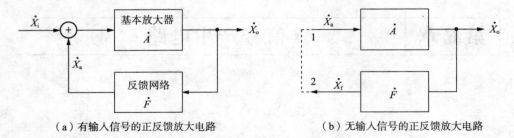

（a）有输入信号的正反馈放大电路　　　　　　（b）无输入信号的正反馈放大电路

图 6—1　正弦波信号振荡电路方框图

根据图 6—1 可知

$$\dot{A} = \frac{\dot{X}_O}{\dot{X}_a} \quad \dot{F} = \frac{\dot{X}_f}{\dot{X}_O} \tag{6-1}$$

由此可得振荡的平衡条件为

$$\dot{A}\dot{F} = |\dot{A}\dot{F}| \angle \varphi_a + \varphi_f = 1 \tag{6-2}$$

其中，$\dot{A}$ 为放大器放大系数的相量，$\dot{X}_O$ 为输出正弦信号，$\dot{X}_i$ 为输入信号，$\dot{X}_a$ 为输入正弦信号，$\dot{F}$ 为反馈网络反馈系数的相量。

式（6-2）说明，放大器与反馈网络组成的闭合环路中，环路总的传输系数应等于1，使反馈电压与输入电压大小相等，即正弦波信号振荡振幅平衡条件为

$$\dot{A}\dot{F} = AF = 1 \tag{6-3}$$

正弦波信号振荡相位平衡条件为

$$\varphi_a + \varphi_f = 2\pi n \quad (n = 0,\ 1,\ 2\cdots) \tag{6-4}$$

作为一个稳态振荡电路，相位平衡条件和振幅平衡条件必须同时得到满足。

（2）正弦波振荡的起振条件。

当正弦波信号振荡电路进入稳态振荡后，式（6-3）是维持振荡的平衡条件。为使振荡电路在接通直流电源后能够自动起振，在相位上要求反馈电压与输入电压同相，在幅度上要求 $\dot{X}_f > \dot{X}_i$，因此振荡的起振条件也包括相位条件和振幅条件两个方面，即正弦波信号振荡振幅起振条件为

$$|\dot{A}\dot{F}| > 1 \tag{6-5}$$

正弦波信号振荡相位起振条件仍为式（6-4）。也就是说，要使正弦波信号振荡电路能够起振，在开始振荡时必须满足 $|\dot{A}\dot{F}| > 1$。起振后，振荡幅度迅速增大；使放大器工作到非线性区，以至放大倍数 $\dot{A}$ 下降，直到 $|\dot{A}\dot{F}| = 1$，振荡幅度不再增大，振荡进入稳定状态。

2. 正弦波信号振荡电路的组成

一个正弦波振荡器主要由以下几个部分组成：放大电路、正反馈网络、选频网络和稳幅环节。

（1）放大电路。

其作用是放大信号，满足起振条件，并把直流电源的能量转为振荡信号的交流能量。

（2）正反馈网络。

其作用为满足振荡电路的相位平衡条件。

（3）选频网络。

在一个正弦波振荡电路中，只有一个频率能满足相位平衡条件，这个频率 f_0 就是振荡电路的振荡频率。f_0 由相位平衡条件决定。选频网络的作用就是选出振荡频率 f_0，从而使振荡电路获得单一频率的正弦波信号输出。选频网络可设置在放大电路中，也可以设置在反馈网络中。

（4）稳幅环节。

该环节用于稳定振荡电路信号的输出幅度，改善波形，减小失真。

3. 正弦波信号振荡电路的分类

根据选频网络构成元件的不同，可把正弦信号振荡电路分为如下几类。

选频网络若由 RC 元件组成，则称 RC 振荡电路；选频网络若由 LC 元件组成，称 LC 振荡电路；选频网络若由石英晶体构成，则称为石英晶体振荡器。一般 RC 振荡器用来产生低频信号；LC 振荡器用来产生高频信号；而石英晶体振荡器的选频特性好，频率稳定度高。

6.1.2 RC 桥式正弦波振荡电路

RC 选频网络构成的 RC 振荡电路一般用于产生 1Hz～1MHz 的低频信号。由 RC 选频网络构成的常用正弦波振荡电路有多种形式，如桥式振荡电路、移相式振荡电路、双 T 网络式振荡电路等。桥式振荡电路因具有振荡频率稳定、输出波形失真小等优点而被广泛应用，本节将重点介绍桥式振荡电路。

1. RC 串并联选频网络

由相同的 RC 元件组成的串并联选频网络如图 6—2 所示，$Z1$ 为 RC 串联电路，$Z2$ 为 RC 并联电路。由图 6—2 可得 RC 串并联选频网络的电压传输系数 F_u 为

$$\dot{F}_u = \frac{\dot{u}_2}{\dot{u}_1} = \frac{R//\frac{1}{j\omega C}}{R + \frac{1}{j\omega C} + R//\frac{1}{j\omega C}} = \frac{1}{3 + j\left(\omega RC - \frac{1}{\omega RC}\right)} = \frac{1}{3 + j\left(\frac{\omega}{\omega_0} - \frac{\omega_0}{\omega}\right)} \quad (6-6)$$

式中

$$\omega_0 = \frac{1}{RC} \quad (6-7)$$

根据式（6-6）可得到 RC 串并联选频网络幅频特性和相频特性分别为

$$|\dot{F}_u| = \frac{1}{\sqrt{3^2 + \left(\frac{\omega}{\omega_0} - \frac{\omega_0}{\omega}\right)^2}} \quad \varphi_f = -\arctan\frac{\frac{\omega}{\omega_0} - \frac{\omega_0}{\omega}}{3} \quad (6-8)$$

其幅频特性和相频特性曲线如图 6—3 所示。由图可见，当 $\omega = \omega_0$ 时。$|\dot{F}_u|$ 达到最大值并等于 1/3，相位移 φ_f 为 0，输出电压与输入电压同相，所以 RC 串并联网络具有选频作用。

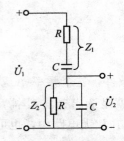

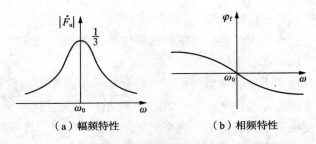

图 6—2　RC 串并联选频网络　　　　图 6—3　RC 串并联选频网络幅频特性和相频特性曲线

（a）幅频特性　　　　　　（b）相频特性

2. RC 桥式振荡电路的组成

将 RC 串并联选频网络和放大器结合起来即可构成 RC 振荡电路，放大器件可采用集成运算放大器，也可采用分立元件构成。如图 6—4（a）所示为由集成运算放大器构成的 RC 桥式振荡电路，图中 RC 串并联选频网络接在运算放大器的输出端和同相输入端之间，构成正反馈；R_F 和 R_1 接在运算放大器的输出端和反相输入端之间，构成负反馈。正反馈电路与负反馈电路构成文氏电桥等效电路，如图 6—4（b）所示，运算放大器的输入端和输出端分别跨接在电桥的对角线上，形成四臂电桥。所以，我们把这种振荡电路称为 RC 桥式振荡电路。

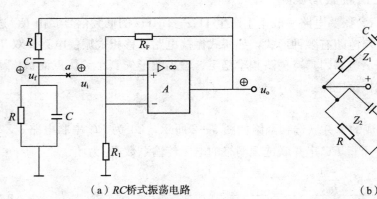

（a）RC 桥式振荡电路　　　　　　（b）文氏电桥等效电路

图 6—4　RC 振荡电路图

由式（6-8）选频网络幅频特性和相频特性以及图 6—3 可知：
振荡电路满足自激振荡的振幅和相位起振条件为：

$$|\dot{A}_u| = 1 + R_F/R_1 > 3，即 R_F > 2R_1 \tag{6-9}$$

振荡频率为

$$f_0 = \frac{1}{2\pi RC} \tag{6-10}$$

采用双联可调电位器或双联可调电容器即可方便地调节振荡频率。在常用的 RC 振荡电路中，一般采用切换高稳定度的电容来进行频段的转换（频率粗调），再采用双联可变电位器进行频率的细调。

　　例 6—1　如图 6—4（a）所示，已知 $C = 6\ 800\text{pF}$，$R = 22\text{k}\Omega$，$R_1 = 20\text{k}\Omega$，要使电路产生正弦波振荡，R_F 应为多少？电路振荡频率是多少？

解：RC 桥式振荡电路的电压放大倍数 $\dot{A}_u = 3$。那么，根据题意，有
$$|\dot{A}_u| = 1 + R_F/R_1 > 3, \quad 即\ R_F > 2R_1$$
得 $R_F > 40\text{k}\Omega$，即 R_F 要大于 40kΩ。

电路的振荡频率
$$f_0 = \frac{1}{2\pi RC} = \frac{1}{2 \times 3.14 \times 22 \times 10^3 \times 6\,800 \times 10^{-12}}\,\text{Hz} = 1\,064\text{Hz}$$

3. RC 桥式振荡电路的振荡特性

（1）相位平衡条件。

由以上分析可知，当 $\omega = \omega_0 = \dfrac{1}{RC}$ 或 $f_0 = \dfrac{1}{2\pi RC}$ 时，反馈网络的相移 φ_f 为 0。输出电压加至运放的同相输入端，运放的相移 $\varphi_a = 0$。所以 $\varphi_a + \varphi_f = 0$，它满足相位平衡条件。对于偏离 ω_0 的其他信号，因 $\varphi_f(\omega) \neq 0$，不满足相位平衡条件。

（2）振幅平衡条件。

在 $\omega = \omega_0 = \dfrac{1}{RC}$ 或 $f_0 = \dfrac{1}{2\pi RC}$ 时，由以上分析可知，$|\dot{F}_u| = \dfrac{1}{3}$。那么只要运放电压放大倍数 $\dot{A}_u = 3$，就能满足 $|\dot{A}_u \dot{F}_u| = 3 \times \dfrac{1}{3} = 1$ 的振幅平衡条件。

（3）振荡频率。

由以上分析可知，要满足振荡条件，必须是 $\omega = \omega_0 = \dfrac{1}{RC}$ 或 $f_0 = \dfrac{1}{2\pi RC}$，所以 RC 桥式正弦波振荡电路的振荡频率为 $f_0 = \dfrac{1}{2\pi RC}$。

（4）振荡的建立过程。

所谓建立振荡，就是电路能自激，连续产生正弦波，把直流电能转换成交流电能。对于 RC 桥式振荡电路来说，直流电源就是能源。当 RC 振荡器接通电源后，由于电路中存在噪声，其频谱分布很广，其中也包含着 $\omega = \omega_0 = \dfrac{1}{RC}$ 或 $f_0 = \dfrac{1}{2\pi RC}$ 这个频率成分。这种频率的信号开始时非常微弱，然而经过放大，通过正反馈选频网络，再加至运放的同相输入端，又一次放大、选频，这样地循环往复，使 $\omega = \omega_0$ 的信号幅度越来越大。而其他频率成分的信号被选频网络衰减掉，最后又受到电路非线性元件的限幅作用，使正弦波的幅度自动稳定下来。开始时 $\dot{A}_u$ 大于 3，达到稳定振荡时 $\dot{A}_u = 3$。这就是起振过程。

（5）稳幅过程。

在 RC 桥式正弦波振荡电路中 R_F 采用负温度系数热敏电阻。起振时，由于 $U_o = 0$，流过 R_F 的电流 $I_f = 0$，热敏电阻 R_F 处于冷态，且阻值比较大，放大器的负反馈较弱，A_u 很高，振荡很快建立。随着振荡幅度的增大，流过 R_F 的电流 I_f 也增大，使 R_F 的温度升高，阻值减小，负反馈加深，A_u 自动下降，在运算放大器还未进入非线性工作区时，振荡电路即达到平衡条件，U_o 停止增长，因此这时振荡波形为一失真很小的正弦波。

（6）RC 桥式正弦波振荡电路中振荡频率的调节。

由式 $f_0 = \dfrac{1}{2\pi RC}$ 可知，调节 R 值和 C 值就可改变振荡电路输出信号的频率。通常用同轴电位器来调节串并联网络中的两个电阻器 R_p 的阻值，实现频率的连续调节（一般是频

率微调）；用同轴波段开关来改变两个电容器 C 的容量，实现频率的步进调节（粗调）。

由以上分析可见，负反馈支路中采用热敏电阻不但使 RC 桥式振荡电路的起振变得容易，振幅波形改善，同时还具有很好的稳幅特性，所以，实用 RC 桥式振荡电路中热敏电阻的选择是很重要的。RC 桥式正弦波振荡电路输出电压稳定，波形失真小，频率调节方便。因此，在低频标准信号发生器中都有由它构成的振荡电路。

6.1.3　RC 移相振荡电路

RC 振荡电路除了 RC 桥式正弦波振荡电路外，还有 RC 移相振荡电路，如图 6—5 所示。它采用三级 RC 超前移相电路组成，C_1 和 R_1、C_2 和 R_2 构成两级 RC 移相网络，C_3 和 V_1 放大电路的输入电阻 r_i 构成第三级 RC 移相网络。电路中通常选取 $C_1=C_2=C_3=C$，$R_1=R_2=R$。为什么要用三级 RC 电路来移相呢？因为基本放大电路在很宽的频率范围内其 φ_a 为 $180°$，若要求满足振荡相位条件，必须在三级 RC 移相网络中也移相 $180°$。但一级 RC 电路移相在 $0°\sim 90°$，不能满足，两级 RC 移相最大相移可达 $180°$，然而在接近 $180°$ 时，超前移相 RC 网络频率很低，并且输出电压接近于零，也不能满足振荡幅值条件，所以实际应用中至少要用三级 RC 移相电路，三级 RC 移相电路的相移在 $0°\sim 270°$ 才能满足振荡条件。

可以证明，在晶体管电路的输入阻抗 r_i 远小于电阻 R 时，其振荡频率和起振条件如下：

$$f_0\approx\frac{1}{2\pi\sqrt{6}RC}$$

RC 移相电路具有结构简单、经济方便等优点。缺点是选频作用较差，频率调节不方便，一般用于振荡频率固定且稳定性要求不高的场合，其频率范围为几赫兹到几十千赫兹。

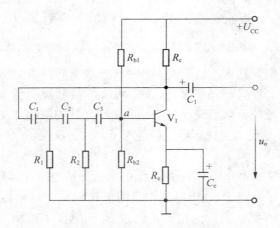

图 6—5　RC 移相振荡电路

6.1.4　LC 正弦波振荡电路

正弦振荡电路选频网络由 LC 谐振元件组成，称 LC 正弦波振荡电路。LC 振荡电路产生频率高于 1MHz 的高频正弦信号。根据反馈形式的不同，LC 正弦波振荡电路可分为互感耦合式（变压器反馈式）、电感三点式、电容三点式等几种电路形式。

1. *LC* 并联谐振回路

在选频放大器中，经常用到如图 6—6 所示的 *LC* 并联谐振回路。图中的 *r*（电感线圈的导线电阻，其阻值很小）表示回路的等效损耗。*LC* 并联谐振回路的等效阻抗 *Z* 为

$$Z=\frac{(r+j\omega L)\cdot\frac{1}{j\omega C}}{r+j\omega L+\frac{1}{j\omega C}} \tag{6-11}$$

可见 *Z* 的大小不仅与 *r*、*L*、*C* 有关，而且是 ω 的函数。

当 $\omega\to 0$ 时虽然容抗 $\frac{1}{\omega C}$ 很大，但感抗 ωL 很小，它们又是并联的，所以阻抗很小且呈感性，随着 ω 的逐渐增大，*Z* 也随之增大。

当 $\omega\to\infty$ 时虽然感抗 ωL 很大，但容抗 $\frac{1}{\omega C}$ 很小，所以阻抗 *Z* 仍很小且呈容性。随着 ω 逐渐减小，*Z* 也随之增大。

从上面的定性分析可知，对于 *L* 和 *C* 值确定的 *LC* 并联谐振回路，在 ω 从 $0\to\infty$ 的变化过程中，其等效阻抗 *Z* 随之变化，变化过程是由小变大再变小，特性是由感性变到容性。对应于某一个角频率 ω_0，*Z* 等于最大值且是纯阻性。

根据式（6-11），可作出如图 6—7 所示 *Z* 与 ω 之间的关系曲线，称为 *LC* 并联谐振回路的谐振曲线。图中的 ω_0 称回路的谐振角频率。

经分析可知：

$$\omega_0=\frac{1}{\sqrt{LC}}\ 或\ f_0=\frac{1}{2\pi\sqrt{LC}} \tag{6-12}$$

称 f_0 为 *LC* 并联谐振回路的谐振频率。

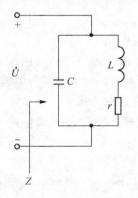

图 6—6 *LC* 并联谐振回路

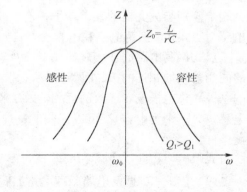

图 6—7 *LC* 并联谐振回路的谐振曲线

图中 Z_0 是 *LC* 并联谐振回路等效阻抗的最大值且呈纯阻性，经分析可知：

$$Z_0=\frac{L}{rC}=Q\omega_0 L=\frac{Q}{\omega_0 C} \tag{6-13a}$$

$$Q=\frac{1}{r}\sqrt{\frac{L}{C}}=\frac{\omega_0 L}{r}=\frac{1}{\omega_0 Cr} \tag{6-13b}$$

称 *Q* 为 *LC* 并联谐振回路的品质因数，它是评价回路损耗大小的重要指标。*Q* 值越大，表示品质因数越高，回路的损耗越小。

从如图 6—7 所示的谐振曲线可知，当 $\omega = \omega_0$ 时，Z 值最大且呈纯阻性。Z 随着 ω 偏离 ω_0 值而迅速衰减，偏离 ω_0 值越大，衰减越多。而且衰减的速度与回路的品质因数 Q 值有关。Q 值越大，曲线越尖锐，说明衰减速度越快，回路的选频特性越好。

2. 互感耦合式（变压器反馈式）*LC* 正弦波振荡电路

变压器反馈式 *LC* 正弦波振荡电路如图 6—8 所示。图中 L、L_f 组成变压器，其中 L 为一次线圈电感，L_f 为反馈线圈电感，用来构成正反馈。L、C 组成并联谐振回路，作为放大器的负载，构成选频放大器。R_{b1}、R_{b2} 和 R_e 为放大器的直流偏置电阻，C_b 为耦合电容，C_e 为发射极旁路电容。对振荡频率而言，C_b、C_e 的容抗很小，可看成短路。

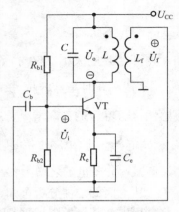

图 6—8　变压器反馈式 *LC* 正弦波振荡电路

当 U_i 的频率与 L、C 谐振回路谐振频率相同时，LC 回路的等效阻抗为一纯电阻，且为最大，这时，U_o 与 U_i 反相。如变压器同名端如图 6—7 所示，则 U_f 与 U_o 反相，所以，U_f 与 U_i 同相，满足了振荡的相位条件。由于 LC 回路的选频作用，电路中只有等于谐振频率的信号得到足够的放大，只要 L 与 L_f 有足够的耦合度，就能满足振荡的幅度条件而产生正弦波振荡。

其振荡频率决定于 LC 并联谐振回路的谐振频率，即

$$f_0 = \frac{1}{2\pi \sqrt{LC}} \tag{6-14}$$

3. 三点式 *LC* 正弦波振荡电路

三点式振荡电路是另一种常用的 *LC* 振荡电路，其特点是电路中 *LC* 并联谐振回路的三个端子分别与放大器的三个端子相连，故而称为三点式振荡电路。三点式振荡电路又分为电感三点式 *LC* 振荡电路和电容三点式 *LC* 振荡电路两种。

三点式振荡电路的连接规律如下：对于振荡器的交流通路，与三极管的发射极或者运放的同相输入端相连的 *LC* 回路元件，其电抗性质相同（同是电感或同为电容）；与三极管的基极和集电极或者运放的反相输入端和输出端相连的元件，其电抗性质必相反（一个为电感，另一个为电容）。可以证明，这样连接的三点式振荡电路一定满足振荡器的相位平衡条件。

（1）电感三点式 *LC* 振荡电路。

电感三点式 *LC* 振荡电路原理电路如图 6—9 所示，图中三极管 VT 构成共射极放大电路，电感 L_1、L_2 和电容 C 构成正反馈选频网络。谐振回路的三个端点 1、2、3 分别与三极管的三个电极相接，反馈信号 U_f 取自电感线圈 L_2 两端电压，故称为电感三点式 *LC* 振荡电路，也称为电感反馈式振荡电路。

由图 6—9 可见，当回路谐振时，相对于参考点地电位，输出电压 U_o 与输入电压 U_i 反相，而 U_f 与 U_o 反相，所以 U_f 与 U_i 同相，电路在回路谐振频率上构成正反馈，从而满足了振荡的相位平衡条件。由此可得到振荡频率为

$$f_0 = \frac{1}{2\pi \sqrt{LC}} = \frac{1}{2\pi \sqrt{L_1 + L_2 + 2M}} \tag{6-15}$$

式中，M 为两部分线圈之间的互感系数。

电感三点式 LC 振荡电路的优点是容易起振，这是由于 L_1 与 L_2 之间耦合很紧，正反馈较强的缘故。此外，改变振荡回路的电容，就可很方便地调节振荡信号频率。但由于反馈信号取自电感 L_2 两端，而 L_2 对高次谐波呈现高阻抗，故不能抑制高次谐波的反馈，因此振荡电路输出信号中的高次谐波成分较多，信号波形较差。

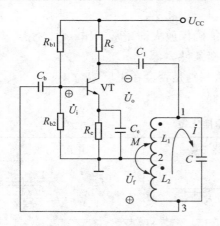

图 6—9　电感三点式 LC 振荡电路

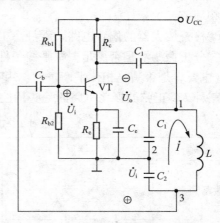

图 6—10　电容三点式 LC 振荡电路

(2) 电容三点式 LC 振荡电路。

电容三点式 LC 振荡电路如图 6—10 所示。由图可见，其电路构成与电感三点式振荡电路基本相同，不过正反馈选频网络由电容 C_1、C_2 和电感 L 构成，反馈信号 U_f 取自电容 C_2 两端，故称为电容三点式振荡电路，也称为电容反馈式振荡电路。由图 6—10 不难判断在回路谐振频率上，反馈信号 U_f 与输入电压 U_i 同相，满足振荡的相位平衡条件。电路的振荡频率近似等于谐振回路的谐振频率，即

$$f_0 = \frac{1}{2\pi\sqrt{LC}} = \frac{1}{2\pi\sqrt{L\dfrac{C_1 C_2}{C_1 + C_2}}} \qquad (6-16)$$

电容三点式振荡电路的反馈信号取自电容 C_2 两端，因为 C_2 对高次谐波呈现较小的容抗，反馈信号中高次谐波的分量小，故振荡电路的输出信号波形较好。但当通过改变 C_1 或 C_2 来调节振荡频率时，同时会改变正反馈量的大小，因而会使输出信号幅度发生变化，甚至可能会使振荡电路停振。所以，调节这种振荡电路的振荡频率很不方便。

如图 6—11 所示为改进型电容三点式振荡电路。它与图 6—10 相比较，仅在电感支路中串入一个容量很小的微调电容 C_3，当 $C_3 \ll C_1$ 且 $C_3 \ll C_2$ 时，$C \approx C_3$，所以，这种电路的振荡频率为

$$f_0 = \frac{1}{2\pi\sqrt{LC}} = \frac{1}{2\pi\sqrt{LC_3}} \qquad (6-17)$$

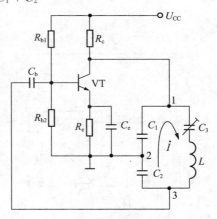

图 6—11　改进型电容三点式振荡电路

这说明，在改进型电容三点式振荡电路中，当 C_3 比 C_1、C_2 小得多时，振荡频率仅由 C_3 和 L 来决定，与 C_1、C_2 基本无关，C_1、C_2 仅构成正反馈，它们的容量相对来说较大，从而减小与之相并联的晶体管输入电容、输出电容的影响，提高了频率的稳定度。

分析三种 LC 正弦波振荡电路能否正常工作的步骤可归纳如下。

①检查电路是否具备正弦波振荡器的基本组成部分，即基本放大器和反馈网络，并且有选频环节。

②检查放大器的偏置电路，看静态工作点是否能确保放大器正常工作。

③分析振荡器是否满足振幅平衡条件和相位平衡条件。

（主要看是否满足相位平衡条件：用瞬时极性法判别是否存在正反馈）。

三种 LC 正弦波振荡电路的一些特性见表 6—1。

表 6—1　　　　　　　　　　　　　　三种 LC 正弦波振荡电路比较

名称	变压器反馈式	电感三点式	电容三点式
振荡频率	$f_0=\dfrac{1}{2\pi\sqrt{LC}}$	$f_0=\dfrac{1}{2\pi\sqrt{L_1+L_2+2M}}$	$f_0=\dfrac{1}{2\pi\sqrt{L\dfrac{C_1C_2}{C_1+C_2}}}$
振荡波形	一般	较差	较好
频率稳定性	一般	一般	较高
使用频率范围	几 kHz 到几十 MHz	几 kHz 到几十 MHz	100MHz 以上
频率的调节	方便，调节范围大	方便，调节范围大	不方便，调节范围小

例 6—2　试分析如图 6—12 所示电路能否产生振荡？若能产生，其振荡频率是多少？

解：如图 6—12（a）所示的电路中，LC 串联网络接在运算放大器的输出端与同相输入端之间，引入反馈。当 f 等于 LC 串联网络的谐振频率时，其阻抗最小，且呈纯电阻特性，电路中将引入较深的正反馈。调节 R_f，当正反馈作用强于 R_f 引入的负反馈作用时，电路将产生正弦振荡。振荡频率为

$$f_0=\frac{1}{2\pi\sqrt{LC}}$$

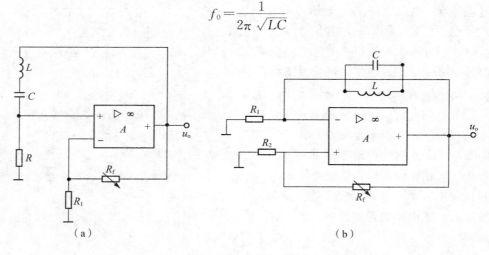

（a）　　　　　　　　　　　　　　　（b）

图 6—12　例 6—2 图

在如图 6—12（b）所示电路中，LC 并联网络引入负反馈，但是还有电阻 R_f 接在运算放大器输出端与同相输入端之间，引入正反馈。对于频率等于 LC 并联谐振频率的信号，该网络发生并联谐振，阻抗最大，负反馈作用被削弱。若其作用比 R_f 引入的正反馈弱，电路就可以产生正弦振荡。其振荡频率为

$$f_0 = \frac{1}{2\pi \sqrt{LC}}$$

6.1.5 石英晶体振荡电路

1. 石英晶体的基本特性和等效电路

天然的石英是六菱形晶体，其化学成分是二氧化硅（SiO_2）。石英晶体具有非常稳定的物理和化学性能。从一块石英晶体上按一定的方位角切割，得到的薄片称"晶片"。晶片通常是矩形，也有正方形。在晶片两个对应的表面用真空喷涂或其他方法涂敷上一层银膜，在两层银膜上分别引出两个电极，再用金属壳或玻璃壳封装起来，就构成了一个石英晶体谐振器。它是晶体振荡器的核心元件。

晶体谐振器的图形符号如图 6—13（a）所示，它可用一个 LC 串并联电路来等效，如图 6—13（b）所示。其中 C_0 是晶片两表面涂敷银膜形成的电容，L 和 C 分别模拟晶片的质量（代表惯性）和弹性，晶片振动时因摩擦而造成的损耗用电阻 R 来代表。石英晶片具有很高的质量与弹性的比值（等于 L/C），因而它的品质因数 Q 值很高，可达 $10^4 \sim 5 \times 10^5$ 数量。例如一个 4MHz 的晶体谐振器，其典型参数为 $C_0 = 5pF$，$L = 100mH$，$C = 0.016pF$，$R = 90\Omega$，$Q = 30\,000$。

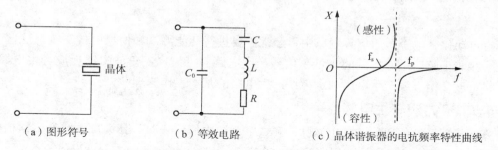

（a）图形符号　　　（b）等效电路　　　（c）晶体谐振器的电抗频率特性曲线

图 6—13　晶体谐振器的图形符号、等效电路和电抗频率特性曲线

从如图 6—13（b）所示的等效电路可得到它的电抗与频率之间的关系曲线，称晶体谐振器的电抗频率特性曲线，如图 6—13（c）所示。

2. 石英晶体振荡电路

用石英晶体构成的正弦波振荡电路的基本电路有两类。一类是石英晶体作为一个高 Q 值的电感元件，和回路中的其他元件形成并联谐振，称为并联型晶体振荡电路；另一类是石英晶体作为一个正反馈通路元件，工作在串联谐振状态，称为串联型晶体振荡电路。不论是并联型晶体振荡电路还是串联型晶体振荡电路，其振荡频率均由石英晶体和与石英晶体串联的电容 C 决定。

如图 6—14 所示是一种并联晶体振荡电路，从电路结构上看，其属于电容三点式 LC 振荡电路，其振荡频率由 C_1、C_2、C_L 及晶体的等效电感 L 决定。但因选择参数时，C_1、C_2 的电容量比 C_L 大得多，故振荡频率主要取决于负载电容 C_L 和晶体的谐振频率。

如图 6—15 所示为串联晶体振荡电路，电感 L 和电容 C_1、C_2、C_3、C_4 组成 LC 振荡电路，再由 C_1、C_2 分压并经晶体选频后送入集成运放的同相输入端，形成正反馈。由于 C_1、C_2 的值远大于 C_3、C_4，故而主要由 L、C_3、C_4 决定：

$$f_0 = \frac{1}{2\pi \sqrt{L(C_3 + C_4)}}$$

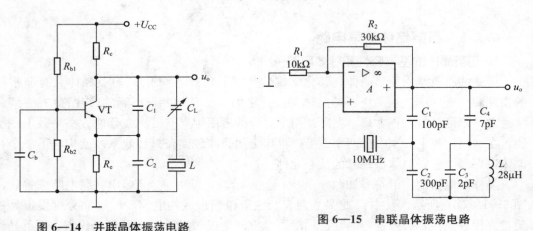

图 6—14　并联晶体振荡电路　　　　图 6—15　串联晶体振荡电路

6.2　非正弦波信号振荡电路

在自动化、电子、通信等领域中，经常需要进行性能测试和信息的传送等，这些都离不开一些非正弦信号。常见的非正弦信号产生电路有方波、三角波、锯齿波产生电路等。本节将重点介绍方波产生电路和锯齿波产生电路的基本工作原理。

6.2.1　方波产生电路

方波是矩形波的通称，常用作脉冲和数字系统中的信号源。其模拟电路产生结构中由一个迟滞比较器和 RC 充放电回路组成。

用迟滞比较器构成的方波产生电路如图 6—16（a）所示。两个稳压管的作用是将输出电压钳位在某个特定的电压值。它利用电容两端的电压作比较，来决定电容是充电还是放电。图中 R 和 C 为定时元件，构成积分电路。由于方波包含极丰富的谐波，因此方波产生电路又称为多谐振荡器。

由于图 6—16（a）中参考电压为 0，所以，迟滞比较器的两个门限电压分别为

$$U_{T+} = \frac{R_2}{R_2 + R_1} U_{OH} = \frac{R_2}{R_2 + R_1} U_z$$

$$U_{T-} = \frac{R_2}{R_2 + R_1} U_{OL} = -\frac{R_2}{R_2 + R_1} U_z$$

当电路的振荡达到稳定后，电容 C 就交替充电和放电。当 $u_o = U_{OH} = U_z$ 时，电容 C 充电，电流流向如图 6—16（a）所示，电容两端电压 u_c 不断上升，而此时同相端电压为上门限电压 U_{T+}，当 $u_c > U_{T+}$ 时，输出电压变为低电平 $u_o = U_{OL} = -U_z$，使同相端电压变为

下门限电压 U_{T-}，随后电容 C 开始放电，电流流向如图 6—16（b）所示，电容上的电压不断降低。当 u_c 降低到 $u_c < U_{T-}$ 时，u_o 又变为高电平 U_{OH}，电容又开始充电。重复上述过程，可得一方波电压输出，如图 6—16（c）所示，图中也画出了电容两端电压波形。可以证明，振荡周期和频率分别为

$$T = 2RC\ln\left(1 + \frac{2R_2}{R_1}\right)$$

$$f = \frac{1}{T}$$

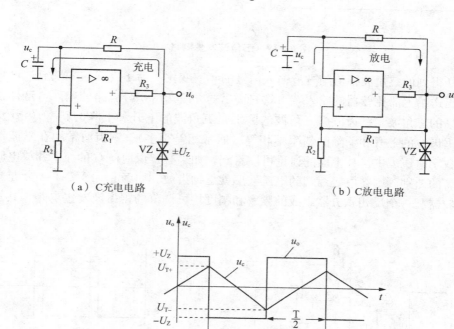

（a）C充电电路　　　　　　　　　　　（b）C放电电路

（c）u_o 与 u_c 波形

图 6—16　方波产生电路

如图 6—16 所示的电路用来产生固定低频频率的方波信号，是一种较好的振荡电路，但是输出方波的前后沿陡度取决于集成运放的转换速率，所以当振荡频率较高时，为了获得前后沿较陡的方波，必须选用转换速率较大的集成运放。

另外，还可利用压控方波产生电路来获取方波。通常将输出信号频率与输入控制电压成正比的波形产生电路称为压控振荡器，它的应用也十分广泛。若用直流电压作为控制电压，压控振荡器可制成频率调节十分方便的信号源；若用正弦波电压作为控制电压，压控振荡器就成了调频波振荡器；当振荡受锯齿波电压控制时，它就成了扫频振荡器。

6.2.2　锯齿波产生电路

我们知道，积分电路可将方波变换为线性度很高的三角波，如图 6—17 所示。它是由迟滞比较器 A_1 和反向积分器 A_2 构成的。比较器的输入信号就是积分器的输出电压 u_o，而比较器的输出信号加到积分器的输入端。比较器产生方波，积分器产生三角波。

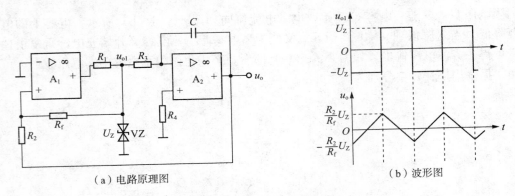

（a）电路原理图   （b）波形图

图 6—17　三角波发生电路

但这样得到的三角波幅值随方波输入信号的频率变化。为了克服这一缺点，可将积分电路的输出送给迟滞比较器的输入，再将它输出的方波送给积分电路的输入，这样就可得到质量较高的三角波。锯齿波与三角波的区别是三角波的上升和下降的斜率（指绝对值）相等，而锯齿波的上升和下降的斜率不相等（通常相差很多）。锯齿波常用在示波器的扫描电路或数字电压表中。从上面的讨论可以看到，如果有意识地使 C 的充电和放电时间常数造成显著的差别，则在电容两端的电压波形就是锯齿波。如图 6—18（a）所示是利用一个迟滞比较器和一个反相积分器组成的频率和幅度均可调节的锯齿波发生电路，其工作原理如下。

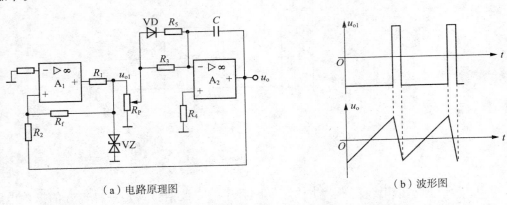

（a）电路原理图   （b）波形图

图 6—18　频率和幅度均可调节的锯齿波发生电路及其波形

当比较器的输出 u_o 为 $-U_z$ 时，二极管 VD 截止，积分器的积分时间常数为 R_3C，电容被充电，u_o 线性上升，形成锯齿波的正程；当 u_{o1} 为 $+U_z$ 时，二极管导通，积分器的积分时间常数为 $(R_5//R_3)C$。因为 $R_5 \ll R_3$，故电容迅速放电，使 u_o 急剧下降，形成短暂的锯齿波回程。由此可见，锯齿波形如图 6—18（b）所示。

6.3　集成函数发生器 8038 的功能及应用

8038 集成函数发生器是一种多用途的波形发生器，可以用来产生正弦波、方波、三角波和据齿波，其振荡频率可通过外加的直流电压进行调节，所以是压控集成信号产生器。

8038 为塑封双列直插式集成电路，其管脚功能如图 6—19 所示。在图 6—19 中，8 脚为频率调节（简称调频）电压输入端。振荡频率与调频电压的高低成正比，其线性度为 0.5%，调频电压的值为管脚 6 与管脚 8 之间的电压，它的值应不超过 $U_{CC}/3$。

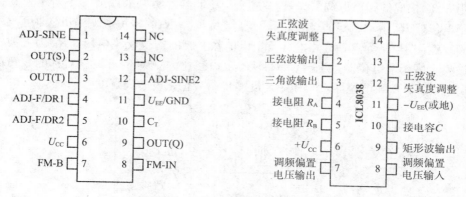

图 6—19 8038 管脚中英文排列对照

其内部电路结构如图 6—20 所示。由图可见，外接电容 C 的充、放电电流由两个电流源控制，所以电容 C 两端电压 u_C 的变化与时间呈线性关系，从而可以获得理想的三角波输出。另外 8038 电路中含有正弦波变换器，故可以直接将三角波变成正弦波输出。

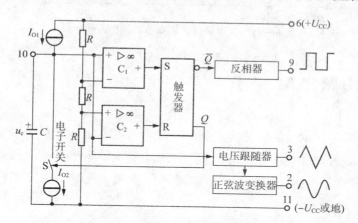

图 6—20 8038 内部电路结构

由图 6—20 可见，电压比较器 C_1 和 C_2 的门限电压分别为电源电压 U_{CC} 的 2/3 和 1/3。电流源 I_{O1} 与 I_{O2} 的大小可通过外接电阻调节，但 I_{O2} 必须大于 I_{O1}。当触发器输出 Q 为低电平时，它控制开关 S 使电流源 I_{O2} 断开，电流源 I_{O1} 给电容 C 充电，C 两端电压 u_C 随时间线性上升。当 u_C 达到电源电压的 2/3 时，电压比较器 C_1 输出电压发生跳变，由低电平变为高电平，使触发器输出 Q 由低电平变为高电平，控制开关 S 接通电流源 I_{O2}。由于 $I_{O2} > I_{O1}$，所以电容 C 放电，随时间线性下降，当 u_C 下降到电源电压的 1/3 时，电压比较器 C_2 的输出电压发生跳变，由低电平变为高电平，使触发器输出 Q 由高电平变为低电平，电流源 I_{O2} 又被切断，I_{O1} 再给 C 充电，u_C 又随时间线性上升，如此周而复始，产生振荡。

在 $I_{O2} = 2I_{O1}$ 的条件下，触发器的输出为方波，经反相器由管脚 9 输出；电容 C 两端的电压 u_C 上升与下降时间相等，为三角波，经电压跟随器后由管脚 3 输出。同时通过三角波变正弦波电路得到正弦波，从管脚 2 输出。

当 $I_{O1} < I_{O2} < 2I_{O1}$ 时，u_C 的上升与下降时间不相等，管脚 3 输出锯齿波。

利用 8038 构成的频率可调、失真小的函数发生器的实例如图 6—21 所示。其振荡频率取决于电位器 R_{p1} 滑动触点的位置、C 的容量及 R_A、R_B 的阻值。调节 R_{p1} 即可改变输出信号的频率。图中 C_1 为高频旁路电容，用以消除 8 脚的寄生交流电压，R_{p2} 为方波占空比和正弦波失真度调节电位器，当 $R_A = R_B$ 时产生占空比为 50% 的方波、对称的三角波和正弦波。R_{p3}、R_{p4} 是双联电位器，其作用是进一步调节正弦波的失真度。

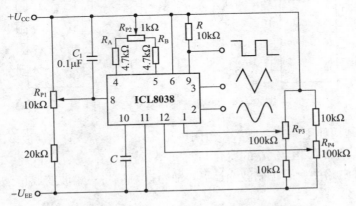

图 6—21　频率可调、失真小的函数发生器

6.4　应用电路举例

如图 6—22（a）所示是近似开关的电路图，它的主要部分是由 VT_1 组成的 LC 振荡器，其中 L_1、L_2、L_3 是绕在同一铁芯上的三个耦合线圈，如图 6—22（b）所示。VT_1 和 L_2、C_2 谐振回路组成变压器反馈式 LC 振荡器。L_1 是反馈线圈，L_3 是输出线圈，C_1、C_3 是交流旁路电容。

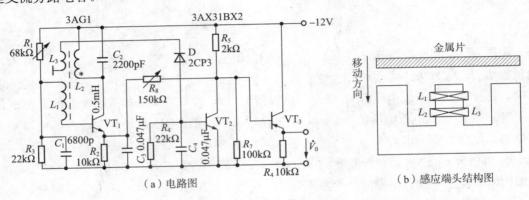

（a）电路图　　　　　　　　　　（b）感应端头结构图

图 6—22　近似开关的电路图

当无金属片接近感应端头时，VT_1 处于自激振荡状态，L_3 有交流电压输出，并经二极管 D 整流后，在 R_4 两端得到一个直流电压，其极性是上负下正。该电压加在 VT_2 的输入端，使 VT_2 工作在饱和区，其集电极电压接近于零。VT_3 截止，射极跟随器无输出电压。

当有金属片接近感应端头时，金属片中感应产生涡流，削弱了 L_1 与 L_2 之间的耦合，使得反馈量不足以维持其振荡，以致振荡器停振。于是 L_3 无交流电压输出，VT_2 截止，其集电极电压接近 $-12V$。电源通过 R_5、R_7 向 VT_3 提供足够的基流而使 VT_3 导通，其射极输出电压接近 $-12V$，即可带动继电器或控制电路动作。$-12V$ 采用射极输出，是为了提高开关带负载的能力。

R_8 为正反馈电阻。当电路停振时，R_8 将 VT_2 集电极电压反馈到 VT_1 的发射极，使它的电位更负，确保振荡器迅速而可靠地停振。当电路振荡时，VT_2 集电极电压接近于零，则无反馈电压，振荡器迅速恢复振荡。请自行计算该振荡器的振荡频率。

本章小结

1. 信号产生电路通常称为振荡器，用于产生一定频率和幅度的正弦波和非正弦波信号，因此，它有正弦波和非正弦波振荡电路两类。正弦波振荡电路又有 RC、LC、石英晶体振荡电路等，非正弦波振荡电路又有方波、三角波、锯齿波产生电路等。

2. 反馈型正弦波振荡电路是利用选频网络，通过正反馈产生自激振荡的。它的振荡振幅平衡条件为 $|\dot{A}F|=1$，利用振幅平衡条件可确定振荡幅度。其相位平衡条件为 $\varphi_a + \varphi_f = 2\pi n (n=0, 1, 2\cdots)$。利用相位平衡条件可确定振荡频率。振荡的相位起振条件为 $\varphi_a + \varphi_f = 2\pi n$ $(n=0, 1, 2\cdots)$，振幅起振条件为 $|\dot{A}F| > 1$。

振荡电路起振时，电路处于小信号工作状态，而振荡处于平衡状态时，电路处于大信号工作状态。为了满足振荡的起振条件并实现稳幅，改善输出波形，要求振荡电路的环路增益应随振荡输出幅度而变，当输出幅度增大时，环路增益应减小，反之，增益应增大。

3. RC 正弦波振荡电路适用于低频振荡，一般在 1MHz 以下，常采用 RC 桥式振荡电路，当 RC 串并联选频网络中 $R_1 = R_2 = R$，$C_1 = C_2 = C$ 时，其振荡频率 $f_0 = 1/2\pi RC$。为了满足振荡条件，要求 RC 桥式振荡电路中的放大电路应满足下列条件：①同相放大，$A_u > 3$；②高输入阻抗、低输出阻抗；③为了起振容易，改善输出波形及稳幅，放大电路需采用非线性元件构成负反馈电路，使放大电路的增益自动随输出电压的增大（或减小）而下降（或增大）。

4. LC 振荡电路的选频网络由 LC 回路构成，它可以产生较高频率的正弦波振荡信号。它有变压器耦合、电感三点式和电容三点式等电路，其振荡频率近似等于 LC 谐振回路的谐振频率。

5. 石英晶体振荡电路是采用石英晶体谐振器代替 LC 谐振回路构成的，其振荡频率的准确性和稳定性非常高。石英晶体振荡电路有并联型和串联型两种。

6. 非正弦波产生电路中没有选频网络，它通常由比较器、积分电路和反馈电路等组成，其状态的翻转依靠电路中定时电容能量的变化，改变定时电容的充、放电电流的大小，就可以调节振荡周期。利用电压控制的电流源提供定时电容的充、放电电流，可以得到理想的振荡波形，同时振荡频率的调节也很方便，故集成电路振荡器的使用越来越广泛。

实训　RC桥式振荡电路的调试与测量

1. 实训目的

（1）了解正弦波振荡电路的工作原理。

（2）理解 RC 桥式正弦波振荡电路的组成。

（3）熟悉正弦波振荡电路的调试与测量方法。

2. 实训器材

直流稳压电源、交流毫伏表、示波器、万用表、实训线路板、各种元器件。所用元器件见表6—2。

表 6—2　　　　　　　　　　　元器件种类及参数

名称	参数	名称	参数
电阻 R_1、R_2	15kΩ	电阻 R_{10}	510Ω
电阻 R_3	1M	电阻 R_{11}	5.1Ω
电阻 R_4	3kΩ	电阻 R_f	1kΩ
电阻 R_5	1.5kΩ	电容 C_1、C_2	0.01μF
电阻 R_6	10kΩ	电容 C_3	33μF
电阻 R_7	100kΩ	电容 C_4	10μF
电阻 R_8	13kΩ	电容 C_5	47μF
电阻 R_9	100Ω	电容 C_6	47μF

3. 实训内容

（1）用万用表检查元器件，确保质量完好。

（2）在实训线路板上连接如图6—23所示电路。

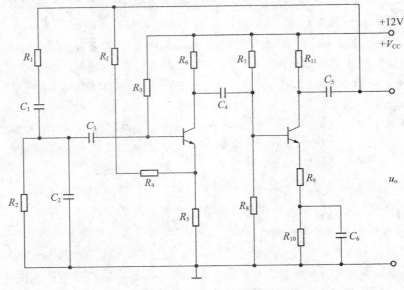

图 6—23　RC 桥式振荡电路

（3）连接好线路，检查无误后接通电源。

（4）用示波器观察输出信号波形，若无正弦波电压输出，则表示不起振。可从两方面着手检查：一是检查电路的连接是否有错或接触不良，尤其要检查正反馈电路的连接，应满足起振的相位条件；二是调节放大电路的放大倍数，使其满足振荡的幅度条件。对于不起振的电路一般都应增大放大倍数，调节 R_f，使之出现一个完整的正弦波。

（5）将示波器的时标旋钮置于合适的位置，读出一个完整正弦波的光点数，求出振荡信号频率，填入表 6—3 中。

表 6—3   正弦波振荡电路的数据表

输出波形	振荡频率	振荡周期	振荡幅值
$t/div=$ $V/div=$			

4. 实训报告

（1）整理实训数据。

（2）根据测试过程，总结正弦波振荡的条件。

（3）说明实训中遇到的问题及解决办法。

（4）说明负反馈电阻（R_f）在电路中的作用。

5. 注意事项

（1）测量时应注意测量仪器输入阻抗对振荡电路的影响，测量仪器接入被测电路后，有时会发生振荡频率偏移及幅度变化，甚至停振，为了减小测量仪器的影响，仪器应尽量接到低阻抗测量点，采取隔离措施。

（2）有时在振荡波形上叠加有高频振荡信号或杂散干扰信号，说明振荡电路中产生了高频寄生振荡，这时可通过适当改变电路布线、缩短过长的接线，在反馈电路内适当增加小的衰减电阻，增加去耦电路等方法加以抑制。

（3）频率的调整与测量调试过程中应注意器件、电路元件寄生电容以及测试仪器输入阻抗等的影响。

本章自测题

一、填空题

1. 组成振荡器的四部分电路分别是（　　　　　　），（　　　　　　），（　　　　　　）和（　　　　　　）；振荡器要产生振荡首先要满足的条件是（　　　　　　），其次还应满足（　　　　　　）。

2. 常用的正弦波振荡器有（　　　　　　），（　　　　　　）和（　　　　　　）；要制作频率在 200Hz～20kHz 的音频信号发生器，应选用（　　　　　　），要制作在 3MHz～30MHz 的高频信号，应选用（　　　　　　），要制作频率非常稳定的信号源，应选用（　　　　　　）。

3. 石英晶体的两个谐振频率分别是（　　　　　　）和（　　　　　　）。当石英晶体处在谐振状态时，石英晶体呈（　　　　　　），当输入信号的频率位于石英晶体的两个谐振频率之间时，石英晶体呈（　　　　　　），在其余的情况下，石英晶体呈（　　　　　　）。

4. 按输出信号波形的不同，可将信号产生电路分为两大类：（　　　　　　　　）和（　　　　　　　　）。

5. 非正弦波振荡电路按信号形式可分为（　　　　　　　）、（　　　　　　　）和（　　　　　　　）等。

6. 在电子技术中，信号产生电路在自动控制系统中作（　　　　　　　）；在测量中作（　　　　　）；在通信、广播、电视设备中作（　　　　　　　　）等。

7. 正弦波振荡电路是一个（　　　　　　　）正反馈放大电路。

8. 正弦波信号振荡的平衡条件为（　　　　　　　　）。其中，A 为（　　　　　　　）；F 为（　　　　　　）。该条件说明，放大器与反馈网络组成的闭合环路中，环路总的传输系数应等于（　　　　　　），使反馈电压与输入电压大小相等，即其振幅满足（　　　　　　），其相位满足（　　　　　　）。放大器和反馈网络的总相移必须等于（　　　　　　）的整数倍，使反馈电压与输入电压相位相同，以保证正反馈。

9. 正弦波信号振荡振幅起振条件为（　　　　　　　），相位起振条件为（　　　　　　）。

10. 选频网络若由 LC 元件组成，称 LC 正弦波振荡电路；选频网络若由 RC 元件组成，则称 RC 正弦波振荡电路。一般用 RC 振荡器产生（　　　　　　　）信号，用 LC 振荡器产生（　　　　　　　）信号。

11. RC 桥式正弦波振荡电路的振荡频率为（　　　　　　　　）。根据反馈形式的不同，LC 正弦波振荡电路可分为（　　　　　　）、（　　　　　　）、（　　　　　　）等几种电路形式。

二、选择题

1. 为了满足振荡的相位平衡条件，反馈信号与输入信号的相位差应为（　　）。

A. 90°　　　　　　　　B. 180°　　　　　　　　C. 360°

2. 以三节移项电路作为正反馈的 RC 振荡电路，其放大器输出信号与输入信号相位差为（　　）。

A. 90°　　　　　　　　B. 180°　　　　　　　　C. 360°

3. 已知某 LC 振荡电路的振荡频率在 50～10MHz 之间，通过电容 C 来调节，因此可知电容量的最大值与最小值之比等于（　　）。

A. 2.5×10^{-5}　　　　　B. 2×10^2　　　　　C. 4×10^4

4. 在文氏电桥 RC 振荡电路中，设深度反馈电路中的电阻 $R_{e1} = 1k\Omega$，为了满足起振条件，反馈电阻 R_f 的值不能少于（　　）。

A. 1kΩ　　　　　　　　B. 2kΩ　　　　　　　　C. 33kΩ

三、简答题

1. 产生正弦波振荡的条件是什么？它与负反馈放大电路的自激振荡条件是否相同，为什么？

2. 正弦波振荡电路由哪几部分组成？如果没有选频网络，输出信号将有什么特点？

3. 通常正弦波振荡电路接成正反馈，为什么电路要引入负反馈？负反馈作用太强或太弱时会有什么问题？

4. 信号产生电路的作用是什么？对信号产生电路有哪些主要要求？

5. 试总结三点式 LC 振荡电路的结构特点。

1. 文氏电桥振荡电路如图 6—24 所示。(1) 说明二极管 $D_1 D_2$ 的作用。(2) 为使电路能产生正弦波电压输出，请在放大器的输入端标明同相输入端和反相输入端。(3) 如欲改用热敏元件实现与二极管 $D_1 D_2$ 同样的作用，试问如何选择热敏电阻替代二极管。

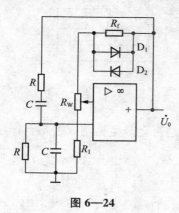

图 6—24

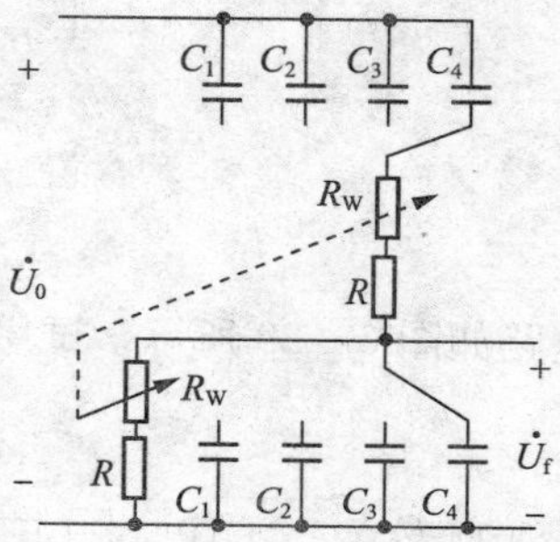

图 6—25

2. 振荡频率可调的 RC 文氏电桥正弦波振荡电路的 RC 串并联网络如图 6—25 所示。用双层波段开关接不同的电容，作为振荡频率的粗调；用同轴电位器实现微调。已知电容的取值分别为 $0.01\mu F$、$0.1\mu F$、$1\mu F$、$10\mu F$，电阻 $R = 20\Omega$，电位器 $R_w = 20k\Omega$。试问：f_0 的调节范围是多少？

3. 电路如图 6—26 所示。

(1) 说明电路是哪种正弦波振荡电路。

(2) 若 R_1 短路，则电路将产生什么现象？

(3) 若 R_1 断路，则电路将产生什么现象？

(4) 若 R_f 短路，则电路将产生什么现象？

(5) 若 R_f 断路，则电路将产生什么现象？

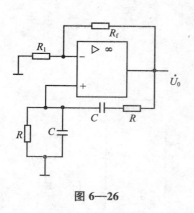

图 6—26

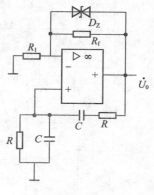

图 6—27

4. 电路如图 6—27 所示，稳压管起稳幅作用，其稳定电压 $\pm U_z = \pm 6V$。$C = 1\mu F$，$R = 16k\Omega$。试估算：(1) 输出电压不失真情况下的有效值；(2) 振荡频率。

5. 用相位平衡条件判断图 6—28 所示电路是否会产生振荡，若不会产生振荡，请改正。

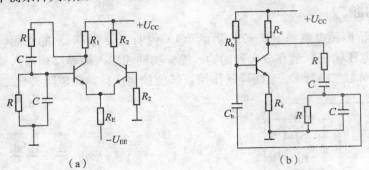

（a）　　　　　　　（b）

图 6—28

6. 电路如图 6—29 所示，试用相位平衡条件判断是否会产生振荡，若不会产生振荡，请改正。

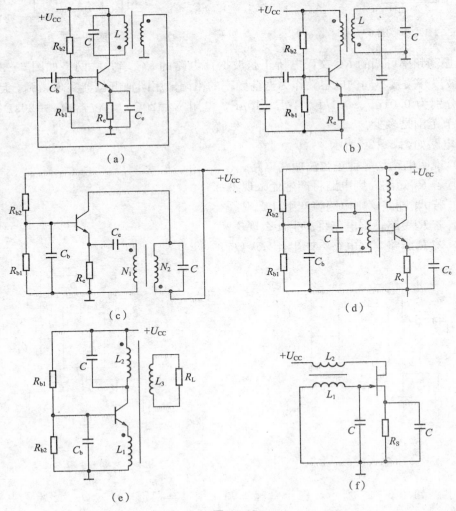

（a）　　　　　　　（b）

（c）　　　　　　　（d）

（e）　　　　　　　（f）

图 6—29

7. 图 6—30 是监控报警装置，如需对某一参数（如温度、压力等）进行监控时，可由传感器取得监控信号 u_i，u_R 是参考电压。当 u_i 超过正常值时，报警灯亮。试说明其工作原理。二极管 D 和电阻 R_3 在此起何作用？

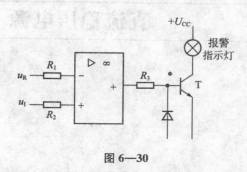

图 6—30

8. 电路如图 6—31 所示，A_1、A_2、A_3 均为理想运放，电容 C 上的初始电压为零。若 u_i 为 0.11V 的阶跃信号，求信号加上后一秒钟，u_{o1}、u_{o2}、u_{o3} 所达到的数值。

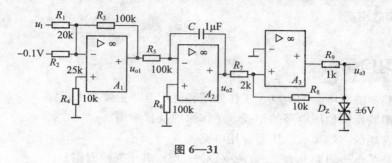

图 6—31

9. 电路如图 6—32 所示，试将直流电流信号转换成频率与其幅值成正比的矩形波，要求画出电路来，并定性画出各部分电路的输出波形。

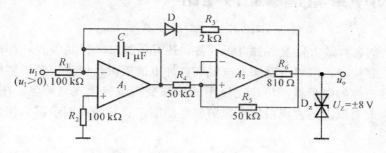

图 6—32

<table>
<tr><td>第 7 章</td><td>直流稳压电源</td></tr>
</table>

电子设备中都需要稳定的直流电源，其通常是由电网提供的 220V 或 380V、50Hz 的交流电经过整流、滤波和稳压后获得的。对直流电源的主要要求是输出的电压幅值稳定，当电网电压或负载波动时能基本保持不变；直流输出电压平滑，脉动成分小；交流电变成直流电时转换效率高。

 **学习目标**

1. 掌握整流滤波电路的构成、工作原理和稳压电路主要技术指标。
2. 掌握串联反馈稳压电路的组成、工作原理及其应用。
3. 熟悉常用的三端集成稳压器应用电路。
4. 了解开关电源电路和直流-直流（DC－DC）电压变换电路。

7.1 小功率单相整流滤波电路

前面分析的各种放大器及各种电子设备，还有各种自动控制装置，都需要稳定的直流电源供电。直流电源可以由直流发电机和各种电池提供，但比较经济实用的办法是利用具有单向导电性的电子器件将广泛使用的正弦交流电转换成直流电。图 7—1 是把正弦交流电转换成直流电的直流稳压电源的原理框图，它一般由四个部分组成，各部分功能如下。

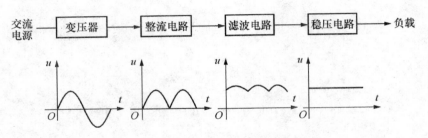

图 7—1　直流稳压电源原理框图

变压器：将正弦工频交流电源电压变换为符合用电设备所需要的正弦工频交流电压。

整流电路：利用具有单向导电性能的整流元件，将正负交替变化的正弦交流电压换成单向的脉动直流电压。

滤波电路：尽可能地将单向脉动直流电压中的脉动部分（交流分量）减小，使输出电压成为比较平滑的直流电压。

稳压电路：采用某些措施，使输出的直流电压在电源发生波动或负载变化时保持稳定。

变压器部分相关内容在电路基础中已经介绍，本章将先从小功率单相整流滤波电路开始讨论，然后再分析直流稳压电源的其他电路。

7.1.1　整流电路

小功率直流电源因功率比较小，通常采用单相交流供电，因此，本节只讨论单相整流电路。利用二极管的单向导电作用，可将交流电变为直流电，常用的二极管整流电路有单相半波整流电路和单相桥式整流电路等。

1. 单相半波整流电路

单相半波整流电路如图 7—2 所示，图中 T 为电源变压器，用来将市电 220V 交流电压变换为整流电路所要求的交流低电压，同时保证直流电源与市电电源有良好的隔离。设 VD 为整流二极管，令它为理想二极管，R_L 为要求直流供电的负载等效电阻。

设变压器二次电压为 $u_2 = \sqrt{2}U_2\sin\omega t$，当 u_2 为正半周（$0 \leqslant \omega t \leqslant \pi$）时，由图 7—3（a）可见，二极管 VD 因正偏而导通，流过二极管的电流 i_D 同时流过负载电阻 R_L，即 $i_o = i_D$，负载电阻上的电压 $u_o \approx u_2$；当 u_2 为负半周（$\pi \leqslant \omega t \leqslant 2\pi$）时，二极管因反偏而截止，$i_o \approx 0$，因此，输出电压 $u_o \approx 0$。此时 u_2 全部加在二极管两端，即二极管承受反向电压 $u_D = u_2$。

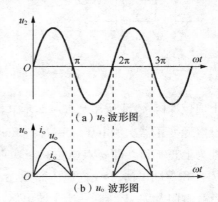

（a）u_2 波形图

（b）u_o 波形图

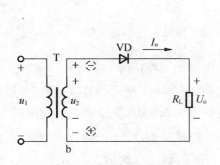

图 7—2　单相半波整流电路　　　　　　　图 7—3　单相半波整流电路波形图

如图 7—3（b）所示为 u_2、u_o、i_o 的波形。由图可见，负载上得到单方向的脉动电压。由于电路只在 u_2 的正半周有输出，所以称为单相半波整流电路。单相半波整流电路输出电压的平均值 U_o 为

$$U_o = \frac{1}{2\pi}\int_0^{2\pi} u_o \mathrm{d}(\omega t) = \frac{1}{2\pi}\int_0^{2\pi} \sqrt{2}U_2\sin\omega t\, \mathrm{d}(\omega t) = \frac{\sqrt{2}}{\pi}U_2 = 0.45U_2 \qquad (7-1)$$

流过二极管的平均电流 I_D 为

$$I_D = I_o = \frac{U_o}{R_L} = 0.45 \frac{U_2}{R_L} \qquad (7-2)$$

二极管承受的反向峰值电压为

$$U_{RM} = \sqrt{2}U_2 \qquad (7-3)$$

单相半波整流电路使用元件少，电路结构简单，只利用了电源电压的半个周期，整流输出电压的脉动较大，变压器存在单向磁化，整流效率低等问题。因此，它只适用于要求不高的场合。

2. 单相桥式整流电路

为了克服单相半波整流的缺点，常采用单相桥式整流电路，它由四个二极管接成电桥形式构成。如图 7—4 所示为单相桥式整流电路的几种画法。

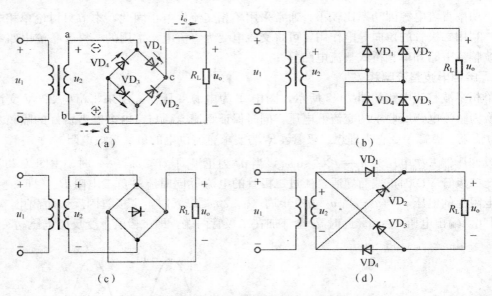

图 7—4　单相桥式整流电路的几种画法

下面按照图 7—4 中第一种画法来分析桥式整流电路的工作情况。

设电源变压器次侧电压 $u_2 = \sqrt{2}U_2 \sin\omega t$ (V)，波形如图 7—5 所示。在 u_2 的正半周时，其极性为上正下负，即 a 点电位高于 b 点电位，二极管 VD_1、VD_3 因承受正向电压而导通，VD_2 和 VD_4 因承受反向电压而截止，电流 i_o 的通路是 $a \rightarrow VD_1 \rightarrow c \rightarrow R_L \rightarrow d \rightarrow VD_3 \rightarrow b$，这时负载电阻及 R_L 上得到一个半波电压，如图 7—5 中的 0—π 段所示。

在电压 u_2 的负半周时，其极性为上负下正，即 b 点电位高于 a 点电位，因此 VD_1、VD_3 截止，VD_2 和 VD_4 导通，电流 i_o 的通路是 $b \rightarrow VD_2 \rightarrow c \rightarrow R_L \rightarrow d \rightarrow VD_4 \rightarrow a$，因为电流均是从 c 经 R_L 到 d，所以在负载电阻上得到一个与 0—π 段相同的半波电压，如图 7—5 中的 π—2π 段。

因此当变压器次侧电压 u_2 变化一个周期时，在负载电阻 R_L 上的电压 u_o 和电流 i_o 是单向全波脉动电压和电流。由图 7—5 与图 7—3 比较可见，单相桥式整流电路的整流输出电压的平均值 U_o 比半波时增加了一倍，即：

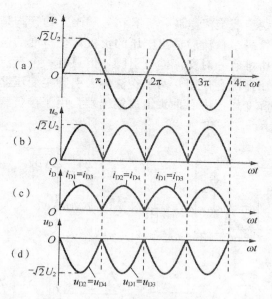

图 7—5　桥式整流电路电压电流波形

$$U_o = 2\frac{\sqrt{2}}{\pi}U_2 = 0.9U_2 \tag{7-4}$$

流过负载电阻的电流 i_o 的平均值 I_o 为

$$I_o = \frac{U_o}{R_L} = 0.9\frac{U_2}{R_L} \tag{7-5}$$

在单相桥式整流电路中，每只二极管串联导通半个周期，在一个周期内负载电阻均有电流流过，且方向相同。而每只二极管流过的电流平均值 I_D 是负载电流 I_o 的一半，即

$$I_D = \frac{1}{2}I_o = 0.45\frac{U_2}{R_L} \tag{7-6}$$

在变压器二次侧电压 u_2 的正半周时，VD_1、VD_3 导通后相当于短路，VD_2、VD_4 的阴极接于 a 点，而阳极接于 b 点，所以 VD_2、VD_4 所承受的最高反向电压就是 u_2 的幅值 $\sqrt{2}U_2$。同理，在 u_2 的负半周 VD_1、VD_3 所承受的最高反向电压也是 $\sqrt{2}U_2$。

所以单相桥式整流电路二极管在截止时承受的最高反向电压 U_{RM} 为

$$U_{RM} = \sqrt{2}U_2 \tag{7-7}$$

由以上分析可知，单相桥式整流电路与单相半波整流电路相比较，其输出电压提高，脉动成分减少。

还有其他整流电路，例如全波整流和倍压整流电路等，这里不再一一介绍，读者可参考有关资料。

3. 常用整流组合元件

将单相桥式整流电路的四只二极管制作在一起，封成一个器件称为整流桥堆。常用的整流组合元件有半桥堆和全桥堆。半桥堆的内部由两个二极管组成，而全桥堆的内部由四个二极管组成。半桥堆内部的两个二极管连接方式如图 7—6（a）所示，全桥堆内部的四个二极管连接方式如图 7—7（a）所示。全桥堆电路符号如图 7—7（b）所示。半桥堆和全桥的外形如图 7—6（c）和图 7—7（c）所示。图中标有符号"～"的管脚使用时接变压器二次侧绕组或交流电源，标有符号"＋"的管脚是整流后输出电压的正极，标有符号"－"的管脚是整流后输出电压的负极，全桥堆的这两个脚接负载或滤波稳压电路的输入端。半桥堆有一对交流输入引脚，但只有一个直流电压输出引脚，它必须与具有中心抽头的变压器配合使用，两个交流输入引脚接变压器两个二次侧绕组的非中心抽头端，直流引脚和变压器中心抽头组成输出端，用于接负载或滤波稳压电路输入端，如图7—6（b）所示。

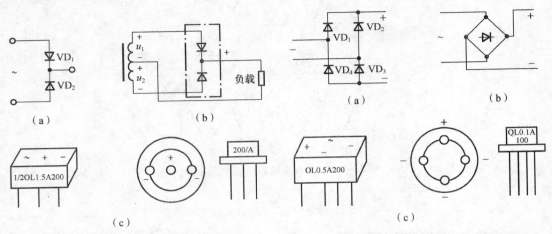

图7—6　半桥堆连接方式及电路符号　　　图7—7　全桥堆连接方式及电路符号

全桥的型号用"QL（额定正向整流电流）A（最高反向峰值电压）"表示，如 $QL3A100$。半桥的型号用"$1/2QL$（额定正向整流电流）A（最高反向峰值电压）"表示，如 $1/2QL1.5A200$。

7.1.2　滤波电路

整流电路将交流电变为脉动直流电，但其中含有大量的直流和交流成分（称为纹波电压）。这样的直流电压作为电镀、蓄电池充电的电源还是允许的，但作为大多数电子设备的电源，将会产生不良影响，甚至不能正常工作。在整流电路之后，需要加接滤波电路，尽量减小输出电压中交流分量，使之接近于理想的直流电压。本节介绍采用储能元件滤波减小交流分量的电路。

1. 电容滤波电路

滤波电路如图7—8所示。由于电容器的容量较大，所以一般采用电解电容器。电解电容器具有极性，使用时其正极要接电路中高电位端，负极要接低电位端，若极性接反，电容器的耐压将降低，增加其漏电程度，甚至造成电容器爆裂损坏。选择电容器时既要考虑它的容量又要考虑耐压，特别要注意，耐压低于实际使用电压将会造成电容器损坏。将合适电容器与负载电阻 R_L 并联，负载电阻上就能得到较为平直的输出电压。

下面讨论电容滤波电路的工作原理。

如图7—8（a）所示是在桥式整流电路输出端与负载电阻 R_L 之间并联一个较大电容 C，构成电容滤波电路。设电容两端初始电压为零，并假定在 $t=0$ 时接通电路，u_2 为正半周，当 u_2 由零上升时，VD_1、VD_3 导通，C 被充电，同时电流经 VD_1、VD_3 向负载电阻

供电。如果忽略二极管正向电压降和变压器内阻，电容充电时间常数近似为零，因此 $u_o = u_C \approx u_2$，在 u_2 达到最大值时，u_o 也达到最大值，如图 7—8（b）a 点所示，然后 u_2 下降，此时 $u_C > u_2$，VD_1、VD_3 截止，电容 $u_o(u_C)$ 向负载电阻 R_L 放电。由于放电时间常数 $\tau = R_L C$ 一般较大，电容电压 u_C 按指数规律缓慢下降。当 $u_o(u_C)$ 下降到图 7—8（b）中 b 点后，$|u_2| > u_C$，VD_2、VD_4 导通，电容 C 再次被充电，输出电压增大，以后重复上述充、放电过程，便可得到如图 7—8（b）所示输出电压波形，它近似为一锯齿波直流电压。

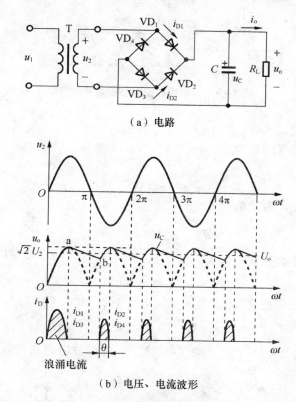

（a）电路

（b）电压、电流波形

图 7—8　桥式整流电容滤波电路

　　由图 7—8（b）可见，整流电路接入滤波电容后，不仅使输出电压变得平滑、纹波显著减小，同时输出电压的平均值也增大了。输出电压平均值 U_o 的大小与滤波电容 C 及负载电阻 R_L 的大小有关。C 的容量一定时，R_L 越大，C 的放电时间常数 τ 就越大，其放电速度越慢，输出电压就越平滑，U_o 就越大。当 R_L 开路时，$U_o = \sqrt{2} U_2$。为了获得良好的滤波效果，一般取：

$$R_L C \geqslant (3 \sim 5) \frac{T}{2} \tag{7-8}$$

　　式中，T 为输入交流电压的周期。此时输出电压的平均值近似为

$$U_o \approx (1.1 \sim 1.4) U_2 \tag{7-9}$$

系数一般取 1.2。

　　在整流电路采用电容滤波后，只有当 $|u_2| > u_C$ 时二极管才导通，故二极管的导通时间缩短，一个周期的导通角 $\theta < \pi$，如图 7—8（b）所示。由于电容 C 充电的瞬时电流很

大，形成了浪涌电流，容易损坏二极管，故在选择二极管时，必须留有足够电流裕量。一般可按 $(2\sim3)I_o$ 来选择二极管。

例 7-1 单相桥式整流电容滤波电路如图 7-9 所示，设负载电阻 $R_L=1.2\text{k}\Omega$，要求输出直流电压 $U_o=30\text{V}$。试选择整流二极管和滤波电容。已知交流电源频率为 50Hz。

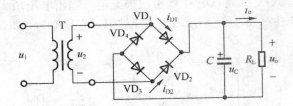

图 7-9　单相桥式整流电容滤波电路

解：（1）选择整流二极管。

流过二极管的电流平均值为

$$I_D=\frac{1}{2}I_o=\frac{U_o}{2R_L}=\frac{30}{2\times1.2}\text{mA}=12.5\text{mA}$$

变压器二次侧电压的有效值为

$$U_2=\frac{U_o}{1.2}=\frac{30}{1.2}\text{V}=25\text{V}$$

二极管所承受的最高反向电压为

$$U_{RM}=\sqrt{2}U_2=\sqrt{2}\times25\text{V}=35\text{V}$$

查手册，可选用二极管 ZCP1，最大整流电流 100mA，最大反向工作电压 50V。
（2）选择滤波电容。

由式（7-8），取 $R_LC=\frac{5T}{2}$，其中 $T=0.02\text{S}$，故滤波电容的容量为

$$C\geqslant\frac{5T}{2\times R_L}=\frac{5\times0.02}{2\times1\,200}\text{F}=42\mu\text{F}$$

可选取容量为 $47\mu\text{F}$，耐压为 50V 的电解电容器。

电容滤波电路简单，输出电压平均值 U_o 较高，脉动较小，但是二极管中有较大的冲击电流。因此电容滤波电路一般适用于输出电压较高，负载电流较小并且变化也较小的场合。

2. 电感滤波电路

如图 7-10 所示为电感滤波电路，它主要适用于负载功率较大即负载电流很大的情况。它是在整流电路的输出端和负载电阻 R_L 之间串联一个电感量较大的铁芯线圈 L。电感中流过的电流发生变化时，线圈中要产生自感电动势阻碍电流的变化。当电流增加时，自感电动势的方向与电流方向相反，自感电动势阻碍电流的增加，同时将能量存储起来，放缓电流增加的速度；反之，当电流减小时，自感电动势的方

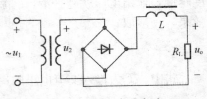

图 7-10　电感滤波电路

向与电流的方向相同，自感电动势阻止电流的减小，同时将能量释放出来，减缓电流变小

的速度，因而使负载电流和负载电压脉动大为减小。

对于电感线圈的滤波作用，还可以这样理解：因为电感线圈对直流分量阻抗为零；对交流分量具有阻抗，且谐波频率越高，阻抗越大，所以它可以滤除整流电压中的交流分量。ωL 比 R_L 大得越多，则滤波效果越好。

3. 其他形式滤波电路——LC 型滤波电路和 π 型滤波电路

（1）LC 型滤波电路。

电感滤波电路由于自感电动势的作用使二极管的导通角比电容滤波电路时增大，流过二极管的峰值电流减小，外特性较好，带负载能力较强。但是电感量较大的线圈，因匝数较多，体积大，比较笨重，直流电阻也较大，因而其上有一定的直流压降，造成输出电压的下降。电感滤波电路输出电压平均值 $U_。$ 的大小一般按经验公式计算：

$$U_。=\frac{2\sqrt{2}}{\pi}U_2=0.9U_2 \tag{7-10}$$

如果要求输出电流较大，输出电压脉动很小时，可在电感滤波电路之后再加电容 C，组成 LC 型滤波电路，如图 7—11 所示。电感滤波之后，利用电容再一次滤掉交流分量，这样，便可得到更为平直的直流输出电压。

（2）π 型滤波电路。

为了进一步减小负载电压中的纹波，可采用如图 7—12 所示的 π 型 LC 滤波电路。由于电容 C_1、C_2 对交流的容抗很小，而电感 L 对交流的阻抗很大，因此，负载 R_L 上的纹波电压很小。若负载电流较小时，也可用电阻代替电感组成 π 型 RC 滤波电路。由于电阻要消耗功率，所以，此时电源的损耗功率较大，电源效率降低。

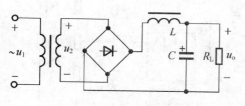

图 7—11　LC 型滤波电路

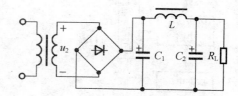

图 7—12　π 型 LC 滤波电路

7.2　串联反馈稳压电路

前几节主要讨论了如何通过整流电路把交流电变成单方向的脉动电压，以及如何利用储能元件组成各种滤波电路以减少脉动成分。但是，整流滤波电路的输出电压和理想的直流电还有相当的距离。其主要存在两方面的问题：第一，当负载电流变化时，由于整流滤波电路存在内阻，因此输出电压将要随之发生变化；第二，当电网电压波动时，整流电路的输出直接与变压器二次侧电压有关，因此也要相应地变化。为了能够提供更加稳定的直流电源，需要在整流滤波后面加上稳压电路。

7.2.1　稳压电路主要技术指标

通常用以下几个主要指标来衡量稳压电路的质量。

1. 内阻 r_o

稳压电路的内阻指的是经过整流滤波后输入到稳压电路的直流电压不变时，稳压电路的输出电压变化量与输出电流变化量之比。

2. 稳压系数

稳压系数的定义是当负载不变时，稳压电路输出电压的相对变化量与输入电压的相对变化量之比。

3. 温度系数

温度系数指电网电压和负载都不变时，由于温度变化而引起的输出电压漂移。

另外，还有电压调整率、电流调整率、最大纹波电压和噪声电压等。通常，我们主要讨论内阻和稳压系数这两个主要指标。常用的稳压电路有硅稳压管稳压电路和串联反馈式直流稳压电路等。下面将重点讨论串联反馈式稳压电路。

7.2.2 串联反馈式稳压电路

如果在输入直流电压和负载之间串联入一个三极管，当输入电压或负载变化引起输出电压变化时，将输出电压的变化反馈给该三极管，则称这一电路为串联反馈式稳压电路。这里的三极管被称为调整管。串联型反馈式稳压电路组成框图如图 7—13（a）所示，它由调整管、取样电路、基准电压和比较放大电路等部分组成。如图 7—13（b）所示为串联反馈式稳压电路的原理电路图。

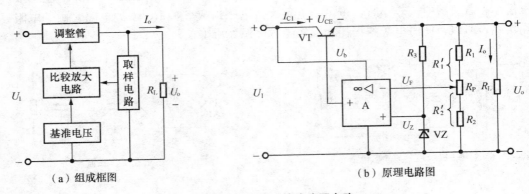

（a）组成框图　　　　　　　（b）原理电路图

图 7—13　串联反馈式稳压电路

图中，VT 为调整管，它工作在线性放大区，故又称为线性稳压电路。R_3 和稳压管 VZ 组成基准电压源，为集成运放 A 的同相输入端提供基准电压；R_1、R_2 和 R_p 组成取样电路，它将稳压电路的输出电压分压后送到集成运放 A 的反相输入端；集成运放 A 构成比较放大电路，用来对取样电压与基准电压的差值进行放大。当输入电压 U_I 增大（或负载电流 I_o 减小）引起输出电压 U_o 增加时，取样电压 U_F 随之增大，由于基准电压 U_Z 不变，经 A 放大后使调整管的基极电压 U_B 减小，集电极 I_C 减小，管压降 U_{CE} 增大，输出电压 U_o 减小，从而使得稳压电路的输出电压上升趋势受到抑制，稳定了输出电压。同理，当输入电压 U_I 减小或负载电流 I_o 增大引起 U_o 减小时，电路将产生与上述相反的稳压过程，也将维持输出电压基本不变。

由图 7—13（b）可得

$$U_F = \frac{R'_2}{R_1 + R_2 + R_P} U_o \qquad (7-11)$$

由于 $U_Z \approx U_z$，所以稳压电路输出电压 U_o 等于：

$$U_o = \frac{R_1 + R_2 + R_P}{R'_2} U_Z \qquad (7-12)$$

由此可见，串联反馈式稳压电路通过调节电位器 R_P 的动端，即可调节输出电压 U_o 的大小。由于运算放大器调节方便，电压放大倍数很高，输出阻抗较低，因而可以获得极其优良的稳压特性。其应用十分广泛。

7.2.3 三端集成稳压器及其应用

随着集成电路的发展，出现了集成稳压电源，或称集成稳压器。集成稳压器是指将功率调整管、取样电阻以及基准稳压源、误差放大器、起动和保护电路等全部集成在一块芯片上，形成的一种串联型集成稳压电路。它具有体积小、可靠性高、使用灵活、价格低廉等优点，因此得到广泛的应用。

目前，常见的集成稳压器引出脚为多端（引出脚多于 3 脚）和三端两种外部结构形式。本节主要介绍广泛使用的三端集成稳压器。由于三端式稳压器只有三个引出端子，具有应用时外接元件少、使用方便、性能稳定、价格低廉等优点，因而得到广泛应用。三端式稳压器有两种：一种输出电压是固定的，称为固定输出三端稳压器；另一种输出电压是可调的，称为可调输出三端稳压器。它们的基本组成及工作原理都相同，均采用串联型稳压电路。

固定输出三端集成稳压器通用产品有 CW7800 系列（正电源）和 CW7900 系列（负电源）。输出电压由具体型号中的后两个数字代表，有 5V、6V、9V、12V、15V、18V、24V 等档次。其额定输出电流以 78 或 79 后面所加字母来区分。L 表示 0.1A，M 表示 0.5A，无字母表示 1.5A。例如，CW7805 表示输出电压为 +5V，额定输出电流为 1.5A。

如图 7—14 所示为 CW7800 和 CW7900 系列塑料封装和金属封装三端集成稳压器的外形及管脚排列。

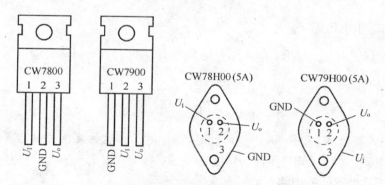

图 7—14 三端固定输出集成稳压器外形及管脚排列

1. 基本应用电路

如图 7—15 所示为 7800 系列集成稳压器的基本应用电路。由于输出电压决定于集成稳压器，所以图 7—15 输出电压为 12V，最大输出电流为 1.5A。为使电路正常工作，要求输入电压 U_i 比输出电压 U_o 至少大 2.5~3V。输入端电容 C_1 用以抵消输入端较长接线的电感效应，以防止自激振荡，还可抑制电源的高频脉冲干扰。输出端电容 C_2、C_3 一般取 $0.1 \sim 1 \mu F$，用以改善负载的瞬态响应，消除电路的高频噪声，同时也具有消振作用。VD 是保护二极管，用来防止在输入端短路时输出电容 C_3 所存储电荷通过稳压器放电而损坏器件。CW7900 系列的接线与 CW7800 系列基本相同。

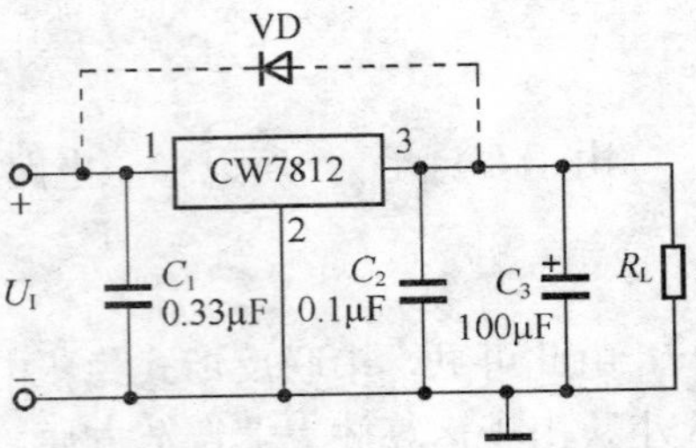

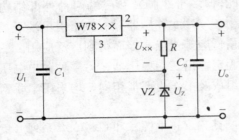

图 7—15　7800 系列集成稳压器的基本应用电路

2. 提高输出电压的电路

实际需要的直流稳压电源，如果超过集成稳压器的输出电压数值时，可外接一些元件以提高输出电压。如图 7—16 所示电路能使输出电压高于固定电压，图中的 U_{XX} 为 CW78 系列稳压器的固定输出电压数值，显然

$$U_o = U_{XX} + U_Z \qquad (7-13)$$

图 7—16　提高输出电压的电路一

图 7—17　提高输出电压的电路二

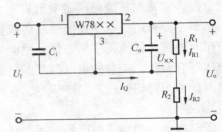

也可采用如图 7—17 所示的电路提高输出电压。图中 R_1、R_2 为外接电阻，R_1 两端的电压为三端集成稳压器的额定输出电压 U_{XX}，R_1 上流过的电流为 $I_{R1} = U_{XX}/R_1$，则三端集成稳压器的静态电流为 I_Q，则

$$I_{R2} = I_{R1} + I_Q \qquad (7-14)$$

稳压电路输出电压为

$$U_o = U_{XX} + I_{R2}R_2 = I_{R1}R_1 + I_{R1}R_2 + I_Q R_2 = \left(1 + \frac{R_2}{R_1}\right)U_{XX} + I_Q R_2 \qquad (7-15)$$

若忽略 I_Q 的影响，则

$$U_o = \left(1 + \frac{R_2}{R_1}\right)U_{XX} \qquad (7-16)$$

由此可见，提高 R_1 和 R_2 的比值，可提高 U_o 的值。这种接法的缺点是：当输入电压变化时，I_Q 也变化，将降低稳压器的精度。

3. 输出正、负电压的电路

如图 7—18 所示为采用 CW78XX 和 CW79XX 三端稳压器各一块组成的具有同时输出正负两组电压的稳压电路。

4. 恒流源电路

集成稳压器输出端串入阻值合适的电阻，就可构成输出恒定电流的电源，如图 7—19 所示。稳压器向负载 R_L 输出的电流为

$$I_o = \frac{U_{23}}{R} + I_Q \tag{7-17}$$

I_Q 为稳压器静态工作电流，由于它受 U_I 及温度变化的影响，所以只有当 $U_{23}/R \gg I_Q$ 时，输出电流 I_o 才比较稳定。由图 7—19 可知 $U_{23}/R = 5V/10\Omega = 0.5A$ 显然比 I_Q 大得多，故 $I_o \approx 0.5A$，受 I_Q 的影响很小。

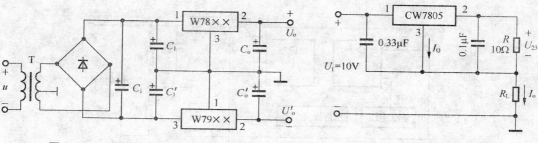

图 7—18 输出正、负电压的稳压电路   图 7—19 恒流源电路

另外，集成稳压器还有三端可调输出集成稳压器。三端可调输出集成稳压器是在三端固定输出集成稳压器的基础上发展起来的，集成块的输入电流几乎全部流到输出端，流到公共端的电流非常小，因此可以用少量的外部元件方便地组成精密可调的稳压电路，应用更为灵活。典型产品 CW117/CW217/CW317 系列为正电压输出，负电源系列有 CW137/CW237/CW337 等。同一系列的内部电路和工作原理基本相同，只是工作温度不同，如 CW17/CW217/CW317 的工作温度分别为 $-55℃\sim150℃$、$-25℃\sim150℃$、$0℃\sim125℃$。根据输出电流的大小，每个系列又分为 L 型系列（$I_o \leqslant 0.1A$）、M 型系列（$I_o \leqslant 0.5A$）。如果不标 M 或 L 的则表示该器件 $I_o \leqslant 1.5A$。这里不作过多介绍。

7.3 其他电源电路

7.3.1 开关电源电路

前述线性集成稳压器有很多优点，使用也很广泛。但由于调整管必须工作在线性放大区，管压降比较大，同时要通过全部负载电流，所以管耗大，电源效率低（一般 $40\% \sim 60\%$）。特别是在输入电压升高、负载电流很大时，管耗会更大，不但电源效率很低，同时调整管的工作可靠性也降低。而开关稳压电源的调整管工作在开关状态，依靠调节调整管导通时间来实现稳压，管耗很小，故使稳压电源的效率明显提高，可达 $80\% \sim 90\%$。而且这一效率几乎不受输入电压大小的影响，即开关稳压电源有很宽的稳压范围。正由于开关稳压电源优点显著，故发展非常迅速，使用也越来越广泛。

1. 开关电源电路的基本工作原理

如图 7—20 所示为串联型开关稳压电路的基本组成框图。图中，VT 为开关调整管，它与负载 R_L 串联；VD 为续流二极管，L、C 构成滤波器；R_1 和 R_2 组成取样电路、A 为误差放大器，C 为电压比较器，它们与基准电压源、三角波发生器组成开关调整管的控制电路。误差放大器对来自输出端的取样电压 u_F 与基准电压 U_{REF} 的差值进行放大，

其输出电压 u_A 送到电压比较器 C 的同相输入端。三角波发生器产生一频率固定的三角波电压 u_T，它决定了电源的开关频率。u_T 送至电压比较器 C 的反相输入端与 u_A 进行比较，当 $u_A > u_T$ 时，电压比较器 C 输出电压 u_B 为高电平；当 $u_A < u_T$ 时，电压比较器 C 输出电压 u_B 为低电平，u_B 控制开关调整管 VT 的导通和截止。u_A、u_T、u_B 波形如图 7—21 （a）、（b）所示。

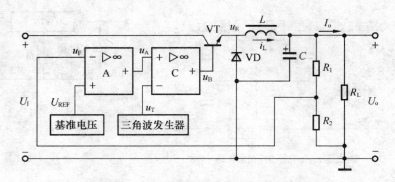

图 7—20　串联型开关稳压电路组成框图

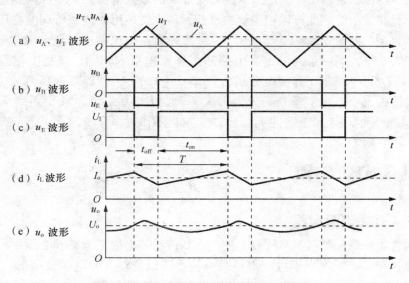

（a）u_A、u_T 波形

（b）u_B 波形

（c）u_E 波形

（d）i_L 波形

（e）u_o 波形

图 7—21　开关稳压电源的电流、电压波

电压比较器 C 输出电压 u_B 为高电平时，调整管 VT 饱和导通，若忽略饱和压降，则 $u_E \approx U_1$，二极管 VD 承受反向电压而截止，u_E 通过电感 L 向 R_L 提供负载电流。由于电感自感电动势的作用，电感中的电流随时间线性增长，L 同时存储能量，当 $i_L > I_o$ 后继续上升，C 开始被充电、u_o 略有增大。电压比较器 C 输出电压 u_B 为低电平时，调整管截止，$u_E \approx 0$。因电感 L 产生相反的自感电动势，使二极管 VD 导通，于是电感中存储的能量通过 VD 向负载释放，使负载 R_L 中继续有电流通过，所以将 VD 称为续流二极管。这时 i_L 随时间线性下降，当 $i_L < I_o$ 后，C 开始放电，u_o 略有下降。u_E、i_L、u_o 波形如图 7—21 （c）、（d）、（e）所示。图中，I_o、U_o 为稳压电路输出电流、电压的平均值。由此可见，虽然调

整管工作在开关状态，但由于二极管 VD 的续流作用和 L、C 的滤波作用，仍可获得平稳的直流电压输出。

2. 采用集成开关稳压器电源电路

集成开关稳压器有 CW1524/2524/3524、CW4960/4962 和 CW2575/2576 等系列，这里，我们简要介绍 CW2575/2576 集成稳压器的结构特点。

CW2575/2576 集成稳压器是串联开关稳压器，输出电压为固定 3.3V、5V、12V、15V 和可调五种，由型号的后缀两位数字标示。CW2575 的额定输出电流为 1A，CW2576 的额定输出电流达 3A。两种系列芯片内部结构相同，除含有开关调整管的控制电路外，还含有调整管、起动电路、输入欠压锁定控制和保护电路等，固定输出稳压器还含有取样电路。

CW2575/2576 集成稳压器的特点是外部元件少，使用方便；振荡器的振荡频率固定在 52kHz，因而滤波电容不大，滤波电路体积小，一般不需要散热器。

CW2575/2576 单列直插式塑料封装的外形及管脚排列如图 7—22 所示，两种系列芯片的管脚含义相同。其中，5 脚在稳压器正常工作时应接地，它可由 TTL 高电平关闭而处于低功耗备用状态；4 脚一般与应用电路的输出相连，在可调输出时与取样电路相连，此引脚提供的参考电压 U_{REF} 为 1.23V。芯片工作时要求输出电压值不得超越输入电压。其应用可参考有关资料。

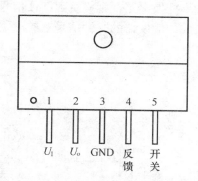

图 7—22　CW2575/2576 外形及管脚排列

7.3.2　直流-直流（DC－DC）电压变换电路

将一个恒定的直流电压通过电子器件的开关作用变换成为可变的直流电压的过程，称为直流-直流变换即 DC－DC 变换。

DC－DC 变换器具有体积小、效率高、重量轻、成本低等优点。从历史上看，这种技术广泛应用于以电动机为负载的直流调速系统，如地铁列车、无轨电车及其他蓄电池供电的电动车辆等，传统上又称为直流斩波技术。而现在，由于交流调速技术的日趋完善，地铁、城市轨道车辆的调速大都采用交流调速方式，故 DC－DC 变换技术应用较广泛的领域是开关电源，如通信电源、笔记本电脑、移动电话、远程控制器电源等。在这一领域中大都将这种技术称为直流变换技术，而不称斩波技术。本节将简要介绍目前在 DC－DC 变换电路中使用最多的 PWM 集成控制器的组成和原理。

PWM 是为保持变换器的输出电压稳定，所采用的占空比控制技术中的脉宽调制技术。一般讲，PWM 控制电路包括调压控制和保护两部分。控制电路必须考虑到如下一些基本要求及功能：变换器是一闭环调节系统，所以与一般调节系统一样，要求控制电路应具有足够的回路增益，能在允许的输入电网电压、负载及温度变化范围内，输出稳定度达到规定的精度要求（即静态精度指标）的电压。同时，还必须满足动态品质要求，如稳定性及动态响应性能。因此，需加适当的校正网络或采用多重反馈技术，还要满足获得额定的输出电压及调节范围的要求。此外，还应具有软起动功能及过流、过压等保护功能。必要时还要求实现控制电路输出与反馈输入之间的隔离。

1. 集成 PWM 控制器的组成和原理

目前，常见的单片集成 PWM 控制器产品有 SG524、TL494、MC34060、SG1525/SG1529 等，功能大同小异。由于型号很多，在实际应用中应参考各厂家的产品说明，以便选择适合的集成 PWM 控制器。下面介绍集成 PWM 控制器的 PWM 信号产生电路组成及原理。如图 7—23 所示为 PWM 信号产生电路框图及其波形，它的工作原理如下：对被控制电压 $U_{\circ}$ 进行检测，将所得的反馈电压 $U_f = K U_{\circ}$ 加至运放的同相输入端，一个固定的参考电压 U_r 加至运放的反相输入端，将放大后输出直流误差电压 $U_{\circ}$ 加至比较器的反相输入端，由一固定频率振荡产生锯齿波信号 U_{sa} 加至比较器的同相输入端。比较器输出一方波信号，此方波信号的占空比随着误差电压 $U_{\circ}$ 变化，如图 7—23（b）中虚线所示，即实现了脉宽调制。对于单管变换器，比较器输出的 PWM 信号就可作为控制功率晶体管的通断信号。对于推挽或桥式等功率变换电路，则应将 PWM 信号分为两组信号，即分相。分相电路由触发器及两个与门组成，触发器的时钟信号对应于锯齿波的下降沿。A 端和 B 端便输出两组相差 180° 的 PWM 信号。

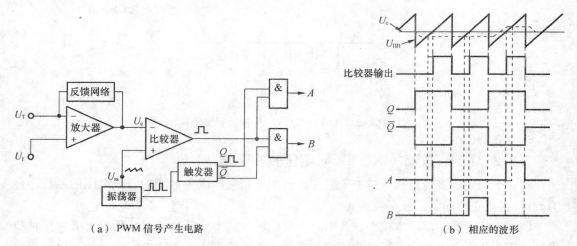

（a）PWM 信号产生电路　　　　　　　　　　　　（b）相应的波形

图 7—23　PWM 信号产生电路及波形

2. SG1525/SG1527 系列集成 PWM 控制器

SG1525/SG1527 系列集成 PWM 控制器是美国硅通用公司第二代产品，我国的集成电路制造厂家已生产出此种系列的 PWM 控制器。SG1525 在 SG1524 基础上，增加了振荡器外同步、死区调节、PWM 锁存器以及输出级的最佳设计等，是一种性能优良、功能完善及通用性强的集成 PWM 控制器。

SG1525 与 SG1527 的电路结构相同，仅输出级不同。SG1525 输出正脉冲，适用于驱动 NPN 功率管或 N 沟道功率 MOSFET 管。SG1527 输出负脉冲，适用于驱动 PNP 功率管或 P 沟道功率 MOSFET 管。SG2525 和 SG3525 也属这个系列，内部结构及功能相同，仅工作电压及工作温度有些差异。

7.4 实际应用电路举例

本节主要介绍以下几种电路：

（1）电阻限流电池充电电路。电阻限流电池充电电路如图 7—24 所示。稳压管保证电池两端电压不超过最大规定电压，电阻 R 限制充电电流。此电路电流一般小于 200mA。

（2）场效应管恒流电池充电电路。场效应管恒流电池充电电路如图 7—25 所示。四只场效应管接成恒流二极管，并联后以足够电流给四节镍镉电池充电，电流一般不超过 50mA。需要电流较大时，可以增加场效应管的个数。

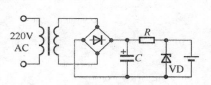

图 7—24　电阻限流电池充电电路

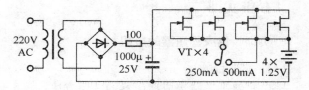

图 7—25　场效应管恒流电池充电电路

（3）具有反接保护的电池充电电路。具有反接保护的电池充电电路如图 7—26 所示。电池放置正确并且电池电压大于 0.6V 时，恒流充电电流约 50mA；如果电池接反，则晶体管 VT_2 截止，保护了电池。

（4）稳压集成块恒流源电池充电电路。稳压集成块恒流源电池充电电路如图 7—27 所示。输入电压 24V 时，充电电池可为 1～10 节。

（5）简单的限流限压电池充电电路。简单的限流限压电池充电电路如图 7—28 所示。利用三端可调稳压器 317，可以组成限流限压充电电路。其最大输出电流约等于 $0.6V/R_4$。

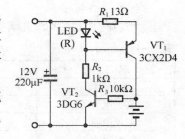

图 7—26　具有反接保护的电池充电电路

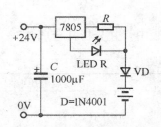

图 7—27　稳压集成块恒流源电池充电电路

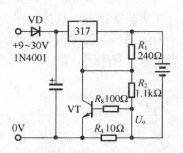

图 7—28　简单的限流限压电池充电电路

本章小结

1. 直流稳压电源是电子设备中的重要组成部分，用来将交流电网电压变为稳定的直流电压。一般小功率直流电源由电源变压器、整流滤波电路和稳压电路等部分组成。

2. 整流电路的作用是利用二极管的单向导电性，将交流电压变成单方向的脉动直流电压。目前广泛采用整流桥构成桥式整流电路。为了消除脉动电压的纹波电压，需采用滤波电路，单相小功率电源常采用电容滤波。

3. 稳压电路用来在交流电源电压波动或负载变化时，稳定直流输出电压。目前广泛采用集成稳压器。在小功率供电系统中多采用线性集成稳压器，而中、大功率稳压电源一般采用开关稳压器。

4. 线性集成稳压器中调整管与负载相串联，且工作在线性放大状态。它由调整管、基准电压、取样电路、比较放大电路以及保护电路等组成。开关稳压器中调整管工作在开关状态，其效率比线性稳压器高得多，而且这一效率几乎不受输入电压大小的影响，即开关稳压电源有很宽的稳压范围。

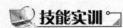 **技能实训**

实训　集成稳压器的应用

1. 实训目的

（1）熟悉三端集成稳压器的使用方法；

（2）了解集成稳压器的性能和特点。

2. 实训器材

示波器、万用表、自耦变压器、实训线路板、元器件品种和数量见表7—1。

表7—1

名　称	参　数	名　称	参　数
变压器 T	220V/24V	整流二极管 $VD_1 \sim VD_6$	1N4007
电解电容 C_1	1000μF/50V	电解电容 C_2	10μF/50V
电解电容 C_3	220μF/50V	电阻 R_1	200
电阻 R_2	510	三端集成稳压器 CW7815	输出＋15V
可调电阻 R_{p1}	4.7k	可调电阻 R_{p2}	1k

3. 实训内容

（1）用万用表检查元器件，确保元器件完好。

（2）在实验线路板上连接如图7—29所示的三端集成稳压器的实验电路。

（3）测量稳压电源输出直流电压 U_o 的可调范围。

①用示波器观察 A、B、C 各点电压波形，绘制在表中，并分析其合理性。

表7—2　　　　　　　　　　　　　**稳压电源各点的电压波形图**

A 点电压波形	B 点电压波形	C 点电压波形

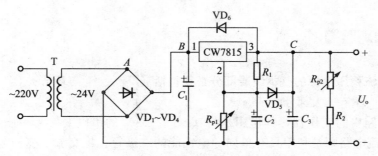

图 7—29 集成稳压器的实验电路

②将负载接入电路，调节自耦变压器，使输入电压 $U_i = 220\text{V}$；再调节 R_{p1}，测输出电压 U_o 的最大值 U_{omax} 和最小值 U_{omin}，填入表 7—3 中。

表 7—3 稳压电源输出直流电压 U_o 可调范围

输入电压 U_i	输出电压 U_o	U_{omax}	U_{omin}

（4）测量电路的稳压性能。

①调节自耦变压器，使 $U_i = 220\text{V}$，调节 R_{p1} 使 $U_o = 18\text{V}$，再调节 R_{p2}，使 $I_L = 100\text{mA}$。

②重新调节自耦变压器，使 U_i 在 $(198 \sim 242)[(220 \pm 220 \times 10\%)]$ V 的范围变化，测出相应的输出电压值，填入表 7—4 中。

表 7—4 稳压电源输出直流电压的稳压性能

额定输入电压 U_i	220V	
额定输出电压 U_o	18V	
输入电压 U_i		
输出电压 U_o		

4. 实训报告

（1）整理实验数据，并分析各点波形。

（2）分析电路的稳压性能。

（3）说明实验中遇到的问题和解决办法。

（4）写出调整测试过程。

5. 注意事项

（1）集成稳压器的输入端与输出端不能反接。若反接电压超过 17V，将会损坏集成稳压器。

（2）输入端不能短路。

（3）防止浮地故障。78 系列三端集成稳压器的外壳为公共端，将其安装在设备上时应可靠接地。79 系列外壳不是接地端。

6. 思考题

如果无输出电压或输出电压不可调，试说明原因和解决办法。

一、填空题

1. 一个直流稳压电源的基本组成部分必须包括（　　　　　）环节、（　　　　　）环节和（　　　　　）环节三大部分。

2. 整流电路中的变压器，其作用是将（　　　　　）V 的市电变换为稳压电路需要的电压值；桥式整流电路则是利用具有单向导电性能的二极管，将交流电变换为（　　　　　）直流电；电路中的滤波电容是尽可能地降低（　　　　　）直流电的不平滑度；稳压二极管的作用则是把滤波电路送来的电压变成输出的（　　　　　）直流电。

3. 单相半波整流电路的输出电压平均值是变压器输出电压 U_2 的（　　　　　）倍；桥式整流电路的输出电压平均值是变压器输出电压 U_2 的（　　　　　）倍；桥式、含有电容滤波的整流电路，其输出电压的平均值是变压器输出电压 U_2 的（　　　　　）倍。

4.（　　　　　）稳压电路适用于输出电压调节范围小、负载对输出纹波要求不高的场合；（　　　　　）稳压电路适用于电压固定、负载电流小、负载变动不大的场合。

5. 在小功率的供电系统中，大多采用（　　　　　），而中、大功率稳压电路一般采用（　　　　　）。线性集成稳压器中调整管与负载相串联，且工作在（　　　　　）状态；开关型稳压器中调整管工作在（　　　　　）状态，其效率比线性集成稳压器高得多。

二、选择题

1. 整流滤波后输出直流电压不稳定的主要因素是（　　　　）。

A. 温度的变化

B. 负载电流的变化

C. 电网电压的波动

D. 电网电压的波动和负载电流的变化两个方面

2. 采用差动放大电路作比较放大器，可以（　　　　）。

A. 增大电压放大倍数，降低对调整管的要求

B. 减小温漂和减小稳压管的电流变化，从而提高稳压电源的性能

C. 必须使用带温度补偿的稳压管作基准电源，才能发挥差放电路的优点

D. 可以增大集电极电阻，从而增大电压放大倍数

3. 采用二只稳压二极管串联，其中一只的正极与另一只的正极相连后接入电路的主要目的是（　　　　）。

A. 起双保险作用

B. 为了得到比用一只稳压管高 0.7 的稳压值

C. 起温度补偿作用

D. 接入电路时不必考虑正负极性

4. 稳压二极管在正常稳压工作时是处于（　　　　）工作区间。

A. 正向导通　　　　　　　　　　　B. 反向击穿

C. 反向截止　　　　　　　　　　　D. 正向死区

5. 串联型稳压电路中的调整管必须工作在（　　）状态。

A. 放大　　　　　　　　B. 饱和　　　　　　　　C. 截止　　　　　　　　D. 开关

6. 整流的目的是（　　）。

A. 将正弦波变方波　　　　　　　　　　B. 将交流电变直流电

C. 将高频信号变成低频信号　　　　　　D. 将非正弦信号变为正弦信号

7. 在桥式整流电路中，若整流桥中有一个二极管开路，则（　　）。

A. 输出电压只有半周波形

B. 输出电压仍为全波波形

C. 输出电压无波形，且变压器或整流管可能烧坏

D. 输出对电路无实质性影响

8. 在开关型稳压电路中，调整管工作在（　　）状态。

A. 饱和状态　　　　　　　　　　　　　B. 截止状态

C. 饱和与截止两种状态　　　　　　　　D. 放大状态

9. 直流稳压电源中滤波电路的目的是（　　）。

A. 将交流变为直流

B. 将高频变为低频

C. 将交、直流混合量中的交流成分滤掉

10. 在单相桥式整流电路中，若有一只整流管接反，则（　　）。

A. 输出电压约为 $2U_D$

B. 变为半波直流

C. 整流管将因电流过大而烧坏

三、判断题

1. 直流电源是一种将正弦信号转换为直流信号的波形变换电路。（　　）

2. 直流电源是一种能量转换电路，它将交流能量转换为直流能量。（　　）

3. 在变压器副边电压和负载电阻相同的情况下，桥式整流电路的输出电流是半波整流电路输出电流的 2 倍。（　　）

4. 若 U_2 为电源变压器副边电压的有效值，则半波整流电容滤波电路和全波整流电容滤波电路在空载时的输出电压均为 $\sqrt{2}U_2$。（　　）

5. 当输入电压 U_I 和负载电流 I_L 变化时，稳压电路的输出电压是绝对不变的。（　　）

6. 一般情况下，开关型稳压电路比线性稳压电路效率高。（　　）

7. 三端固定输出集成稳压器 CW7900 系列的 1 脚为输入端，2 脚为输出端。（　　）

8. 桥式整流滤波电路中输出直流电压的有效值为 $U_o = 0.9U_2$。（　　）

9. 在串联型稳压电路中，比较放大器的放大倍数越高，其稳压性能就越好。（　　）

10. 有过载保护的稳压电源，可以避免负载短路时稳压源被烧坏。（　　）

四、综合题

1. 如图 7—30 所示电路中，调整管为_____，采样电路由_____组成，基准电压电路由_____组成，比较放大电路由_____组成，保护电路由_____组成；输出电压最小值的表达式为_____，最大值的表达式为_____。

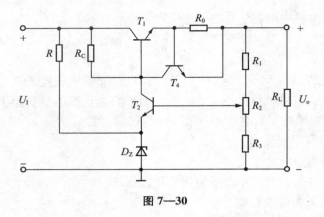

图 7—30

2. 电路如图 7—31 所示。合理连线，构成 5V 的直流电源。

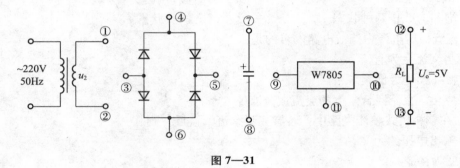

图 7—31

本章习题

1. 电路如图 7—32 所示，变压器副边电压有效值为 $2U_2$。

(1) 画出 u_2、u_{D1} 和 u_o 的波形；

(2) 求输出电压平均值 $U_{o(AV)}$ 和输出电流平均值 $I_{L(AV)}$ 的表达式；

(3) 二极管的平均电流 $I_{D(AV)}$ 和所承受的最大反向电压 U_{Rmax} 的表达式。

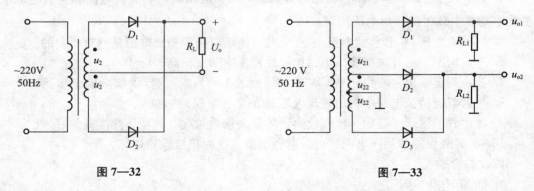

图 7—32   图 7—33

2. 电路如图 7—33 所示，变压器副边电压有效值 $U_{21}=30V$，$U_{22}=10V$。试问：

(1) 输出电压平均值 $U_{o1(AV)}$ 和 $U_{o2(AV)}$ 各为多少？

(2) 各二极管承受的最大反向电压为多少？

3. 电路如图 7—34 所示。

（1）分别标出 U_{o1} 和 U_{o2} 对地的极性；

（2）U_{o1}、U_{o2} 分别是半波整流还是全波整流？

（3）当 $U_{21}=U_{22}=20V$ 时，$U_{o1(AV)}$ 和 $U_{o2(AV)}$ 各为多少？

（4）当 $U_{21}=15V$，$U_{22}=20V$ 时，画出 u_{o1}、u_{o2} 的波形；并求出 $U_{o1(AV)}$ 和 $U_{o2(AV)}$ 各为多少？

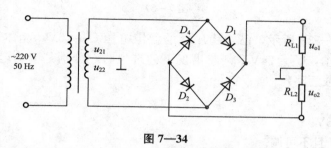

图 7—34

4. 分别判断如图 7—35 所示各电路能否作为滤波电路，简述理由。

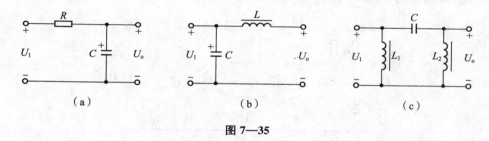

（a）　　　　　　　　　　（b）　　　　　　　　　　（c）

图 7—35

5. 试在如图 7—36 所示电路中，标出各电容两端电压的极性和数值，并分析负载电阻上能够获得几倍压的输出。

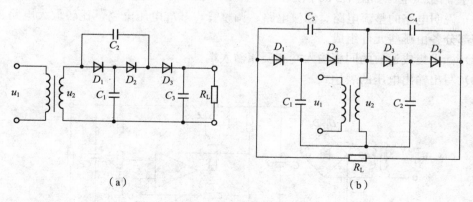

（a）　　　　　　　　　　　　　　　　（b）

图 7—36

6. 电路如图 7—37 所示，已知稳压管的稳定电压为 6V，最小稳定电流为 5mA，允许耗散功率为 240MW；输入电压为 20～24V，$R_1=360\Omega$。试回答下面问题：

（1）为保证空载时稳压管能够安全工作，R_2 应选多大？

（2）当 R_2 按上面原则选定后，负载电阻允许的变化范围是多少？

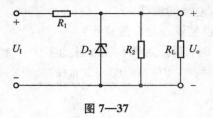

图 7—37

7. 电路如图 7—38 所示，已知稳压管的稳定电压 $U_Z = 6V$，晶体管的 $U_{BE} = 0.7V$，$R_1 = R_2 = R_3 = 300\Omega$，$U_I = 24V$。判断出现下列现象时，分别是因为电路产生什么故障（即哪个元件开路或短路）。

（1）$U_o \approx 24V$。

（2）$U_o \approx 23.3V$。

（3）$U_o \approx 12V$ 且不可调。

（4）$U_o \approx 6V$ 且不可调。

（5）U_o 可调范围变为 6～12V。

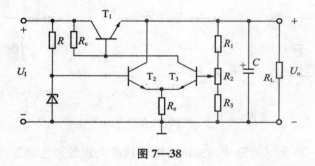

图 7—38

8. 直流稳压电源如图 7—39 所示。

（1）说明电路的整流电路、滤波电路、调整管、基准电压电路、比较放大电路、采样电路等部分各由哪些元件组成。

（2）标出集成运放的同相输入端和反相输入端。

（3）写出输出电压的表达式。

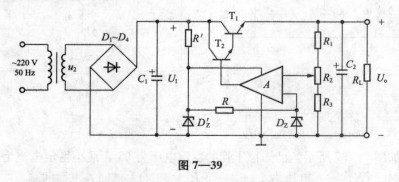

图 7—39

9. 试分别求出如图 7—40 所示各电路输出电压的表达式。

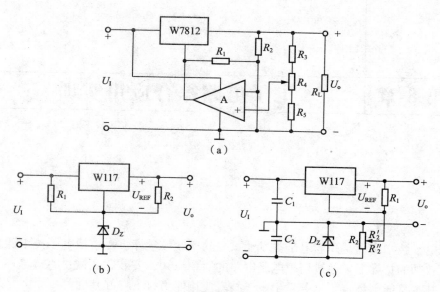

图 7—40

10. 两个恒流源电路分别如图 7—41（a）、（b）所示。

（1）求解各电路负载电流的表达式；

（2）设输入电压为 20V，晶体管饱和压降为 3V，b - e 间电压数值 $|U_{BE}|=0.7V$；W7805 输入端和输出端间的电压最小值为 3V；稳压管的稳定电压 $U_Z=5V$；$R_1=R=50\Omega$。分别求两电路负载电阻的最大值。

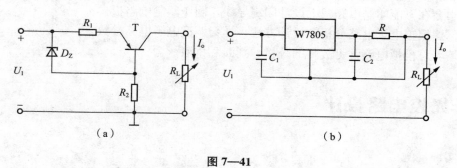

图 7—41

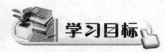

第 8 章　电子电路综合应用实训

模拟电子技术实训是高职电子类专业重要的实践教学环节。模拟电子技术课程实训的任务是在教师的指导下，通过模拟电子电路的简单设计、安装、调试、答辩等环节，进行电子技术基本技能训练，为培养学生电子技术应用能力打下良好基础。

学习目标

1. 具备选用、测试常用电子元器件的能力，培养电烙铁焊接技术。
2. 学习组装简单的电子产品，培养电子电路读图能力。
3. 熟练掌握万用表、示波器、信号发生器、稳压电源等常用电子设备的使用方法。
4. 学会在万能印制电路板上设计印制导线，制作印制电路板。
5. 掌握模拟电子电路分析和设计方法，学会调试电子电路参数。
6. 培养对模拟电路常见故障的分析、判断和排除能力。

8.1　光控电路设计

1. 实训目的

（1）熟悉光敏电阻的特性。

（2）学会检测热敏电阻和光敏电阻。

2. 预习要求

（1）查阅光敏电阻资料，比较硅光电池与光敏电阻的特性，指出各自适宜的工作特点。

（2）复习晶体三极管的工作原理和主要用途。

3. 实训原理

光敏电阻的电阻值随着光照强度的变化而变化，一般而言，光照越强，电阻值越小。它具有体积小、灵敏度高、稳定性好、寿命长、价格低等特点，在家用电器中得到广泛应用。光敏电阻没有极性，是一种电阻器件，使用时既可以加直流电压，也可以加交流电压。

光控电路原理如图 8—1 所示。晶体三极管 VT_1 和 VT_2 接成对称工作状态，当各自的基极电流相同时，两只三极管同时导通，发光二极管 LED$_1$ 和 LED$_2$ 都发光。光强较弱时，R_L 电阻很大，三极管 VT$_1$ 得不到足够的基极偏置电流而无法导通，呈截止状态，红色发光二极管 LED$_1$ 不亮。而三极管 VT$_2$ 导通，绿色发光二极管亮。当 R_L 得到足够的基极电流时，三极管 VT$_1$ 导通，红色发光二极管 LED$_1$ 亮。因三极管 VT$_1$ 集电极电流增大使电阻 R_6 上端电位下降，三极管 VT$_2$ 得不到足够的基极电流而截止，绿色发光二极管熄灭。

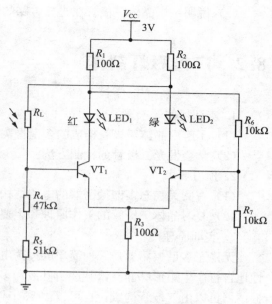

图 8—1　光控电路原理

在实际应用中，R_5 应使用热敏电阻，用以补偿由于光敏电阻 R_L 温度变化而引起的误差。

4. 实验步骤

（1）测量各种元器件，掌握热敏电阻和光敏电阻的测量。使用万用表 R×1k 挡，在 25W 白炽灯下，距离 50cm 处，其照度约为 100Lx，这时测出的电阻为亮阻；在完全黑暗的条件下测量的电阻为暗阻，将测量值和光敏电阻的标称值进行对比。

（2）根据电路原理图搭建电路，注意挑选晶体三极管时，VT$_1$ 和 VT$_2$ 的 β 值应相同。

（3）调试电路，使其达到设计要求，为了便于观察，可将工作电源提高 1～2V。

（4）写出实训报告。

5. 实训设备和元器件

（1）设备：万用表，直流稳压电压。

（2）元器件见表 8—1。

表 8—1　　　　　　　　　　　　　　元器件列表

名称	型号	元器件符号	数量
光敏电阻	MG41‑20A	R_L	1
晶体三极管	9013	VT$_1$、VT$_2$	2
红、绿发光二极管		LED$_1$、LED$_2$	各 1
电阻	100Ω	$R_1 \sim R_3$	3
电阻	10kΩ	R_6、R_7	2
电阻	51kΩ	R_5	1
电阻	47kΩ	R_4	1

6. 思考题

（1）比较光敏电阻和其他光敏元件的特性和工作特点。

（2）说明一下晶体三极管在光控电路的作用。

8.2 广告彩灯制作

1. 实训目的

（1）了解由晶体三极管构成的多谐振荡器的工作原理。

（2）学会发光二极管的检测方法。

2. 预习要求

（1）查阅无稳态多谐振荡器的电路结构和元器件的使用。

（2）复习晶体三极管的工作原理和主要用途。

3. 实训原理

无稳态多谐振荡器是一种简单的振荡电路。它不需要外加激励信号就能连续地、周期性地自行产生矩形脉冲。该脉冲由基波和多次谐波构成，因此称为多谐振荡器电路。多谐振荡器可以由三极管构成，也可以由 555 或者通用门电路等构成。由两组三极管组成的多谐振荡器，通常叫做三极管无稳态多谐振荡器。

在本例中我们将用两组发光二极管制作一个多谐振荡器，并用它驱动不同颜色的发光二极管。在制作完成时，我们能看到两组发光二极管交替点亮，并且我们可以通过调整电路的参数来调整发光管点亮的时间。

如图 8—2 所示电路为晶体三极管构成的无稳态多谐振荡器。它基本上是由两级 RC 耦合放大器组成的，其中每一级的输出耦合到另一级的输入。各级交替地导通和截止，每次只有一级是导通的。从开关作用讲，该电路只有两个暂稳态，当晶体三极管 Q_1 饱和导通时，晶体三极管 Q_2 截止；当晶体三极管 Q_2 饱和导通时，晶体三极管 Q_1 截止。这两种状态周期性地自动翻转，没有一个稳定状态。

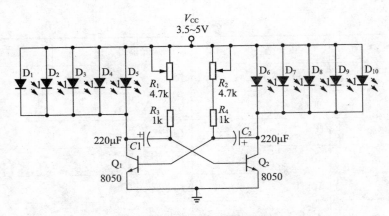

图 8—2　无稳态多谐振荡器

晶体三极管两次饱和导通或者截止之间的时间间隔，是无稳态多谐振荡器的一个周期。它由电容器 C_1 和 C_2 先后放电，使得处于截止状态的晶体三极管的基极电位下降到零而重新导通所需的时间决定。晶体三极管 Q_1 截止，Q_2 饱和导通这一暂稳态的时间主要

取决于电容器 C_2 通过截止管的基极电阻 R_2+R_4 的放电时间。也就是说，时间间隔 T_1 可以用公式确定

$$T_1=0.7\times(R_2+R_4)\times C_2$$

晶体三极管 Q_1 饱和导通，Q_2 截止过程的时间间隔 T_2 可以用下式求得

$$T_2=0.7\times(R_1+R_3)\times C_1$$

无稳态多谐振荡器的一个周期 T 应该是 T_1 和 T_2 之和，即

$$T=0.7\times(R_2+R_4)\times C_2+0.7\times(R_1+R_3)\times C_1$$

当电路完全对称时，$R_2+R_4=R_1+R_3$，$C1=C2$，周期 T 可用下式求得

$$T=1.4\times(R_1+R_3)\times C_1$$

无稳态多谐振荡器的振荡周期（频率）受电源电压和温度变化影响较大，因此在振荡频率要求较高的场合，电路需采取稳压和温度补偿措施。

4. 实验步骤和内容

（1）测量各种元器件，掌握发光二极管的测量方法和各种晶体三极管的检测方法。

（2）根据电路原理图搭建电路，注意挑选晶体三极管时，Q_1 和 Q_2 的型号和放大倍数应相近。

（3）调节可调电阻 R_1 和 R_2，观察当它们取值相同时，两组彩灯的闪烁频率是否一致；当它们取值不同时，两组彩灯的闪烁频率又如何变化。

（4）通过示波器观察多谐振荡器的输出波形。

（5）将工作电源从 3.5V 开始调整到 5V，增加两组彩灯的数量，检测该电路最多能驱动的彩灯个数。

5. 实训设备和元器件

（1）设备：万用表，直流稳压电压，示波器。

（2）元器件见表 8—2。

表 8—2   元器件列表

名称	型号	元器件符号	数量
晶体三极管	8050	Q_1、Q_2	2
红色发光二极管		$D_1\sim D_5$	若干
绿色发光二极管		$D_6\sim D_{10}$	若干
电阻	1kΩ	R_3、R_4	2
电位器	4.7kΩ	R_1、R_2	2
电解电容	220μF	C_1、C_2	2

6. 思考题

（1）将工作电压从 3.5V 开始调大，当提供的电源电压高于 5V 时，该电路能否正常工作？如果不能正常工作，如何解决。

（2）当图 8—2 所示电路中晶体三极管换成 9013 时，能驱动的彩灯数量有什么变化？

8.3　音频功率放大电路

1. 实验目的
(1) 进一步掌握集成运算放大器的工作原理。
(2) 掌握 OCL 功率放大电路的工作原理。
(3) 学会音频放大电路的安装与调试。
2. 预习要求
(1) 参考阅读教材中有关运算放大电路、OCL 功率放大电路工作原理的内容。
(2) 计算各级电压放大倍数。
(3) 根据实验内容自拟实验表格。
3. 实验原理

音频放大电路是一个多级放大电路，其原理框图如图 8—3 所示。输入信号 u_i 通过前置放大电路进行初步放大，再经过功率放大电路进行功率放大，用以驱动扬声器发声。

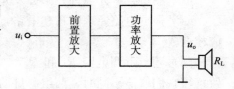

图 8—3　音频放大电路原理框图

前置放大电路主要完成对小信号的放大。一般要求输入阻抗要高，输出阻抗低，频带宽度要宽，噪声要小。功率放大器决定了整机的输出功率、非线性失真系数等指标，要求效率高、失真尽可能小、输出功率大。若输出功率为 P_{omax}，则所需要的放大倍数为

$$A_u = \frac{U_o}{U_i} = \frac{\sqrt{P_{omax}R_L}}{U_i}$$

(1) 前置放大电路。

由于信号源提供的信号非常微弱，故一般要加一级前置放大器。前置放大器采用集成运算放大器电路，具体电路结构如图 8—4 所示。考虑到对噪声、频率响应的要求，运算放大器选用 LF353 双运算放大器。该运算放大器是场效应管输入型高速低噪声集成器件。也可以采用常见的双运算放大电路 NE5532，其各引脚作用见表 8—3。前置放大电路由 LF353 组成两级放大器完成，第一级放大器的放大倍数 $A_{u1}=10$，第二级放大器的放大倍数 $A_{u2}=10$。

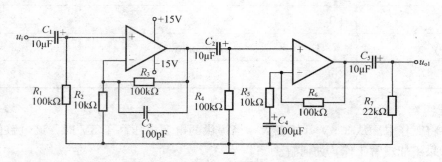

图 8—4　前置放大电路

表 8—3　　　　　　　　　　　NE5532T 和 LF353 各引脚作用

引脚	作用	引脚	作用
1	输出 1	5	同相 2 输入
2	反相 1 输入	6	反相 2 输入
3	同相 1 输入	7	输出 2
4	电源－(－15V)	8	电源＋（＋15V）

（2）功率输出级。

功率输出级电路如图 8—5 所示，直接利用运算放大器驱动互补输出级电路。这种电路总的增益取决于比值 $(R_{10}+R_9+R_{w1})/R_{10}$。而互补输出级特点是结构简单，其能扩展输出电流，不能扩展输出电压，所以输出功率不大。

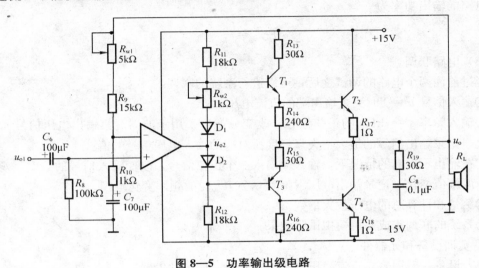

图 8—5　功率输出级电路

电路的输出功率为

$$P_o = I^2 R_L$$

直流电源提供的功率为

$$P_E = \frac{2V_{CC}^2}{\pi R_L}$$

电路的效率为

$$\eta = \frac{P_o}{P_E}$$

4. 实验内容与步骤

分别按图 8—4 和图 8—5 接好电路，为了方便调试，各电路之间暂不连通，即分别对各电路进行调试。

（1）前置放大电路的调试。

①调零和消除自激振荡。

②在前置放大电路的输入端加入输入正弦电压，幅值与频率自选（不能太大），观察

与记录输出电压与输入电压的波形（幅值，相位关系），计算电压放大倍数，自拟表格将数据记录其中。

③用逐点法测量幅频特性，做出幅频特性曲线，求出上、下限截止频率。

（2）功率放大电路的调试。

①输入端对地短路，观察输出有无振荡，若有振荡要采取措施消除振荡。

②调整电路的静态工作点，此时功率放大电路的输出电压 $U_o=0$。测量各点的静态工作电压、电流。自拟表格将测试数据填入表格当中。

③在输入端口加入频率 $f=1\text{kHz}$ 的正弦信号（u_{o1}），在输出信号不失真的情况下测量此时的输出电压，计算电压放大倍数，输出功率。

④逐渐加大输入电压信号幅值直至输出电压信号 u_o 的波形出现临界削波时，测量此时负载两端的输出电压最大值 U_{omax} 或有效值 U，计算最大输出功率 P_{omax}。

电路的输出功率为

$$P_{omax}=\frac{U_{omax}^2}{R_L}$$

（3）电路联调。

经过前面两个电路的调试之后，可以进行系统的联调。

①输入信号 $u_i=0$ 时测量输出端的直流电压。

②输入频率 $f=1\text{kHz}$ 的正弦信号，改变 u_i 幅度，用示波器观察输出电压信号 u_o 的波形变化，记录输出信号的最大不失真幅度所对应的输入电压信号的值。

③在输出不失真的情况下，输入端输入一个正弦信号，改变输入信号的频率，观察输出波形的幅值变化，记录输出电压下降到 $0.707U_o$ 时的频率变化范围。

④测量和计算总的电压放大倍数。

⑤系统的联调完成后可模拟试听效果。

5. 实训设备和元器件

（1）设备：万用表，直流稳压电压，示波器，信号发生器。

（2）元器件见表 8—4。

表 8—4　　　　　　　　　　　　元器件列表

名称	型号	元器件符号	数量
运算放大器	LF353 或 NE5532	A_1、A_2	1
运算放大器	LF353 或 NE5532	A_3	1
电解电容	$10\mu\text{F}$	C_1、C_2、C_5	3
电解电容	$100\mu\text{F}$	C_4、C_6、C_7	3
二极管	1N4148	D_1、D_2	2
电阻	$10\text{k}\Omega$	R_2、R_5	2
电阻	$100\text{k}\Omega$	R_1、R_3、R_4、R_6、R_8	5
电阻	$22\text{k}\Omega$	R_7	1
电阻	$15\text{k}\Omega$	R_9	1

名称	型号	元器件符号	数量
电阻	1kΩ	R_{10}	1
电阻	18kΩ	R_{11}、R_{12}	2
电阻	30	R_{13}、R_{15}、R_{19}	3
电阻	240Ω	R_{14}、R_{16}	2
电阻	1Ω	R_{17}、R_{18}	2
电位器	5kΩ	RW_1	1
电位器	1kΩ	RW_2	1
陶瓷电容	100pF	C_3	1
陶瓷电容	0.1μF	C_8	1
扬声器	8Ω	R_L	1

6. 实验报告

（1）整理各项实验数据。

（2）画出各级输入/输出电压的波形，标出幅值、相位关系，分析实验结果。

（3）画出前置放大级、联调后的幅频特性曲线图。

（4）分析整体的调试结果和试听结果。

（5）叙述在整个调试过程中所遇到的问题、解决的方法和你的体会。

8.4　温度控制电路

1. 实验目的

（1）学习测量电桥和差动运算放大器组成的桥式放大电路。

（2）掌握滞回比较器的性能和调试方法。

（3）学会电路的系统调试和测量方法。

2. 预习要求

（1）阅读有关测量电桥和热敏电阻的知识。

（2）预习教材中有关集成运算放大器的章节，了解差动放大电路的性能和特点。

（3）根据实验任务，自拟实验数据记录表格。

3. 实验原理与参考电路

如图 8—6 所示电路为温度控制电路，它是由以热敏电阻 R_t 为一臂组成的测量电桥、差动放大电路、滞回比较器及驱动电路组成。

由热敏电阻 R_t 对被测物体进行温度采集，通过测量电桥将采集的信号送入差动放大器，差动放大器对信号进行放大，通过滞回比较器对信号进行比较，输出高电平或低电平信号，此信号经晶体管放大后控制加热器"加热"或"停止"。

改变滞回比较器的比较电压 U_R 即可改变控制温度的范围，而控制温度的精度则由滞

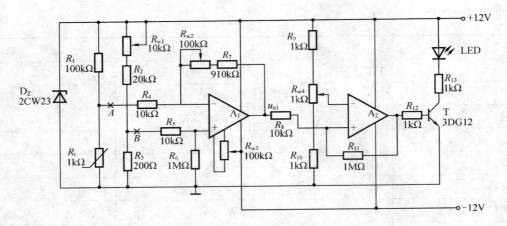

图 8—6 温度控制电路

回比较器的滞回宽度来确定。

（1）差动放大电路。

差动放大电路由 R_4、R_5、R_6、R_{w2}、R_{w3} 和运算放大器 A_1 构成。此电路主要将测量电桥输出的电压信号按比例进行放大。其放大值为

$$U_{o1} = -\left(\frac{R_7 + R_{w2}}{R_4}\right)U_A + \left(\frac{R_4 + R_7 + R_{w2}}{R_4}\right)\left(\frac{R_6}{R_5 + R_6}\right)U_B$$

当 $R_4 = R_5$，$R_7 + R_{w2} = R_6$ 时

$$U_{o1} = \left(\frac{R_7 + R_{w2}}{R_4}\right)(U_B - U_A)$$

R_{w3} 是差动放大器调零电阻。

（2）滞回比较器。

滞回比较器由 R_8、R_9、R_{10}、R_{11}、R_{w4} 和运算放大器 A_2 组成。如图 8—7 所示是一个滞回比较器电路。设 U_{OH} 为比较器高电平输出，U_{OL} 为比较器低电平输出，U_{REF} 是加在反相输入端的参考电压。

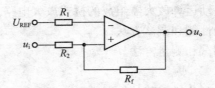

图 8—7 滞回比较器电路

当输出为高电平 U_{OH} 时，运算放大器同相输入端电位

$$U_{+H} = \frac{R_f}{R_f + R_2}u_i + \frac{R_2}{R_f + R_2}U_{OH}$$

当 u_i 减小到使 $u_{+H} = U_{REF}$ 时，即

$$u_i = U_{TL} = \frac{R_2 + R_f}{R_f}U_R - \frac{R_2}{R_f}U_{OH}$$

此后，u_i 稍有减小，输出就从高电平跳变为低电平。当输出为低电平 U_{OL} 时，运算放大器同相输入端电位

$$U_{+L} = \frac{R_f}{R_f + R_2} u_i + \frac{R_2}{R_f + R_2} U_{OL}$$

当 u_i 增大到使 $u_{+L} = U_{REF}$，即

$$u_i = U_{TH} = \frac{R_2 + R_f}{R_f} U_R - \frac{R_2}{R_f} U_{OL}$$

此后，u_i 稍有增加，输出又从低电平跳变为高电平。因此 U_{TL} 和 U_{TH} 为输出电平跳变时对应的输入电平，常称 U_{TL} 为下门限电平，U_{TH} 为上门限电平，而两者的差值

$$\Delta U_T = U_{TH} - U_{TL} = \frac{R_2}{R_f} (U_{OH} - U_{OL})$$

它们称为门限宽度，大小可通过调节 R_2/R_F 的数值来调整。如图 8—8 所示为滞回比较器的电压传输特性。

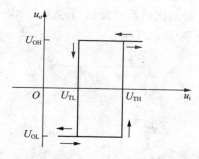

图 8—8　滞回比较器的电压传输特性

由上述分析可见，图 8—6 所示电路中的差动放大器的输出电压 u_{o1} 经分压后通过 A_2 组成的滞回比较器，与反相输入端的参考电压 U_{REF} 相比较，当同相输入端的电压信号大于反相输入端的电压时，A_2 输出正饱和电压，晶体管 T 饱和导通，二极管 LED 发光，负载的工作状态为加热。反之，同相输入信号小于反相输入端电压时，A_2 输出负饱和电压，晶体管 T 截止，LED 熄灭，负载的工作状态为停止。调节 R_{w4} 可改变参考电平，同时也调节了上下门限电平，从而达到设定温度的目的。

4. 实验内容与步骤

按图 8—6 连接实验电路，在系统调试前须进行各级的调试。

（1）差动放大电路的调试。

差动放大电路如图 8—9 所示。

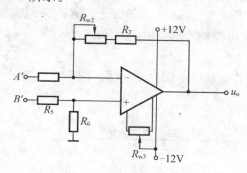

图 8—9　差动放大电路

①将 A、B 两端对地短路（即 $u_i=0$），调节 R_{w3} 使 $U_o=0$。

②在 A、B 端分别加入不同的两个直流电压，测量其输出电压值。当电路中 $R_7+R_{w2}=R_6$，$R_4=R_5$ 时，其输出电压

$$u_o=\frac{R_{w2}+R_7}{R_4}(U_B-U_A)$$

在测试时，要注意加入的输入电压不能太大，以免放大电路产生饱和失真。

③将 B 点对地短路，把频率为 $100Hz$、有效值为 $10mV$ 的正弦波加入 A 点。用示波器观察输出波形，在输出波形不失真的情况下，用交流毫伏表测出 U_i 和 U_o，算出此差动放大电路的电压放大倍数 A_u。

（2）滞回比较器调试。

如图 8—10 所示，首先将确定参考电平 U_{REF} 值。调 R_{w4}，使 $U_{REF}=2V$，然后将直流电压加入滞回比较器的输入端。滞回比较器的输出信号送入示波器输入端。改变直流输入电压的大小，记录上、下门限电平 U_{TH}、U_{TL}。

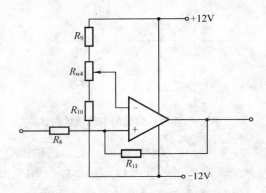

图 8—10　滞回比较器电路

（3）温度监测及控制电路整机联调。

①按图 8—6 连接各级电路（注意，可调元件 R_{w1}、R_{w2}、R_{w3} 不能随意变动。如有变动，必须重新进行前面内容）。

②用加热器升温，观察温升情况，直至报警电路报警，记下报警时对应的温度值 t_1 和 U_{o1} 的值。

③用自然降温法使热敏电阻降温，记下电路解除时所对应的温度值 t_2 和 U_{o2} 的值。

④改变控制温度 T（即改变 U_{REF}），重做以上内容。自拟实验记录表格把测试结果记入表中。根据 t_1 和 t_2 值，可得到检测灵敏度 $t_0=t_2-t_1$。

5. 实训设备和元器件

（1）设备：万用表，直流稳压电压，示波器，信号发生器。

（2）元器件见表 8—5。

表 8—5　　　　　　　　　　　　　　　　元器件列表

名称	型号	元器件符号	数量
运算放大器	$\mu A741$	A_1	1

续前表

名称	型号	元器件符号	数量
电压比较器	LM311	A_2	1
红色发光二极管		LED	1
稳压管	2CW23	D_z	1
三极管	3DG12	T	1
电阻	100kΩ	R_1	1
电阻	20kΩ	R_2	1
电阻	200Ω	R_3	1
电阻	10kΩ	R_4、R_5、R_8	3
电阻	1MΩ	R_{11}、R_6	2
电阻	910kΩ	R_7	1
电阻	1kΩ	R_9、R_{10}、R_{13}	3
电阻	1kΩ	R_{12}	1
电位器	10kΩ	R_{W1}	1
电位器	100kΩ	R_{W2}、R_{W3}	2
电位器	1kΩ	R_{W4}	1

6. 实验报告

(1) 整理实验数据，做出数据表格并画出有关曲线图。

(2) 将实验数据与理论计算值进行比较，进行误差分析。

(3) 总结实验中所遇到的故障、原因及排除故障情况。

7. 思考题

(1) 如果放大电路不进行调零，将会引起什么结果？

(2) 如何设定温度检测控制点？

8.5 函数信号发生器

1. 实验目的

(1) 掌握方波—三角波—正弦波函数发生器的调试方法与测试技术。

(2) 了解单片多功能集成电路函数信号发生器 ICL8038 的工作原理与应用。

2. 预习要求

(1) 参阅有关 ICL8038 的资料，预习 ICL8038 单片集成函数信号发生器的内部工作原理。

(2) 根据实验内容，自拟实验表格。

3. 实验原理

如图 8—11 所示是 ICL8038 多功能函数信号发生器的原理框图，它由电压比较器 A

和 B、恒流源 I_1 和 I_2、触发器、电压跟随器、缓冲器和三角波—正弦波变换电路等组成。

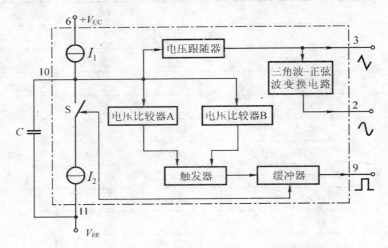

图 8—11　ICL8038 多功能函数信号发生器的原理框图

I_1 和 I_2 为两个恒流源，它们对外接电容 C 充放电。恒流源 I_1 和 I_2 的大小可通过外接电阻调节，电路设计中 $I_2 = 2I_1$。

在图 8—11 中两个电压比较器 A、B 组成一个参考电压，它们的阈值分别为电源电压（指 $V_{CC} + V_{EE}$）的 2/3 和 1/3。当触发器的输出为低电平时，恒流源 I_2 断开，恒流源 I_1 给外接电容 C 充电，电容两端电压 u_C 随时间线性上升，当 u_C 达到电源电压的 2/3 时，电压比较器 A 的输出电压发生跳变，使触发器输出由低电平变为高电平，恒流源 I_2 接通。由于 $I_2 > I_1$（设 $I_2 = 2I_1$），恒流源 I_2 将电流 $2I_1$ 加到外接电容 C 上，电容 C 放电，C 两端的电压 u_C 又转为直线下降。当它下降到电源电压的 1/3 时，电压比较器 B 的输出电压发生跳变，使触发器的输出由高电平跳变为原来的低电平，恒流源 I_2 断开，I_1 再给 C 充电，于是在电容上将产生良好的三角波，经电压跟随器从引脚 3 输出三角波信号。而由于 S 控制开关的作用，触发器的输出产生一方波，经缓冲器由 9 脚输出。

将三角波变成正弦波是经过一个非线性的变换网络（正弦波变换器）而得以实现的，在这个非线性网络中，当三角波电位向两端顶点摆动时，网络提供的交流通路阻抗会减小，这样就使三角波的两端变为平滑的正弦波，从引脚 2 输出。实验电路如图 8—12 所示。

4. 实验内容与步骤

（1）按图 8—12 所示组装电路，开关 S 接 C_3，R_{w1}、R_{w2}、R_{w3}、R_{w4} 均置中间位置。

（2）调节 R_{w2}，检查输出信号的频率变化，调整电路，使电路处于振荡状态，引脚 9 产生方波输出，通过调整电位器 R_{w2}，使方波的占空比达到 50%。

（3）保持方波占空比 50% 不变，用示波器观测 ICL8038 正弦波输出端的波形，反复调整 R_{w3}、R_{w4}，使正弦波不产生明显的失真。

（4）调节电位器 R_{w1}，使输出信号从小到大变化。记录引脚 8 的电位，测量输出正弦波的频率，自拟表格记录相关数据。

（5）开关 S 分别接 C_4 和 C_5，观察三种输出波形，并与步骤 1 测得的波形进行比较和分析。

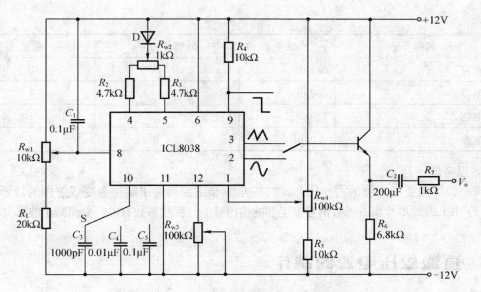

图 8—12　ICL 多功能函数信号发生器电路

（6）改变电位器 R_{w2} 的值，观测三种输出波形并进行结果分析，同时测出波形的频率范围。

5. 实验报告

（1）分别画出开关 S 接 C_3、C_4 和 C_5 时所观测到的方波，三角波和正弦波的波形图，进行结果分析。

（2）自拟表格整理出开关 S 接 C_3、C_4 和 C_5 时三种波形的频率和幅值。

6. 实训设备和元器件

（1）设备：万用表，直流稳压电压，示波器。

（2）元器件见表 8—6。

表 8—6　　　　　　　　　　　　　　　元器件列表

名称	型号	元器件符号	数量
集成电路函数信号发生器	ICL8038		1
二极管	1N4148	D	1
三极管	9013		1
电阻	20kΩ	R_1	1
电阻	4.7kΩ	R_2、R_3	2
电阻	10kΩ	R_4、R_5	2
电阻	6.8kΩ	R_6	1
电阻	1kΩ	R_7	1
电位器	10kΩ	R_{w1}	1
电位器	1kΩ	R_{w2}	1
电位器	100kΩ	R_{w3}、R_{w4}	2

续前表

名称	型号	元器件符号	数量
陶瓷电容	$0.1\mu F$	C_1、C_5	2
陶瓷电容	$200\mu F$	C_2	1
陶瓷电容	$1\,000pF$	C_3	1
陶瓷电容	$0.01\mu F$	C_4	1

7. 思考题

（1）如果改变了方波的占空比，此时三角波和正弦波输出端将会变成怎样的波形？

（2）ICL8038 单片集成函数信号发生器的输出频率与哪些参数有关？如何减小波形失真？

8.6　直流稳压电源的制作

1. 实验目的

（1）掌握可调直流稳压电源的构成和工作原理。

（2）熟悉常用整流电路和滤波电路的特点。

（3）掌握直流稳压电源电路参数的选择和计算方法。

2. 预习要求

（1）查阅串联型直流稳压电源的资料，预习串联型直流稳压电源的结构和工作原理。

（2）查阅常用整流滤波电路的相关资料，熟悉不同整流滤波电路的特点。

（3）根据实验内容，自拟实验表格。

3. 实训原理

如图 8—13 所示电路为串联型直流稳压电源的原理图，它主要包括变压、整流、滤波、稳压和负载电路几个部分。电路的基本工作原理为：输入信号为 220V 的交流电压通过变压器后变成 9～15V 的交流电压，该交流电压信号通过由 VD_1～VD_4 构成的桥式全波整流电路，产生脉动直流电。电容器 C_1 容量比较大，可以起到滤波作用，经过滤波后，脉动的直流电可以转换成较为平滑的直流电。

为了改善纹波电压，常在输入端接入电容器 C_2，然后电压进入由 VT_1 和 VT_2 构成的复合调整管。由于复合调整管的管压降 V_{CEO} 是可变的，当输出电压 U_o 有减小趋势时，复合调整管的管压降 V_{CEO} 自动减小，从而迫使输出电压 U_o 增大，维持输出电压 U_o 不变；当输出电压 U_o 有增大趋势时，复合调整管的管压降 V_{CEO} 自动增大，从而迫使输出电压 U_o 减小，维持输出电压 U_o 不变。可见，复合调整管相当于一个可变电阻，由于它的调整作用，输出电压基本上保持不变。

复合调整管的调整作用受到比较放大管 VT_3 的控制，输出电压通过取样电路微调电位器 R_P 分压，输出电压的一部分加在比较放大管 VT_3 的基极和地之间。由于比较放大管 VT_3 的发射极电压通过稳压管 VD_5 直接接地，可以认为比较放大管 VT_3 的发射极对地电压是不变的，这个电压叫做基准电压，这样比较放大管 VT_3 的基极电压变化就反映了输出电压的变化。

如果输出电压有减小的趋势，则比较放大管 VT_3 的基极电压 V_{BE3} 也要减小，这就使比较放大管 VT_3 的集电极电位 V_{CE3} 升高了。由于比较放大管 VT_3 集电极直接与复合管中 VT_2 的基极耦合，所以复合管中 VT_2 的 V_{BE2} 增大，促使复合管进一步导通，从而导致复合管的管压降减小，维持输出电压不变。同样，如果输出电压有增大趋势，通过比较放大管 VT_3 的比较放大作用，促使复合调整管的管压降增大，维持输出电压不变。

4. 实训内容和实训步骤

(1) 检查元件数量和质量。

(2) 按图 8—13 所示电路搭建好电路，要求元件布置合理，引脚一般水平或垂直放置，焊点光滑，不要有跨接线，引出线应在元件面引出，红线接电源正极，黑线接负极。

(3) 检查电路无误后方可通电，在电路的输入端接入约 220V 的交流电压，通过变压器后产生 9～15V 的交流电压，调节比较放大管 VT_3，在输出端空载和接入一只 50～200Ω 电阻两种情况下，测量输出直流电压的调整范围，记录在自行设计的表格中。

(4) 输出电压调在 6～9V 中的某一值，改变输入交流电压（9～15V），测量稳压前和稳压后的直流电压，看变化多少，并在输入交流电压为某值（例如 12V）时，测量各晶体管各极的电压，记录在自行设计的表格中。

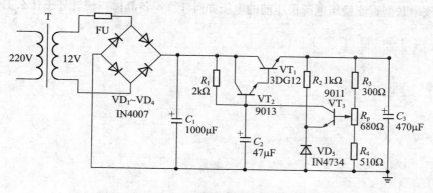

图 8—13　串联型直流稳压电源的原理图

(5) 输出电压调在 6～9V 中的某一值，并接入一只 50～200Ω 电阻，输入交流电压为某值（例如 12V）时，用示波器测量稳压前和稳压后的纹波，记录在自行设计的表格中。

5. 实训设备和元器件

(1) 设备：万用表，直流稳压电压，示波器。

(2) 元器件见表 8—7。

表 8—7　　　　　　　　　　　　　　元器件列表

名称	型号	元器件符号	数量
变压器	220/12V	T	1
二极管	1N4007	VD_1～VD_4	4
稳压管	1N4734 或 4～6V 稳压管	VD_5	1
三极管	3DG12	VT_1	1
三极管	9013	VT_2	1

续前表

名称	型号	元器件符号	数量
三极管	9011	VT_3	1
电解电容	$1000\mu F$	C_1	1
电解电容	$47\mu F$	C_2	1
电解电容	$470\mu F$	C_3	1
电阻	$2k\Omega$	R_1	1
电阻	$1k\Omega$	R_2	1
电阻	300Ω	R_3	1
电阻	510Ω	R_4	1
电位器	680Ω	R_p	1

6. 思考题

（1）该串联型直流稳压电源输出电压的调整范围如何计算？

（2）该串联型直流稳压电源稳压前的电压如何计算？各晶体三极管处于什么工作状态？

附录	常见半导体器件的型号命名方法

晶体管的命名方法很多，常用的命名方法有中国、日本、美国、欧洲与国际联合会的命名方法。目前我国的电子产品多采用日本、美国的命名方法。下面做个简要叙述。

一、国产半导体器件的型号命名方法

国产半导体器件型号由五部分（场效应器件、半导体特殊器件、复合管、PIN 型管、激光器件的型号命名只有第三、四、五部分）组成。五个部分意义如下：

1. 第一部分：用数字表示半导体器件有效电极数目

    2—二极管   3—三极管

2. 第二部分：用汉语拼音字母表示半导体器件的材料和极性

    表示二极管时：

    A—N 型锗材料   B—P 型锗材料

    C—N 型硅材料   D—P 型硅材料

    表示三极管时：

    A—PNP 型锗材料   B—NPN 型锗材料

    C—PNP 型硅材料   D—NPN 型硅材料

    E—化合物材料

3. 第三部分：用汉语拼音字母表示器件类型

    P—普通管   V—微波管   W—稳压管   C—参量管

    Z—整流管   L—整流堆   S—隧道管

    N—阻尼管   U—光电器件   K—开关管

    X—低频小功率管（$f<3\text{MHz}$，$P_c<1\text{W}$）   G—高频小功率管（$f>3\text{MHz}$，$P_c<1\text{W}$）

    D—低频大功率管（$f<3\text{MHz}$，$P_c>1\text{W}$）   A—高频大功率管（$f>3\text{MHz}$，$P_c>1\text{W}$）

    T—半导体晶闸管（可控整流器）   Y—体效应器件   B—雪崩管

    J—阶跃恢复管   CS—场效应管   BT—半导体特殊器件

    FH—复合管   PIN—PIN 型管   JG—激光器件

4. 第四部分：用数字表示器件序号

5. 第五部分：用汉语拼音字母表示规格号

国产半导体器件型号命名及含义

第一部分		第二部分		第三部分				第四部分	第五部分
用数字表示电极数目		用汉语拼音字母表示器件的材料和极性		用汉语拼音字母表示器件类型				用数字表示器件序号	用汉语拼音字母表示规格号
符号	意义	符号	意义	符号	意义	符号	意义		
2	二极管	A	N 型锗材料	P	普通管	D	低频率大功率管 $f<3MHz$, $Pc>1W$		
		B	P 型锗材料	V	微波管				
		C	N 型硅材料	W	稳压管				
		D	P 型硅材料	C	参量管	A	高频率大功率 $f>3MHz$, $Pc>1W$		
3	三极管	A	PNP 型锗材料	Z	整流管				
		B	NPN 型锗材料	L	整流堆				
		C	PNP 型硅材料	S	隧道管	T	半导体晶闸管（可控整流器）		
		D	NPN 型硅材料	N	阻尼管	Y	体效应器件		
		E	化合物材料	U	光电器件	B	雪崩管		
				K	开关管	J	阶跃恢复管		
				X	低频小功率管 $f<3MHz$, $Pc<1W$	CS	场效应管		
						BT	半导体特殊器件		
				G	高频率小功率 $f>3MHz$, $Pc<1W$	FH	复合管		
						PIN	PIN 管		
						JG	激光器件		

例如：3DG18 表示 NPN 型硅材料高频三极管。

对于晶体管的电流放大系数，由于晶体管的直流放大系数和交流放大系数近似相等，在实际使用时一般不再区分，都用 β 表示，也可用 H_{FE} 表示。

特别地，为了能直观地表明三极管的放大倍数，常在三极管的外壳上标注不同的色标。锗、硅开关管，高、低频小功率管，硅低频大功率管所用的色标标志如下表所示。

三极管放大倍数的色标标志

β 范围	0～15	15～25	25～40	40～55	55～80	80～120	120～180	180～270	270～400	400～
色标	棕	红	橙	黄	绿	蓝	紫	灰	白	黑

二、日本半导体器件的型号命名方法

日本半导体分立器件的型号命名（JIS-C-7012 工业标准）由五至七部分组成，通常只用到前五个部分，其各部分的符号意义如下：

1. 第一部分：用数字表示器件有效电极数目或类型

0—光电（即光敏）二极管、三极管及上述器件的组合管。

1—二极管。

2—三极或具有两个 PN 结的其他器件。

3—具有四个有效电极或具有三个 PN 结的其他器件。

2. 第二部分：日本电子工业协会（JEIA）注册标志

S—表示已在日本电子工业协会（JEIA）注册登记的半导体分立器件。

3. 第三部分：用字母表示器件使用材料极性和类型

A—PNP 型高频管　　B—PNP 型低频管　　C—NPN 型高频管　　D—NPN 型低频管

F—P 控制极晶闸管　　　　　　　　　　G—N 控制极晶闸管

H—N 基极单结晶体管　　　　　　　　　J—P 沟道场效应晶体管

K—N 沟道场效应晶体管　　　　　　　　M—双向晶闸管

4. 第四部分：用数字表示在日本电子工业协会 JEIA 登记的顺序号

两位以上的整数从"11"开始，表示在日本电子工业协会（JEIA）登记的顺序号；不同公司的性能相同的器件可以使用同一顺序号；数字越大，越是近期产品。

5. 第五部分：用字母表示同一型号的改进型产品标志

A、B、C、D……表示这一器件是原型号产品的改进产品。

日本半导体器件型号命名及含义

第一部分：器件类型或有效电极数		第二部分：日本电子工业协会注册产品		第三部分：用字母表示极性及类型		第四部分：登记序号	第五部分：产品改进序号
数字	含义	字母		字母	含义		
0	光敏二极管、三极管及上述器件组合管	S	表示已在日本电子工业协会（JEIA）注册的半导体分立器件	A	PNP 型高频管	用两位以上的整数（从"11"开始）表示在日本电子工业协会（JEIA）注册登记的顺序号	用字母 A、B、C、D……表示对原来型号的改进
				B	PNP 型低频管		
				C	NPN 型高频管		
1	二极管			D	NPN 型低频管		
2	三极或具有两 TPN 结的其他器件			F	P 控制极晶闸管		
				G	N 控制极晶闸管		
3	具有四个有效电极或具有三个 PN 结的其他器件			H	N 基极单结晶体管		
				J	P 沟道场效应晶体管		
				K	N 沟道场效应晶体管		
				M	双向晶闸管		

例如：

2SA733（PNP 型高频晶体管）：2—三极管

　　　　　　　　　　　　S—JEIA 注册产品

　　　　　　　　　　　　A—PNP 型高频管

　　　　　　　　　　　　733—JEIA 登记序号

2SC4706（NPN 型高频晶体管）：2—三极管

　　　　　　　　　　　　S—JEIA 注册产品

　　　　　　　　　　　　C—NPN 型高频管

三、美国半导体器件的型号命名方法

美国晶体管或其他半导体器件的命名法较混乱。美国电子工业协会（EIA）半导体分立器件命名方法如下：

1. 前缀部分：用字母符号表示器件用途的类型、级别

JAN—军级　　　JANTX—特军级　　　JANTXV—超特军级　　　JANS—宇航级

（无）—非军用品

2. 第一部分：用数字表示 PN 结数目（即器件的类别）

1—二极管

2—三极管

3—三个 PN 结器件

n—n 个 PN 结器件

3. 第二部分：美国电子工业协会（EIA）注册标志

用字母"N"表示该器件已在美国电子工业协会（EIA）注册登记。

4. 第三部分：美国电子工业协会登记顺序号

用多位数字表示该器件在美国电子工业协会登记的顺序号。

5. 第四部分：用字母表示器件分档

A、B、C、D……表示同一型号器件的不同档别。

美国半导体器件型号命名及含义

前缀部分：类型、级别		第一部分：类别		第二部分：美国电子工业协会（EIA）注册标志		第三部分：美国电子工业协会（EIA）登记号	第四部分：器件规格号
字母	含义	数字	含义	字母	含义	用多位数字表示该器件在美国电子工业协会（EIA）登记的顺序号	用字母 A、B、C、D……表示同一型号器件的不同档别
JAN	军级	1	二极管	N	该器件已在美国电子工业协会（EIA）注册登记		
JANTX	特军级	2	三极管				
JANTX	超特军级	3	三个 PN 结器件（如双栅场效应晶体管）				
JANS	宇航级						
（无）	非军用品	n	n 个 PN 结器件				

如：JAN2N3251A 表示 PNP 硅高频小功率开关三极管，JAN—军级，2—三极管，N—EIA 注册标志，3251—EIA 登记顺序号，A—2N3251A 档。

又例如：

1N4007：1—二极管

　　　　　N—EIA 注册标志

　　　　　4007—EIA 登记号

2N2907A：2—三极管

　　　　　N—EIA 注册标志

　　　　　2907—EIA 登记号

　　　　　A—规格号

部分章后习题参考答案

第1章

1. (a) D_1 截止，D_2 导通，故 $U_{AB}=6V$ (b) D_1 导通，D_2 截止，故 $U_{AB}=-10V$

2. (a) 当 $u_i > 5V$ 时，二极管导通，$u_o=5V$；当 $u_i < 5V$ 时，二极管截止，$u_o=u_i$

   (b) 当 $u_i > 5V$ 时，二极管截止，$u_o=u_i$；当 $u_i < 5V$ 时，二极管导通，$u_o=5V$

3. 两个稳压管组合可以有 14V，6.5V，8.5V，1V 四种输出电压

4. $u_D=U_{on}+i_D r_D r_D=(u_D-U_{on})/i_D$

5. (a) D_{Z1} 反向击穿，D_{Z2} 截止，故 $U_{o1}=5V$

   (b) D_{Z1} 正偏，D_{Z2} 截止，故 $U_{o2}=0.6V$

   (c) D_{Z1} 反向击穿，D_{Z2} 截止，故 $U_{o3}=0V$

   (d) D_{Z1} 反向击穿，D_{Z2} 反向击穿，故 $U_{o4}=5V$

6. (1) $R_{max}=\dfrac{U_i-U_Z}{I_{min}}=0.4k\Omega$ $R_{min}=\dfrac{U_i-U_Z}{I_{maxx}}=0.1k\Omega$

   (2) $U_{imax}=RI_{max}+U_Z=26V$ $U_{imin}=RI_{min}+U_Z=11V$

7. (1) 当 R_L 最小时，通过稳压管的电流为 $I_{Zmin}=5mA$

   $I_R=\dfrac{U_i-U_Z}{R}=25mA$，$I_{Lmax}=I_R-I_{Zmin}=20mA$ $R_{Lmin}=\dfrac{U_Z}{I_{Lmax}}=500\Omega$

   (2) 稳压管可以通过的最大电流为：

   $I_{Zmax}=\dfrac{P_{ZM}}{U_Z}=15mA$ 此时，$I_R=\dfrac{U_i-U_Z}{R}=40mA$

   $I_{Lmin}=I_R-I_{Zmax}=25mA$ $R_{Lmax}=\dfrac{U_Z}{I_{Lmin}}=400\Omega$

   (3) 若 $R_L=\infty$，将会烧毁稳压管

8. (1) $U_Y=4.76V$ D_1、D_2 的电流为 $I_{D1}=I_{D2}=\dfrac{1}{2}\times\dfrac{U_Y}{10}=0.24mA$

   (2) D_1 导通，D_2 截止。$U_Y=9.09V$，$I_{D1}=\dfrac{U_A-U_Y}{R}=0.91mA$，$I_{D2}=0$

9. 从图中得知：当 $I_C=6mA$ 时，$I_B=0.06Ma$，$\beta=\dfrac{I_C}{I_B}=100$，$\alpha=\dfrac{I_C}{I_E}=0.99$

10. (1) NPN 型硅管　U_1、U_2、U_3 分别是 B、E、C 上的电压

　　(2) NPN 型锗管　U_1、U_2、U_3 分别是 B、E、C 上的电压

　　(3) PNP 型硅管　U_1、U_2、U_3 分别是 C、B、E 上的电压

　　(4) PNP 型锗管　U_1、U_2、U_3 分别是 C、B、E 上的电压

11. (a) 发射极正偏、集电极反偏，故为放大状态

　　(b) 发射极反偏，故为截止状态

　　(c) 发射极正偏、集电极正偏，故为饱和状态

　　(d) 发射极正偏、集电极反偏，故为放大状态

　　(e) 发射极正偏、集电极正偏，故为饱和状态

　　(f) 发射极电压为 0、集电极反偏，故为截止状态

14. (1) 在放大状态下，当其发射极的电流 $I_E=5\text{mA}$ 时，求 I_B 的值；$I_C=\alpha I_E=4.95\text{mA}$，$I_B=50\mu\text{A}$

　　(2) $U_{CE}=\dfrac{P_{CM}}{I_C}=20.2\text{V}$，$U_{CE}$ 最大为 20.2V

　　(3) $\beta=\dfrac{\alpha}{1-\alpha}=99$，$I_{BM}=202\mu\text{A}$

第 2 章

1. (a) 将 $-U_{CC}$ 改为 $+U_{CC}$。

　　(b) 在 $+U_{CC}$ 与基极之间加 R_b。

　　(c) 将 U_{BB} 反接，且在输入端串联一个电阻。

　　(d) 在 U_{BB} 支路加 R_b，在 $-U_{CC}$ 与集电极之间加 R_c。

3. 空载时：$I_{BQ}=20\mu\text{A}$，$I_{CQ}=2\text{mA}$，$U_{CEQ}=6\text{V}$；最大不失真输出电压峰值约为 5.3V，有效值约为 3.75V。带载时：$I_{BQ}=20\mu\text{A}$，$I_{CQ}=2\text{mA}$，$U_{CEQ}=3\text{V}$；最大不失真输出电压峰值约为 2.3V，有效值约为 1.63V。

4. (1) ×　(2) ×　(3) ×　(4) √　(5) ×　(6) ×　(7) ×　(8) √

　　(9) √　(10) ×　(11) ×　(12) √

5. (1) $I_B=21.6\mu\text{A}$，$I_C=1.08\text{mA}$，$U_C=6.49\text{V}$

　　(2) 此时三极管截止，故 $U_C=12\text{V}$

　　(3) $I_B=222\mu\text{A}$，$I_C=11.1\text{mA}$，此时 $R_C I_C=5.1\times11.1=56.6\text{V}>U_{CC}$ 故，三极管已达到饱和管压降，即 $U_C=U_{CES}=0.5\text{V}$

　　(4) 此时三极管截止，故 $U_C=12\text{V}$

　　(5) 此时 $U_C=U_{CC}=12\text{V}$

6. 当 $R_L=\infty$ 时，$I_B=22\mu\text{A}$，$I_C=1.76\text{mA}$，$U_{CE}=6.2\text{V}$，$r_{be}=1.28\text{k}\Omega$

　　当 $R_L=3\text{k}\Omega$ 时，$I_B=22\mu\text{A}$，$I_C=1.76\text{mA}$，$U_{CE}=2.325\text{V}$，$r_{be}=1.28\text{k}\Omega$

　　当 $R_L=\infty$ 时：$A_u=-312.5$，$R_i=1.25\text{k}\Omega$，$R_o=R_C=5\text{k}\Omega$

　　当 $R_L=3\text{k}\Omega$ 时：$A_u=-117.2$，$R_i=1.25\text{k}\Omega$，$R_o=R_C=5\text{k}\Omega$

7. (a) 饱和失真，增大 R_b，减小 R_c。

　　(b) 截止失真，减小 R_b。

(c) 同时出现饱和失真和截止失真，应增大 U_{CC}。

8. (a) 截止失真；(b) 饱和失真；(c) 同时出现饱和失真和截止失真。

9. (1) $I_C = 2\text{mA}$，$I_B = 20\mu\text{A}$，$R_b = 565\text{k}\Omega$

   (2) $A_u = -100$ 故 $R_c // R_L = 1$，$R_L = 1.5\text{k}\Omega$

10. 空载时，$U_{om} = \dfrac{U_{CEQ} - U_{CES}}{\sqrt{2}} \approx 3.82\text{V}$，$R_L = 3\text{k}\Omega$ 时，$U_{om} = \dfrac{I_{CQ} R'_L}{\sqrt{2}} \approx 2.12\text{V}$

11. (1) $U_E = 1.3\text{V}$，$I_{EQ} = 1\text{mV}$，$I_{CQ} = 0.99\text{mV}$，$U_{CE} = 7.73\text{V}$，$r_{be} = 2.726\text{k}\Omega$，$A_u = -7.7$，$R_i = 3.7\text{k}\Omega$，$R_o = R_C = 5\text{k}\Omega$。

   (2) 当电容 C_e 开路，则 R_i 增大，$R_i \approx 4.1\text{k}\Omega$；$|\dot{A}_u|$ 减小，$\dot{A}_u \approx -\dfrac{R'_L}{R_f + R_e} \approx -1.92$。

12. 因为通常 $\beta \gg 1$，所以电压放大倍数分别应为

   $$\dot{A}_{u1} = -\dfrac{\beta R_c}{r_{be} + (1+\beta) R_e} \approx -\dfrac{R_c}{R_e} = -1, \quad \dot{A}_{u2} = \dfrac{(1+\beta) R_e}{r_{be} + (1+\beta) R_e} \approx +1$$

13. (1) $I_{BQ} = \dfrac{U_{CC} - U_{BEQ}}{R_b + (1+\beta) R_e} \approx 32.3\mu\text{A}$，$I_{EQ} \approx 2.61\text{mA}$，$U_{CEQ} \approx 7.17\text{V}$

   (2) 求解输入电阻和电压放大倍数：

   当 $R_L = \infty$ 时：$R_i = R_b \parallel [r_{be} + (1+\beta) R_e] \approx 110\text{k}\Omega$，$\dot{A}_u = \dfrac{(1+\beta) R_e}{r_{be} + (1+\beta) R_e} \approx 0.996$

   当 $R_L = 3\text{k}\Omega$ 时：$R_i = R_b \parallel [r_{be} + (1+\beta) (R_e \parallel R_L)] \approx 76\text{k}\Omega$，$\dot{A}_u \approx 0.992$

   (3) 求解输出电阻：$R_o = R_e \parallel \dfrac{(R_s \parallel R_b) + r_{be}}{1+\beta} \approx 37\Omega$

14. (1) $I_{BQ} = \dfrac{V_{CC} - U_{BEQ}}{R_b + (1+\beta) R_e} \approx 31\mu\text{A}$，$I_{CQ} = \beta I_{BQ} \approx 1.86\text{mA}$，$U_{CEQ} \approx 4.56\text{V}$

   $r_{be} \approx 952\Omega$，$R_i = R_b \parallel r_{be} \approx 952\Omega$，$\dot{A}A_u = -\dfrac{\beta (R_c \parallel R_L)}{r_{be}} \approx -95$，$R_o = R_c = 3\text{k}\Omega$

   (2) 设 $U_s = 10\text{mV}$ （有效值），则：$U_i = \dfrac{R_i}{R_s + R_i} \cdot U_s \approx 3.2\text{mV}$，$U_o = |\dot{A}_u| U_i \approx 304\text{mV}$

   若 C_3 开路，则：$R_i \approx 51.3\text{k}\Omega$，$\dot{A}_u \approx -1.5$，$U_i \approx 9.6\text{mV}$，$U_o \approx 14.4\text{mV}$

16. (2) $g_m \approx 0.001\text{S}$，$\dot{A}_u \approx -5$，$R_i = R_g = 1\text{M}\Omega$，$R_o = R_d = 5\text{k}\Omega$

17. 电路的 Q 点为：$I_{DQ} = 1\text{mA}$，$U_{DSQ} = 3\text{V}$，$U_{GSQ} = -2\text{V}g_m \approx 0.001\text{S}$

   负载线为：$u_{DS} = 10 - \dfrac{20}{3} i_D$，故 $R_d = \dfrac{20}{3}\text{k}\Omega$，$\dot{A}_u \approx -6.7$

18. $\dot{A}_u = -g_m (R_d // R_L)$，$R_i = R_3 + R_1 // R_2$，$R_o = R_D$

第 3 章

1. $I_{C3} = I_{REF} = \dfrac{2U_{CC} - U_{BE4}}{R} = 29.3\mu\text{A}$，$I_{E1} = I_{E2} = \dfrac{I_{C3}}{2} = 14.7\mu\text{A}$，$I_{C1} = I_{C2} = 14.7\mu\text{A}$

2. $I_{C3} \approx 2I_{C1} = 24\mu\text{A}$，$R_3 \approx \dfrac{U_T}{I_{C3}} \ln \dfrac{I_{C4}}{I_{C3}} = \dfrac{26}{0.024} \ln \dfrac{0.55}{0.024} = 3.4\text{k}\Omega$

3. (1) $\dfrac{u_i}{R} = \dfrac{0 - u_o}{R}$ 故 $u_o = -u_i$

   (2) 此时，三个电阻上均无电流，故 $u_o = u_i$

(3) $\dfrac{u_o}{R}=\dfrac{u_i}{2R}$ 故 $u_o=0.5u_i$

(4) $\dfrac{u_i-u_o}{2R}=\dfrac{u_i}{2R}$ 故 $u_o=0V$

4. $u_o=u_{o1}+u_{o2}+u_{o3}=\dfrac{1}{3}(u_1+u_2+u_3)$

7. $R_i=50k\Omega$; $A_f=-104$

8. (1) $u_o=-\dfrac{R_3}{R_1}=-2u_I=-4V$

(2) $u_o=-\dfrac{R_2}{R_1}=-2u_I=-4V$

(3) 电路无反馈, $u_O=-14V$

(4) $u_o=-\dfrac{R_2+R_3}{R_1}=-4u_I=-8V$

9. $u_o=R_f\left(\dfrac{u_3-u_1}{R_1}+\dfrac{u_4-u_2}{R_2}\right)$

10. (a) $u_o=-\dfrac{R_f}{R_1}\cdot u_{I1}-\dfrac{R_f}{R_2}\cdot u_{I2}+\dfrac{R_f}{R_3}\cdot u_{I3}=-2u_{I1}-2u_{I2}+5u_{I3}$

(b) $u_o=-\dfrac{R_f}{R_1}\cdot u_{I1}+\dfrac{R_f}{R_2}\cdot u_{I2}+\dfrac{R_f}{R_3}\cdot u_{I3}=-10u_{I1}+10u_{I2}+u_{I3}$

(c) $u_o=\dfrac{R_f}{R_1}(u_{I2}-u_{I1})=8(u_{I2}-u_{I1})$

(d) $u_o=-\dfrac{R_f}{R_1}\cdot u_{I1}-\dfrac{R_f}{R_2}\cdot u_{I2}+\dfrac{R_f}{R_3}\cdot u_{I3}+\dfrac{R_f}{R_4}\cdot u_{I4}=-20u_{I1}-20u_{I2}+40u_{I3}+u_{I4}$

11. 因为集成运放同相输入端和反相输入端之间净输入电压为零，所以它们的电位就是集成运放的共模输入电压。图示各电路中集成运放的共模信号分别为

(a) $u_{IC}=u_{I3}$

(b) $u_{IC}=\dfrac{R_3}{R_2+R_3}\cdot u_{I2}+\dfrac{R_2}{R_2+R_3}\cdot u_{I3}=\dfrac{10}{11}u_{I2}+\dfrac{1}{11}u_{I3}$

(c) $u_{IC}=\dfrac{R_f}{R_1+R_f}\cdot u_{I2}=\dfrac{8}{9}u_{I2}$

(d) $u_{IC}=\dfrac{R_4}{R_3+R_4}\cdot u_{I3}+\dfrac{R_3}{R_3+R_4}\cdot u_{I4}=\dfrac{40}{41}u_{I3}+\dfrac{1}{41}u_{I4}$

12. $u_o(t)=-\dfrac{1}{2RC}\displaystyle\int u_i dt$; 功能分析：该电路用同相输入实现反相积分器功能，优点是输入电阻 $R_i\rightarrow\infty$。

13. 当 $R_1R_4=R_3R_2$ 时, $u_o=-\dfrac{1}{R_3C}\displaystyle\int(u_2-u_1)dt$, 此时电路为差动积分器。

14. $I_L=\dfrac{u_P}{R_2}=\dfrac{U_Z}{R_2}=0.6mA$

15. (1) $u_o=(1+\dfrac{R_2}{R_1})\cdot u_{P2}=10(1+\dfrac{R_2}{R_1})(u_{I2}-u_{I1})$ 或 $u_o=10\cdot\dfrac{R_W}{R_1}\cdot(u_{I2}-u_{I1})$

(2) 将 $u_{I1}=10mV$, $u_{I2}=20mV$ 代入上式, 得 $u_o=100mV$

(3) 根据题目所给参数，$(u_{I2}-u_{I1})$ 的最大值为 20mV。若 R_1 为最小值，则为保证集成运放工作在线性区，$(u_{I2}-u_{I1})=20$mV 时集成运放的输出电压应为 $+14$V，写成表达式为 $u_o=10\cdot\dfrac{R_W}{R_{1min}}\cdot(u_{I2}-u_{I1})=14$，故 $R_{1min}\approx143\Omega$，$R_{2max}=R_W-R_{1min}\approx9.86k\Omega$

16. $R_i=\dfrac{u_s}{i_i}=\dfrac{u_s}{i_1-i_2}=\dfrac{1}{\dfrac{1}{R}-\dfrac{n-1}{R_3}}=\dfrac{R_1R_3}{R_3-(n-1)R_1}$

17. 图（a）所示为反相求和运算电路，$u_o=u_M-i_{R4}R_4=-\left(R_3+R_4+\dfrac{R_3R_4}{R_5}\right)\left(\dfrac{u_{I1}}{R_1}+\dfrac{u_{I2}}{R_2}\right)$；

图（b）所示的 A_1 组成同相比例运算电路，A_2 组成加减运算电路，$u_o=\left(1+\dfrac{R_5}{R_4}\right)(u_{I2}-u_{I1})$；

图（c）所示的 A_1、A_2、A_3 的输出电压分别为 u_{I1}、u_{I2}、u_{I3}。由于在 A_4 组成的反相求和运算电路中反相输入端和同相输入端外接电阻阻值相等，所以 $u_o=\dfrac{R_4}{R_1}(u_{I1}+u_{I2}+u_{I3})=10(u_{I1}+u_{I2}+u_{I3})$。

18. (a) $u_o=-\dfrac{R_2}{R_1}u_I-\dfrac{1}{R_1C}\displaystyle\int u_I\mathrm{d}t=-u_I-100\displaystyle\int u_I\mathrm{d}t$

(b) $u_o=-RC_1\dfrac{\mathrm{d}u_I}{\mathrm{d}t}-\dfrac{C_1}{C_2}u_I=-10^{-3}\dfrac{\mathrm{d}u_I}{\mathrm{d}t}-2u_I$

(c) $u_o=\dfrac{1}{RC}\displaystyle\int u_I\mathrm{d}t=10^3\displaystyle\int u_I\mathrm{d}t$

(d) $u_o=-\dfrac{1}{C}\displaystyle\int\left(\dfrac{u_{I1}}{R_1}+\dfrac{u_{I2}}{R_2}\right)\mathrm{d}t=-100\displaystyle\int(u_{I1}+0.5u_{I2})\mathrm{d}t$

19. (1) 为了保证电路引入负反馈，A 的上端为"$-$"，下端为"$+$"。
(2) 根据模拟乘法器输出电压和输入电压的关系和节点电流关系，可得 $u'_o=ku_ou_{I2}$，故有 $u_o=-\dfrac{10(R+R_f)}{R}\cdot\dfrac{u_{I1}}{u_{I2}}$。

20. 电路（a）实现求和、除法运算，电路（b）实现一元三次方程。它们的运算关系式分别为

(a) $u'_o=-R_3\left(\dfrac{u_{I1}}{R_1}+\dfrac{u_{I2}}{R_2}\right)=ku_ou_{I3}\ u_o=-\dfrac{R_3}{ku_{I3}}\left(\dfrac{u_{I1}}{R_1}+\dfrac{u_{I2}}{R_2}\right)$

(b) $u_o=-\dfrac{R_4}{R_2}ku_I^2-\dfrac{R_4}{R_3}k^2u_I^3-\dfrac{R_4}{R_1}u_I$

第 4 章

1. $B=0.999$，$F=1\,000$，$T=999$
2. 要使增益的稳定性提高，应引入负反馈，$B=-0.009$，$A_f=-100$
3. $A_{Vfo}=-16$，$f_{Lf}=2.3$Hz，$f_{Hf}=1\,000$kHz
4. (1) 应采用电压求和负反馈。③或④接至②是电压求和，但③接②构成正反馈，不能采用，所以②④连接使输入电阻增大。
(2) 应采用电压取样负反馈。①或②提至④可实现电压取样，但①接④构成正反馈，不能用，所以②④连接使输出电阻减小。
5. 图（a）所示电路中引入了交、直流负反馈。

图（b）所示电路中引入了交、直流负反馈。

图（c）所示电路中通过 R_s 引入直流负反馈，通过 R_s、R_1、R_2 并联引入交流负反馈，通过 C_2、R_g 引入交流正反馈。

图（d）、（e）、（f）所示各电路中均引入了交、直流负反馈。

图（g）所示电路中通过 R_3 和 R_7 引入直流负反馈，通过 R_4 引入交、直流负反馈。

6. $R_{ia} > R_{ic} > R_{ib}$

7. （a）输入电阻减小，输出电阻减小。

   （b）输入电阻减小，输出电阻减小。

   （c）输入电阻增大，输出电阻增大。

   （e）输入电阻减小，输出电阻增大。

   （f）输入电阻增大，输出电阻减小。

   （g）输入电阻增大，输出电阻增大。

8. 电压串联负反馈，无穷大，11。11；1；14；14；1。

9. $\dfrac{u_o}{u_s} = -\dfrac{R_{e1} + R_{e3} + R_f}{R_{e1} R_{e3}} R_{c3}$

10. $U_{o(t)} = 8\sin 2\pi \times 10^4 t \,(\text{mV})$

11. 若 $u_{B1} = u_{B2}$ 增大，则产生下列过程：

$$u_{B1} = u_{B2} \uparrow \to u_{C1} = u_{C2} \downarrow (u_{B4} = u_{B5} \downarrow) \to i_{E4} = i_{E5} \downarrow \to u_{R5} \downarrow (u_{B3} \downarrow) \to i_{C3} \downarrow \to u_{R1} \downarrow$$

$$u_{C1} = u_{C2} \uparrow \longleftarrow \underline{\hspace{4cm}}$$

说明电路对共模信号有负反馈作用。

12. $\dfrac{u_o}{u_s} = -\left(1 + \dfrac{R_f}{R_1}\right)\dfrac{R_L}{R_s}$

13. （1）$A_f \approx 500$，（2）$\dfrac{1}{1+AF} \approx 0.005$

14. $F \approx 0.05$，$A_u = A \approx 2\,000$，$AF \approx 100$

15. $\dfrac{R_1 + R_2 + R_3}{R_1 + R_2} \cdot 6\text{V} \sim \dfrac{R_1 + R_2 + R_3}{R_1} \cdot 6\text{V}$

16. （1）引入电流串联负反馈，通过电阻 R_f 将三极管的发射极与 T_2 管的栅极连接起来

    （2）$R_F = 18.5\text{k}\Omega$

第 5 章

1. （1）乙类功率放大电路存在交越失真，通过 D1，D2 克服交越失真。

   （2）静态时，由于电路对称，$U_{EQ} = 0$

   （3）$P_{OM} = 9\text{W}$

2. （1）$P_{om} = 24.5\text{W}$，$\eta \approx 69.8\%$；（2）$P_{Tmax} \approx 0.2 P_{oM} = 4.9\text{W}$；（3）$U_i \approx U_{om} \approx 9.9\text{V}$。

4. （1）$P_{OM} = \dfrac{U_{CC}^2}{2R_L} = 7.2\text{W}$；（2）$1.44\text{W}$；（3）$U_{CEmax} = 2U_{CC} = 24\text{V}$。

5. （1）$U_{B1} = 2 \mid U_{BE} \mid = 1.4\text{V}$，$U_{B3} = - \mid U_{BE} \mid = -0.7\text{V}$，$U_{B5} = U_{BE} + (-18) = -17.3\text{V}$

   （2）$I_{CQ} \approx \dfrac{U_{CC} - U_{B1}}{R_2} = 1.66\text{mA}$，$U_I \approx U_{B5} = -17.3\text{V}$

（3）若静态时 $i_{B1} > i_{B3}$，则应增大 R_3。

（4）采用如图所示两只二极管加一个小阻值电阻合适，也可只用三只二极管。这样一方面可使输出级晶体管工作在临界导通状态，可以消除交越失真；另一方面在交流通路中，D_1 和 D_2 管之间的动态电阻又比较小，可忽略不计，从而减小交流信号的损失。

6. $P_{om} = \dfrac{(U_{CC} - |U_{CES}|)^2}{2R_L} = 4\text{W}$，$\eta = \dfrac{\pi}{4} \cdot \dfrac{U_{CC} - |U_{CES}|}{U_{CC}} \approx 69.8\%$

7. 应引入电压并联负反馈，由输出端经反馈电阻 R_f 接 T_5 管基极，$R_F \approx 10\text{k}\Omega$

8. $I_{Cmax} = 0.54\text{A}$，$U_{CEmax} = 35.3\text{V}$，$P_{Tmax} \approx 1\text{W}$

9. （1）$U_{om} \approx 8.65\text{V}$；（2）$i_{Lmax} \approx 1.53\text{A}$；（3）$P_{om} \approx 9.35\text{W}$，$\eta \approx 64\%$。

10. $i_{Cmax} \approx 26\text{A}$，$P_{Tmax} \approx 46\text{W}$

11. （1）$u_{Omax} \approx 13\text{V}$，$P_{om} \approx 10.6\text{W}$；（2）应引入电压串联负反馈；（3）$R_F = 49\text{k}\Omega$

12. （1）射极电位 $U_E = V_{CC}/2 = 12\text{V}$；若不合适，则应调节 R_2。

（2）$P_{om} \approx 5.06\text{W}$，$\eta \approx 58.9\%$。

（3）$I_{CM} > = 1.5\text{A}$，$U_{(BR)CEO} > 24\text{V}$，$P_{CM} > 1.82\text{W}$。

13. （1）$U_A = 0.7\text{V}$，$U_B = 9.3\text{V}$，$U_C = 11.4\text{V}$，$U_D = 10\text{V}$

（2）$P_{om} = \approx 1.53\text{W}$，$\eta \approx 55\%$

14. （1）静态时 $u'_o = u_P = u_N = \dfrac{U_{CC}}{2} = 12\text{V}$，$u_o = 0\text{V}$

（2）$P_{om} \approx 5.06\text{W}$，$\eta \approx 58.9\%$

第6章

1. （1）二极管 $D_1 D_2$ 的作用是利用非线性特点达到稳幅的作用。

（2）上"负"下"正"。

（3）应选择负温度系数的热敏电阻替代二级管。

2. f_o 的调节范围是 $0.8\text{Hz} \sim 795\text{KHz}$。

3. （1）RC 正弦波振荡电路。（2）输出严重失真，几乎为方波。（3）输出为零。（4）输出为零。（5）输出严重失真，几乎为方波。

4. （1）$U_o \approx 6.36\text{V}$；（2）$f_0 \approx 9.95\text{Hz}$

5. 图（a）中，反馈电路接在差分电路反相输出端，不满足相位平衡条件，不能产生振荡，RC 应接在差电路同相输出端。图（b）中，不满足相位平衡条件，不能产生振荡，RC 应接在三极管反射器。

6. （a）L 同名端错，不能产生振荡，将 L 的同名端与异名端对换。

（b）能产生振荡。

（c）能产生振荡。

（d）能产生振荡。

（e）L_1 同名端错，将 L_1 同名端与异名端对换。

（f）没有标同名端，不能产生振荡，将 L_1 的同名端选为右边，L_2 的同名端选为左边。

7. 因为集成运放接成同相比较器形式。当 u_I 超过 u_R 时，则输出 u_o 为正最大值，驱动三极管 T 饱和导通，报报警指示灯亮。当 u_I 低于 u_R 时，则输出 u_o 为负最大值，三极管截止，报警灯不亮，电阻 R 与二极管 D 起反相输出的保护驱管的发射结。

8. $u_{01}=0.11V$，$u_{02}=1.1V$，$u_{03}=U_Z=6V$

第7章

1. (2) $U_{O(AV)}\approx0.9U_2$，$I_{L(AV)}\approx\dfrac{0.9U_2}{R_L}$；(3) $I_{D(AV)}\approx\dfrac{0.45U_2}{R_L}$，$U_{Rmax}=2\sqrt{2}U_2$

2. (1) $U_{O1(AV)}\approx0.45(U_{21}+U_{22})=18V$，$U_{O2(AV)}\approx0.9U_{22}=9V$

   (2) D_1 的最大反向电压：$U_R>\sqrt{2}(U_{21}+U_{22})\approx56.56V$

   　　D_2、D_3 的最大反向电压：$U_R>2\sqrt{2}U_{22}\approx28.28V$

3. (1) 均为上"+"、下"−"。

   (2) 均为全波整流。

   (3) $U_{O1(AV)}=-U_{O2(AV)}\approx0.9U_{21}=0.9U_{22}=18V$。

   (4) $U_{O1(AV)}=-U_{O2(AV)}\approx0.45U_{21}+0.45U_{22}=15.75V$

4. 图（a）、(b) 所示电路可用于滤波，图 (c) 所示电路不能用于滤波。因为电感对直流分量的电抗很小、对交流分量的电抗很大，所以在滤波电路中应将电感串联在整流电路的输出和负载之间。因为电容对直流分量的电抗很大、对交流分量的电抗很小，所以在滤波电路中应将电容并联在整流电路的输出或负载上。

5. 在图（a）所示电路中，C_1 上电压极性为上"+"下"−"，数值为一倍压；C_2 上电压极性为右"+"左"−"，数值为二倍压；C_3 上电压极性为上"+"下"−"，数值为三倍压。负载电阻上为三倍压。在图（b）所示电路中，C_1 上电压极性为上"−"下"+"，数值为一倍压；C_2 上电压极性为上"+"下"−"，数值为一倍压；C_3、C_4 上电压极性均为右"+"左"−"，数值均为二倍压。负载电阻上为四倍压。

6. (1) $R_2=\dfrac{U_Z}{(I_{R1max}-I_{Zmax})}=600\Omega$；(2) $R_{Lmin}=\dfrac{U_Z}{I_{Lmax}}=250\Omega$，$R_{Lmax}=\infty$。

7. (1) T_1 的 c、e 短路；(2) R_c 短路；(3) R_2 短路；(4) T_2 的 b、c 短路；(5) R_1 短路。

8. (1) 整流电路：$D_1\sim D_4$；滤波电路：C_1；调整管：T_1、T_2；基准电压电路：R'、D'_Z、R、D_Z；比较放大电路：A；取样电路：R_1、R_2、R_3。

   (2) 为了使电路引入负反馈，集成运放的输入端上为"−"下为"+"。

   (3) $\dfrac{R_1+R_2+R_3}{R_2+R_3}\cdot U_Z\leqslant U_o\leqslant\dfrac{R_1+R_2+R_3}{R_3}\cdot U_Z$。

9. 在图（a）所示电路中，$\dfrac{R_3+R_4+R_5}{R_3+R_4}\cdot U_R\leqslant U_o\leqslant\dfrac{R_3+R_4+R_5}{R_3}\cdot U_R$

   在图（b）所示电路中，$U_o=U_Z+U_{REF}=(U_Z+1.25)$ V

   在图（c）所示电路中，$U_o=U_{REF}-\dfrac{R'_2}{R_2}\cdot U_Z=U_{REF}\sim(U_{REF}-U_Z)$

10. (1) (a) $I_o=\dfrac{U_Z-U_{EB}}{R_1}$；(b) $I_o=\dfrac{U'_o}{R}$

    (2) (a) $U_{Omax}=12.3V$，$I_o=86mA$，$R_{Lmax}=143\Omega$；

    　　(b) $U_{Omax}=17V$，$I_o=100mA$，$R_{Lmax}=170\Omega$

参考文献

[1] 康华光. 电子技术基础：模拟部分. 第 4 版. 北京：高等教育出版社，1999.

[2] 胡宴如. 模拟电子技术. 第 3 版. 北京：高等教育出版社，2008.

[3] 苏士美. 模拟电子技术. 第 2 版. 北京：人民邮电出版社，2010.

[4] 王成安，王洪庆. 电子元器件检测与识别. 北京：人民邮电出版社，2009.

[5] 杨承毅. 电子元器件的识别和检测. 第 3 版. 北京：人民邮电出版社，2010.

[6] 任致程. 经典晶体管电子线路 300 例. 北京：机械工业出版社，2002.

[7] 孔凡才，周良权. 电子技术综合应用创新实训教程. 北京：高等教育出版社，2008.

[8] 廖先芸. 电子技术实践与训练. 第 3 版. 北京：高等教育出版社，2011.

[9] 彭中星. 电子技能实训. 合肥：合肥工业大学出版社，2007.

[10] 王薇，王计波，赫敏钗. 电子技能与工艺. 北京：国防工业出版社，2009.

[11] 童诗白. 模拟电子技术基础. 第 2 版. 北京：高等教育出版社，1988.

[12] 童诗白. 模拟电子技术基础. 北京：人民教育出版社，1983.

图书在版编目（CIP）数据

模拟电子技术/黎一强，刘冬香主编. —北京：中国人民大学出版社，2013.12
ISBN 978-7-300-18465-4

Ⅰ.①模…　Ⅱ.①黎…　②刘…　Ⅲ.①模拟电路-电子技术-高等职业教育-教材　Ⅳ.①TN710

中国版本图书馆 CIP 数据核字（2013）第 315919 号

普通高等教育"十二五"高职高专规划教材·专业课（理工科）系列
模拟电子技术
中国高等教育学会　组织编写
主　编　黎一强　刘冬香
副主编　彭益武　招展明　申利民
Moni Dianzi Jishu

出版发行	中国人民大学出版社			
社　　址	北京中关村大街 31 号		**邮政编码**	100080
电　　话	010 - 62511242（总编室）		010 - 62511398（质管部）	
	010 - 82501766（邮购部）		010 - 62514148（门市部）	
	010 - 62515195（发行公司）		010 - 62515275（盗版举报）	
网　　址	http://www.crup.com.cn			
	http://www.ttrnet.com（人大教研网）			
经　　销	新华书店			
印　　刷	北京密兴印刷有限公司			
规　　格	185 mm×260 mm　16 开本		**版　　次**	2014 年 1 月第 1 版
印　　张	15.75		**印　　次**	2014 年 1 月第 1 次印刷
字　　数	368 000		**定　　价**	29.80 元

教师信息反馈表

为了更好地为您服务，提高教学质量，中国人民大学出版社愿意为您提供全面的教学支持，期望与您建立更广泛的合作关系。请您填好下表后以电子邮件或信件的形式反馈给我们。

您使用过或正在使用的我社教材名称		版次	
您希望获得哪些相关教学资料			
您对本书的建议（可附页）			
您的姓名			
您所在的学校、院系			
您所讲授的课程名称			
学生人数			
您的联系地址			
邮政编码		联系电话	
电子邮件（必填）			
您是否为人大社教研网会员	□ 是，会员卡号：_____ □ 不是，现在申请		
您在相关专业是否有主编或参编教材意向	□ 是　　　　　　　□ 否 □ 不一定		
您所希望参编或主编的教材的基本情况（包括内容、框架结构、特色等，可附页）			

我们的联系方式：北京市西城区马连道南街 12 号
中国人民大学出版社应用技术分社
邮政编码：100055
电话：010-63311862
网址：http://www.crup.com.cn
E-mail：smooth.wind@163.com